JN140668

正誤表

内容に誤りがございました。
お詫びして訂正させていただきます。
詳細は下記 QR コードから
ご確認くださいませ。

スラム産業が生み出すイノベーション

現代インド・ムンバイーの革製品工房

久保田和之 著

昭和堂

はしがき

どうしてこんなところでものを作っているのか？　二〇一八年四月、私はムンバイーの中心部に位置し、アジア最大のスラムの一つであるダーラーヴィーにいた。至る所にある小さな建物や小部屋では革製品、アパレル、刺繍、陶器などが製作されていた。私の持っていたスラムのイメージは粗末な造りの掘っ立て小屋に日雇い労働者が住む、治安と衛生環境が悪い場所であった。しかし、ダーラーヴィーは違った。本当にここはスラムなのかとも思った。ただ、建物によく目を凝らしてみると、屋根はバラックでブルーシートがかかっており、水道は通っていても水がくる時間が朝の数時間に限られていて、トイレが各家にはあまりなく、公衆トイレが基本であった。この環境は紛れもなくスラムであった。

そこで私がとりわけ関心を惹かれたのは革製品であった。スラムの多くの工房で鞄、財布、ベルト、キーホルダーなどが作られていた。品質はピンキリであったが、良いものは海外に輸出されているというから驚きだ。関心を惹かれたのは品質だけが理由ではない。そこに携わる人々が面白いのだ。特に若手の工房主は現地の言葉であるヒンディー語やマラーティー語だけでなく、英語も話せる人が多くいた。学士号を取得している人も多く見られ、なかには海外で修士号を取得した人までいた。彼らは革製品の日本でのビジネス環境を私に積極的に尋ね、半分冗談半分本気でダーラーヴィーで起業して革製品を日本に輸出することを勧めてきた。さらに彼らは私だけでなく、ダーラーヴィー外部からやってきたデザイナーや起業家と積極的にコミュニケーションをとり、輸出市場向けや国内高級品市場向けの製品を開発していた。

私はさらにこの関心が学術的価値を持つことにも気付いた。インドで経営者や商人に関する研究ではタータ財閥などの大手財閥、マルワリー商人に代表される商人カーストの研究は大変な蓄積がある［e.g. 三上一九九三；Damodaran 2008; Tripathi 1984］。大手財閥や商人カーストはいわばインドビジネスを牽引してきたエリートである。一方でダーラーヴィーの革製品産業に関わるのは主にヒンドゥー教徒のチャンバールと農村出身のムスリムである。チャンバールはインドビジネスの主流からは常に遠いところにいた。チャンバールはカースト制度のなかで最下層に置かれてきた被差別民である。ヒンドゥー教において牛は神聖なる生きものであり、皮革業に関わることは宗教的タブーに抵触する。しかし、チャンバールの若手の工房主が今日では工房ネットワークの活用や高級品の生産・開発において中心的な役割を果たしている。チャンバールに着目してダーラーヴィーの革製品産業を論じることは、グローバルに躍動するインド経済をいわば「下」から分析することである。本書はこれまで顧みられてこなかった声を拾い集めることで生まれた。こうした声に触れることで、読者の琴線に触れるものがあれば筆者として無上の喜びである。

久保田和之

二〇二四年一二月

目次

ヒンディー語表記について

本文中のヒンディー語は、『南アジアを知る事典』（辛島ほか 二〇一二）と『ヒンディー語＝日本語辞典』（古賀・高橋 二〇〇六）の表記に準じている。この両書籍に記載のないヒンディー語は学術的慣例に即して表記した。

人権の保護および法令等の遵守への対応

本研究は、独立行政法人日本学術振興会『科学の健全な発展のために――誠実な科学者の心得』および、日本南アジア学会「南アジア学会倫理綱領」に則り実施した。主な調査地はスラムであるために、本研究は調査対象者についてのプライバシーや個人情報の取り扱いに十分に注意した。ここでは、調査において留意したプライバシーや個人情報保護について言及しておく。

調査においては、インタビュー対象者に調査の目的を十分に説明し、調査への同意を受けた上でインタビューを行った。インタビューの際には、平易な言葉を用いて丁寧に説明することを心がけた。特に、個人情報の取り扱いに関して、論文や口頭発表の際にデータとして使用する可能性があることを伝え、プライバシーを保護した状態での掲載・使用許可を得た。そのために、本書では、政治家などの公人、歴史上の人物および死去した人物を除きすべて仮名とした。ただし、死去した人物においても、遺族に何らかの不利益が生じる可能性がある人物に関しては仮名とした。また存命中の人物において、本人が実名を使用することを望んだ場合、および実名を使用する許可が出た場合は、実名で表記してある。

インタビュー対象者が調査に同意した後でも、匿名データの公開を拒むことができるように、必ず自身の連絡先を記した用紙を手渡した。また本研究の成果が書籍や冊子等で発表された際には、実物および現地語に訳した媒体を協力者に提供する。

序章　スラムから眺めるインド経済

――ダーラーヴィーに集う人々ともの作り

1　本書の問いと視角

本書はダーラーヴィーにおいて革製品産業の発展がいかに可能になったのかを論じる。特に、ダーラーヴィーのインフォーマルセクター革製品産業において、高級品を含む多様な製品の開発・生産がいかに可能になったのかに着目し、そこでのイノベーションがどのように生じたのかを説明する。イノベーションが大都市ムンバイーのスラムという地域性といかに結び付いているのかに着目し、ダーラーヴィーでの生産・流通システムをスラム産業として概念化する。

本書の議論を先取りする形になるが、「スラム産業」という概念を定義すると次のようになる。スラム産業とは、今日のスラムでのもの作りの特色を示したものであり、熟練労働者、スラムで生まれ育った教育レベルの高い工房主、デザイナー、起業家といった多様な人々の結び付きを通じた経済活動を指す。とりわけその結び付きを通じたイノベーションこそがスラム産業において重要である。本書ではそうした結び付きが生じる地域的文脈と結び付きの結果を丹念に見ていく。

インドは世界の主要な皮革製品輸出国である。インドの二〇一八年度皮革製品輸出額は約三二億七六四三万ドルであり、全世界の輸出総額の三・一％を占める。インドは全世界で八番目に皮革製品の輸出額が大きい国であり、南アジアでは最大の皮革製品輸出額を誇る国である［United Nation, Department of Economic and Social Affairs 2018］。インドの二〇一八年度皮革製品輸出額のなかで革製品輸出額割合は二二・七九％を占め、革靴輸出額割合三六・三二％に次ぐ大きさである［Council for Leather Exports 2020: 9］。本書が対象とするムンバイーは西インドの皮革産業集積地である。なかでもダーラーヴィーがムンバイーにおける革製品産業の集積地である［Government of India 2011: 73］。

ダーラーヴィーの革製品産業は、インドの典型的なインフォーマルセクターとされ、擬似ブランド品を含む中品質の製品を国内市場向けに生産してきたと指摘されている［Saglio-Yatzimirsky 2013 168-171, 196-198］。しかし、二〇一〇年以降ダーラーヴィーの革製品産業においてはオリジナルデザインの輸出市場向け高級品生産が増加しているとの指摘もある［Saglio-Yatzimirsky 2013: 222］。さらに、本書で明らかにするように、コーポレーションギフト・業務用製品といった企業向けの新たな需要がダーラーヴィーに取り込まれている。その結果、今日のダーラーヴィーの革製品産業においては、低価格帯製品から高価格帯製品までの多様な製品が少量から大量にまで開発・生産されている。*5

しかし、従来の研究は、こうした高級品の開発および高級品を含む多様な製品を少量から大量に生産するためのイノベーションがいかに可能になっているのかを十分に明らかにしてこなかった。従来の研究の問題点として、まず第一に個々の工房の分析に終始し、諸工房を有機的なネットワークとして捉えなかったことが挙げられる。実際には、これらの工房は均質的なものではなく、チャンバールだけでなく、ムスリムなどを含む多様な社会集団によって運営されている。さらに工房の技術レベルも様々である。これらの多様な工房をネットワークとして捉えられなかった結果、需要に対して可変的に組み替わることで多様な製品を生産する工房ネットワークの仕組みを十分に分析できていなかった。第二に生産現場レベルでの高級品開発のプロセスを十分に明らかにしてこなかったことが挙げられる。高級品の開発には、革職人が伝統的に継承してきた皮革に関する知識・技術だけでは不十分である。そこには、デザイン、マーケティングの知識・技術が不可欠である。そのために、革職人が継承してきた知識・技術が外部のデザイン、マーケティングの知識といかに結び付いているのかを明らかにする必要がある。しかし、こうした生産現場での知識・技術レベルのイノベーションがいかに生じているのかはほとんど分析されていない。本書は、これら先行研究の問題点を乗り越えるために、多様な社会集団で構成された可変的な工房ネットワークの仕組みと高級品開発を可能にする知識・技術レベルでのイノベーションの仕組みに着目する。このことで、ダーラーヴィーの革製品産業を、高級品の開発能力と柔軟な生産能力を兼ね備えたグローバルなインフォーマルセクターとして捉えることができる。

本書はこうした多様な社会集団で構成された可変的な工房ネットワークの仕組みと高級品開発を可能にする知識・技術レベルでのイノベーションの仕組みを明らかにするために、次の二点に着目する。一点目が、伝統的にダーラーヴィーの革製品産業に関わってきたダリトであるチャンバールの行為主体性である。本書で明らかにするようにダーラーヴィーにおいてチャンバール職人たちは、集合的な行為主体性を発揮し、同業組合を設立することで、自主的な流通経路を確保した。[*6]さらに、こうしたチャンバール職人たちの子弟が今日ダーラーヴィーにおいて可変的な工房ネットワークを通じた製品の生産や高級品開発というイノベーションを主導しているのである。二点目が、既存の社会・経済関係を超えて諸社会集団を結び付ける媒介者である。工房ネットワークと高級品の開発には、チャンバールだけでなく他の社会集団も関わっている。しかし、インドにおいてカーストなどの社会集団は歴史的に閉鎖的な側面を持ち合わせていた［Roy 2008］。こうした閉鎖的な特徴を持ってきた諸社会集団の結び付きはいかに可能になったのだろうか。こうした諸社会集団の結び付きを捉えるために、本書はチャンバール職人たちが他の社会集団と結び付くことを可能にする媒介者に着目する。

なお、本書は以上のようにイノベーション、行為主体性、媒介者について着目するが、これらの視点はスラムという地域性を通じて相互に結び付いている。本書ではそれをスラム産業として概念化し、今日のダーラーヴィースラムが、多様な人々が出会い、知識・技術が新たに結び付き、工房が有機的に結び付き、ネットワークとして機能することで少量から大量に種々の製品を生産していることを示す。その際に主導的な役割を果たしているのが教育レベルが向上したチャンバールの工房主である。

2　研究手法

本研究は文献調査とフィールドワークに基づいている。文献調査では、一次資料として、新聞と統計データを使用した。新聞は英字、ヒンディー語およびマラーティー語によるものを一次資料として用いた。統計データはインド工業統計（Annual Survey of Industries）と全国標本調査（National Sample Survey）、インド商工業省輸出入データバンク（Export Import Data Bank）、国連貿易統計（UN Comtrade Database）、皮革輸出協会（Council for Leather Exports）の発行資料を分析して活用している。二次資料として各種学術書を引用した。

フィールドワークは二〇一八年六月一六日から二〇二〇年三月一四日の期間に行った。また補足的な調査を二〇二二年一〇月一五日から一二月一三日、二〇二三年二月二九日から二〇二三年三月三〇日、二〇二三年八月四日から二〇二三年九月七日、二〇二四年一月一〇日から二〇二四年二月五日、二〇二四年三月一一日から一六日、二〇二四年九月一二日から一七日、九月二四日から二八日に行った。フィールドワークでは皮革産業に関わる人々にインタビューと参与観察を行った。なお、フィールドワーク終了後、日本から補足調査として電話インタビューを行っている。インタビューでは英語、ヒンディー語、マラーティー語を使用した。

フィールドワークは主にムンバイーで行ったが、ムンバイーの事例を相対化するために、コルカタ、チェンナイ、アフマダバード、アーグラー、プネー、バラマティでもフィールドワークを行なっている。また革職人の出身農村を訪ねて、ビハール州のアレラージのキールトプール村、マハーラーシュトラ州プネーのアスー村にも赴いた。さらに中東とダーラーヴィーのつながりを考察するために、ドバイでもフィールドワークを行った。ダーラーヴィーでは革製品工房を八七軒 、皮なめし工場を四軒、ショールームを八軒、問屋を四軒、刺繍工房を一軒、金型工房を二軒、革裁断工房を二軒、革漉き工房を二軒、スクリーンプリント工房を二軒、エンボス工房を三軒、家具工房を三軒、木工工房を一軒、それぞれ訪れてインタビューを行った。ダーラーヴィー以外のムンバイーの地域では、ヴィワンディの工場を五軒、ナヴィ・ムンバイーの工場を二軒、ナグパダの革製品工房を四軒、コラバ地区の輸出業者を二軒、ムンバイー諸地域の家具工房・オフィスを四軒、それぞれ訪問しデータを収集した。なお、予備調査の段階で、レザーサンダル産業の調査としてムンバイーのヴァサイ、ナヴィ・ムンバイー、タッカルバーパーにおいても調査を行なったが、本書ではこれらデータを扱っていない。コルカタでは製革工場四軒、革製品工房六軒からデータを収集した。チェンナイでは革製品工場を二軒調査した。アフマダバードでは、ヴィブラント・グジャラート・サミットに参加し、ダーラーヴィーで生産された製品がどのように販売されているのかを調査した。アーグラーでは革靴工場を四軒、革靴工房を二軒訪れデータを収集した。プネーでは革靴工場を一軒、バラマティでは革製品工場を一軒訪ねインタビューを行った。ドバイでは、革製品の販売業者を八軒訪ね、データを収集した。

本書では、被差別民であるダリトのうち、特にチャンバールの人々を主な対象としているが、彼らが日常で受ける差別の実態や被差別体験を直接的に大きく取り上げていない。本調査において、筆者は数人の職人に「ビジネスにおいてダリトであることで何か差別を受けた経験があるか」という質問をしたことがある。しかし、彼らはその質問に対し非常に不機嫌な表情を浮かべ、「なぜそのようなことを聞くのか？　君はインドの皮革産業の調査に来たのではないか」と返答し、質問には応じなかった。おそらく、彼らは自分たちを「誇り高き職人であり、事業主」として認識してほしかったのだと思われる。

実際、筆者が博士論文を提出した際、ある職人にそのことを伝えたところ、「ダーラーヴィーの著名な職人たちの歴史を書いてくれて本当に嬉しい、ありがとう」と心から感謝された。また、ある時、筆者がとある職人に製作してもらった鞄を日本に持ち帰ろうとした際、別の職人がその鞄を見て「一部に手直しが必要な箇所がある」と指摘してきた。筆者は「これくらい問題ない」と伝えたが、その職人は「絶対にこの鞄を日本に持って帰ってはいけない。こんな鞄を持って帰ると、ダーラーヴィーや私たちの名前が悪くなってしまう。今すぐ修理してもらうべきだ」と譲らなかった。仕方なく鞄を製作した職人のもとに持ち込むと、彼は快く「わかった」と応じ、無料で修理してくれた。その息子が「なぜこんな面倒なことをするのか」と尋ねると、その職人は「これをしないと私の名に傷がつく」と答えた。

フィールドワーカーはフィールドに埋め込まれた存在であり、インタビューの内容は対象者との関係性やポジショナリティに依存する。本書は、彼らが被差別民である点を十分に論じきれてはいない。しかし一方で、彼らが職人や事業主として誇りを持ち、様々な制約や関係性のなかにありながらも、主体的に生きている姿に焦点を当てることができた。これは本書の限界であると同時に特徴でもあるといえよう。

本書の着眼点やアプローチについて述べておくと、インドのインフォーマルセクターにおける高価格帯製品の生産に着目し、生産システムを明らかにする点は、川中［二〇一六］と視点を共有している。氏の研究の着眼点は本研究にとって大きな参考になった。ただし川中の研究と本書では、アプローチの違いとして次の点が挙げられる。

まず第一に、対象とする工場・工房の違いである。川中の研究は一つの工場に焦点を当てて議論を展開しているが、本書では工房ネットワークに注目し、工房間の関係性に重点を置いている。また、川中が対象とする工場は郊外の古くからある工業地帯に位置し、インフォーマルセクターに分類されるものの、従業員は約一〇〇名にのぼり、規模が大きい。これに対して本書が扱う工房はスラムに位置し、従業員が一〇名以下の小規模な工房がほとんどで、より高いインフォーマル性を持つ。

次に、時間軸の違いがある。川中の研究は、特定時点におけるデリーのアパレル産業の構造を描いているのに対し、本書は通時的な視点から、ダーラーヴィーの皮革産業がどのように発展してきたかを描いている。

第三に、着目するプロセスの違いである。川中の研究が製品の生産プロセスに重きを置いているのに対し、本書は製品の開発プロセス（イノベーション）に重点を置いている。

最後に、カーストの取り扱いが異なる。川中の研究では工場のオーナーや従業員のカーストは記されておらず、生産プロセスにおけるカースト関係への関心は薄い。それに対して本書は工房主や労働者のカーストに着目し、生産・開発プロセスでのカースト関係を重視している。

本書で取り上げる工房の事例がどれほどの代表性を持つのか、疑問を抱く読者がいるかもしれない。この点について、以下に説明する。

第5章と第6章で取り上げるランビール氏やゴーパル氏の工房は、確かにダーラーヴィーのなかでもトップレベルに位置する工房である。他の工房がこれらの工房と同じ水準にあるわけではなく、将来的にダーラーヴィーすべての工房がこのようなレベルに達する訳ではないであろう。

それでも、こうしたトップレベルの工房はダーラーヴィーの工房ネットワークにおいて極めて重要な役割を担っている。これらの工房はハブ工房としてネットワークの中心を形成し、輸出向けの高価格帯製品の開発というイノベーションを牽引している。また、コーポレーションギフトや業務用製品といった新たな需要を取り込むことで、産業全体の構造に大きな影響を及ぼしている。

本書が焦点を当てているのは、ダーラーヴィーにおけるインフォーマルな革製品産業の構造や関係性、さらにはその変容である。本書では、今日のダーラーヴィーには多様なタイプの工房が存在していることを指摘する。そもそも、代表的な工房が存在するという考え自体が、均質的な工房が分散しているとする従来の研究が抱えてきた問題を反映している。「典型的な工房」については、すでに先行研究で十分に取り上げられており、本書でもこうした低中価格帯から中価格帯の製品を製造する工房を第4章で分析している。しかし、本書ではその枠を超え、ダーラーヴィーの工房の多様性にさらに焦点を当てている。

ダーラーヴィーの調査工房のサンプル選定方法について述べる。本書の調査では、皮革輸出協会が発行する事業者録に掲載されている企業を訪問したこともあったが、主に何らかの紹介を通じて知った工房を調査対象とした。ダーラーヴィーに特化した事業者録が存在すれば、それを入手して工房を選ぶことも検討したが、以下の理由から断念した。

第一に、ダーラーヴィーはスラムであるため住所の表記が正確ではなく、工房の入り口に会社名が表示されていることは稀である。そのため、目的の工房に辿り着くこと自体が非常に困難である。仮に辿り着けたとしても、紹介がなければインタビューの許可を得るのが極めて難しい。調査初期には飛び入りでインタビューを試みたことがあったが、ほとんどの場合は拒否された。許可が得られた場合でも回答が十分でなかったり、明らかに虚偽の情報を伝えられることもあった。忙しいなか、正体不明の外国人大学院生に対応する理由が工房側にはなかったのである。

以上の理由から、本調査では紹介を頼りに工房を訪問する手法を採用した。親しくなった工房やトレーダーから新たな工房を紹介してもらう形で調査を進めた。ただし、この手法ではサンプルが偏る可能性があるため、一つの工房に固執せず、複数のルートや異なる工房を通じて紹介を受け、サンプルの偏りを防ぐよう努めた。

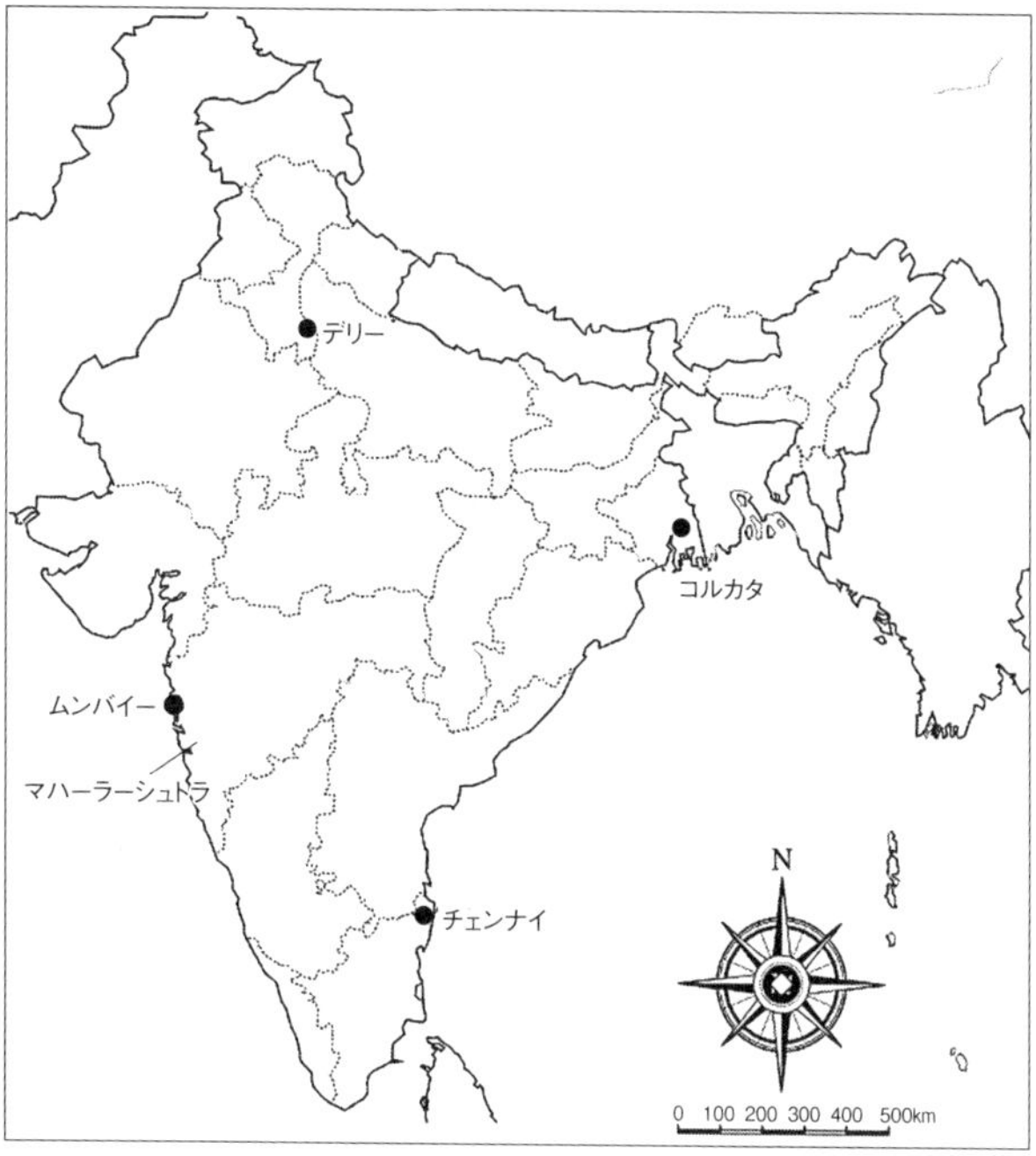

図0-1　インド・マハーラーシュトラ州
注）Encyclopedia of Britanica をもとに筆者作成。

3　フィールド

本書が対象とする地域は、インド・マハーラーシュトラ州のムンバイーであり、特にムンバイーの中心に位置するダーラーヴィースラムである（図0-1）。

ムンバイーは、マハーラーシュトラ州の州都である。ムンバイーの人口は二〇一一年度には約一二四四万人に達し、インドではデリーについで人口の多い都市である［Government of India 2011］。ムンバイーはイギリス植民地時代に開発された湾岸都市であり、今日では西インド経済の中心である。ムンバイーに位置する企業本社数や外資系企業数はインドの都市のな

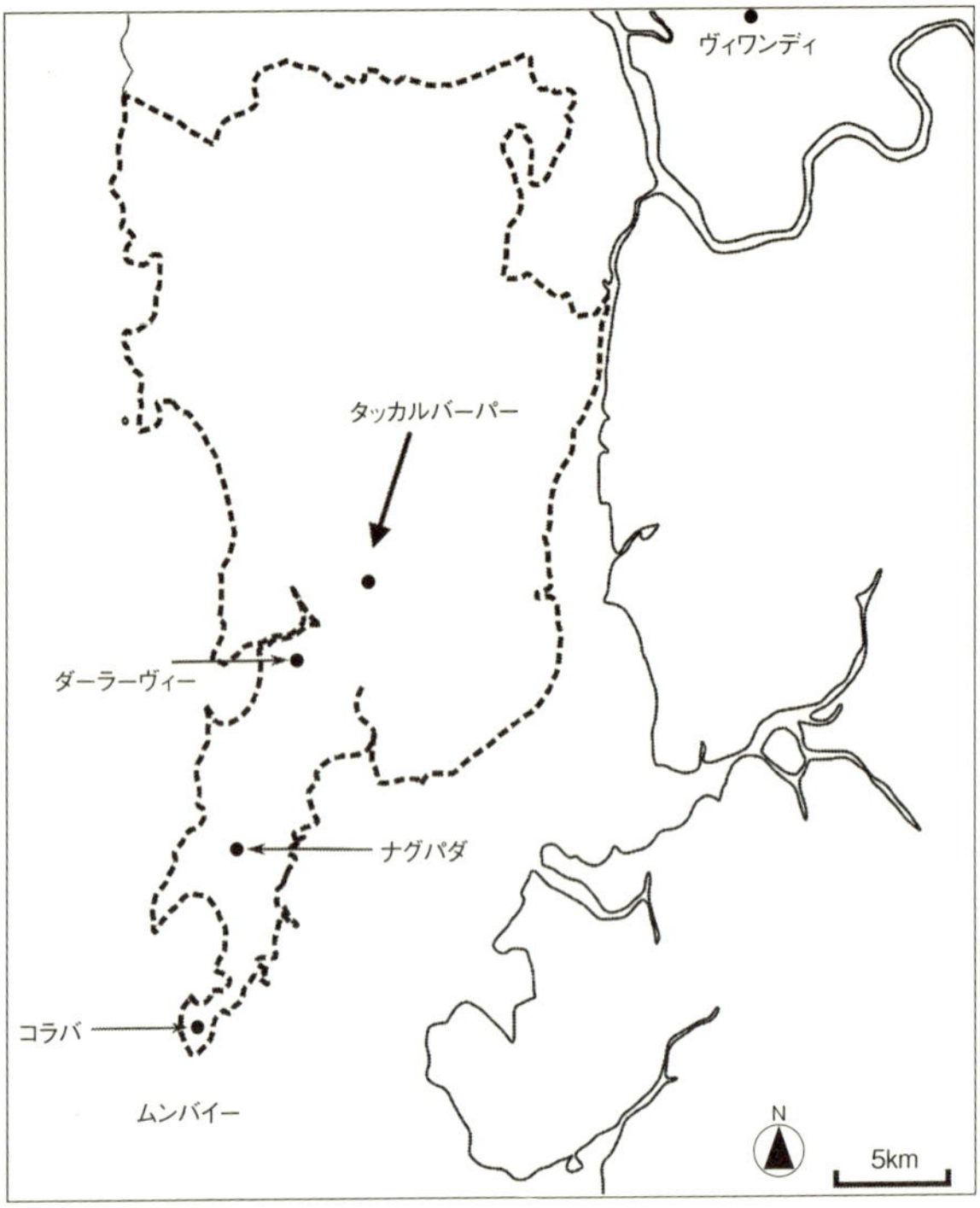

図0-2　ムンバイーとダーラーヴィー

注）Google Map をもとに筆者作成。

かで最も多い。ムンバイーは工業生産の二五％、海運の四〇％、資本取引の七〇％が集中している［由井 二〇一三：一一〇―一一三］。

ダーラーヴィーはムンバイーのなかでも、中心部に位置し、マヒーム駅とサイオンの囲まれた地域にほぼ一致する（図0-2、図0-3）。ダーラーヴィーでは、二・一六平方キロメートルの広さにおよそ六〇万人から八〇万人が居住しているとされており、人口密度が非常に高い［Saglio-Yatzimirsky 2013: 1］。ダーラーヴィーは多様な宗教・カースト[*7]・言語の人々が居住しているため、リトル・インディアとも呼ばれている［Saglio-Yatzimirsky 2013: 44］。ただし、革製品産業にはヒンドゥー教徒のチャンバール[*8]とムスリムのアンサーリー[*9]とシェイク[*10]の人々が多く関わっている。

チャンバールは行政による社会集団の区分では「不可触民」とされた被差別民を指す指定カーストのなかに含まれている。マハーラーシュトラ州での指定カースト人口は一三二七万五八九八人であり、同州人口の一一・八一％を占めている。チャンバールを含めた伝統的に皮革業に従事してきたジャーティは同州指定カースト人口の一〇・六三％を占める[*11]［Government of India. Ministry of Home Affairs. Office of the Registrar General and Census Commissioner

India 2011]。

ダーラーヴィーはアジア最大のスラムの一つであるが、ダーラーヴィーには革製品、壺、アパレル製品、刺繍、プラスティック再生業を営む小さな工房がひしめいている［Lantz 2009: 197］。一説にはダーラーヴィーには五〇〇〇以上の小規模工業事業所と一五〇〇以上のシングルルームファクトリーが存在しているという［Lantz 2009: 197］。ダーラーヴィーには二〇〇〇を超す革関連製品の工房が集積し[*12]、ムンバイーの革製品産業の中心地である。ダーラーヴィーの年間総生産額は五億USドルともいわれている［Lantz 2009: 197］。

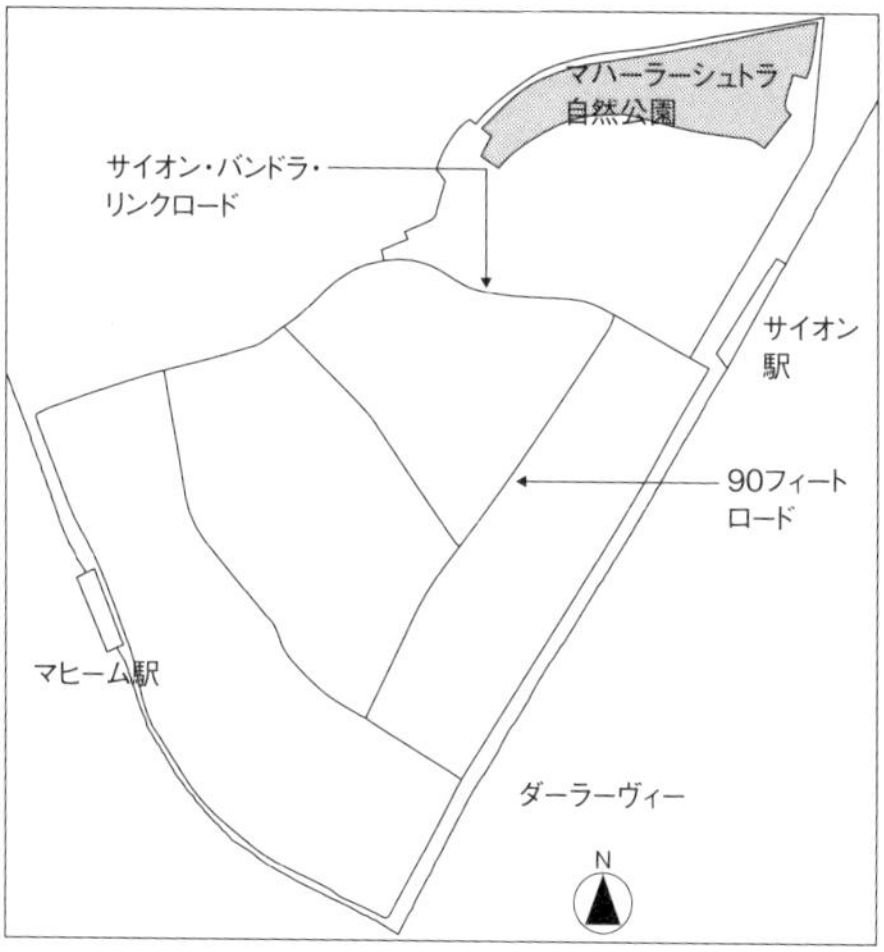

図0-3　ダーラーヴィーの詳細

注）Slum Rehabilitation Authority Mumbai をもとに筆者作成。

4　本書の構成

本書第1章では、現代インド・ムンバイーにおけるダーラーヴィーの革製品産業を捉えるための理論的枠組みを考察する。その際には、カースト・ダリト論、インフォーマルセクター論、イノベーション論を参照する。

従来のカースト・ダリト論では、ダリトの人々は社会・経済的に差別・周縁化される受動的な存在として描かれてきた。それに対して本書は、事業活動におけるチャンバールの行為主体性がダーラーヴィーの革製品産業の発展にとって重要であったことを指摘する。

次に従来のインフォーマルセクター論は、インフォーマルセクターを低賃金・低技術を特徴とする工房が集積するものとして捉えていた［伊藤 一九八八：柳沢 二〇一四］。そうした従来の議論に対して本書は、ダーラーヴィーの諸工房が多様な社会集団および多様な技術レベルを持つ工房によって構成されており、それら工房が高級品を含む多様な製品を生産するために可変的な有機的ネットワークとして機能することを指摘する。

次に高級品の開発というイノベーションおよびダーラーヴィーの工房ネットワーク全体が、高級品を含む多様な製品を生産するためのネットワークに変容することを可能にしたイノベーションを検討する。本書は、高級品の開発を知識創造の視点から捉えることおよび、イノベーションを一工房内に限定せずに、他の工房や他のアクターとの関わりのなかで捉える視点を提起する。

工房ネットワークを通じた生産と高級品の開発には、多様な社会集団が関わることで成り立っている。しかし、これら諸社会集団は閉鎖的な側面も持ち合わせていた［Roy 2008］。これら諸社会集団はいかにして相互に関わりあいながら、多様な製品を開発・生産しているのだろうか。こうした既存の社会・経済関係を超えた諸社会集団の関わりを捉えるために、本書は多様な社会集団を結び付ける媒介者に着目する。

第2章では、インドの皮革産業がいかに発展してきたのかを、統計資料や二次資料を用いて分析する。分析を通じて、ダーラーヴィーの革製品産業がインド国内外の皮革産業との関わりにおいてどのように位置付けられるのかを考察する。

まず、貿易統計の分析を通じて、インド皮革産業が主にヨーロッパ市場に高品質の革加工品を供給していることを示す。次にインド皮革産業政策を分析し、インド皮革産業が原皮の輸出からより付加価値の高い皮革製品の輸出へシフトしてきたこと、生産システムにおいては工場の機械化と大規模化が図られてきたことを指摘する。その後インド主要皮革産業集積地（コルカタ、チェンナイ、アーグラー、ムンバイー）を紹介する。そこでは特に、ダーラーヴィーの革製品産業が小規模工房の集積地帯でありながら、高級品を含む多様な製品を生産しており、従来のインフォーマルセクター観に当てはまらないユニークな地域であることを指摘する。

第3章では、ダーラーヴィーの皮革産業が製革業を中心としたものから、革製品の製造、卸売・小売業を中心としたものに変容していった歴史過程を叙述する。ダーラーヴィーに皮なめし工場が設立された一九世紀なかごろから現在までを対象とし、チャンバール職人のネットワークと組織化が革製品産業に与えた影響に着目する。より具体的には、チャンバールの熟練工によって設立された基幹工場とチャンバール職人たちが結成したリグマ（LIGMA: Leather Goods Manufactures Association）という同業組合の活動を分析していく。

第4章と第5章では、ダーラーヴィーの工房ネットワークを通じて、高級品を含む多様な製品が少量から大量にまでどのように生産されているのかを明らかにする。工房のネットワークを描写し、工房間の取引関係はいかなるものか、どういった人物が工房間を結び付けて製品を生産しているのかを論じる。

第4章ではまず、ダーラーヴィーの工房ネットワークを描写し、工房間の結節点になるハブ工房が存在することを示す。その上で、ハブ工房の特徴と機能を分析する。分析を通じて、ハブ工房が資金と原材料の前渡しを行うことで、資本力のない工房が工房ネットワークに参加することを可能にしていることを指摘する。さらにコーポレーションギフト・業務用製品やオリジナルデザインの高級品を生産する工房には比較的教育レベルの高い*13チャンバールが見られることを指摘する。

第5章では、工房ネットワークを通じてオリジナルデザインの高級品やコーポレーションギフト・業務用製品といった製品を含む低価格帯から高価格帯にわたる多品種の製品が少量から大量にどのように生産されているのかを明らかにする。その際には工房ネットワークの主要アクターである比較的教育レベルの高いチャンバール工房主、差配師、移動型労働者に着目する。分析を通じて、比較的教育レベルの高いチャンバール工房主と差配師が媒介者の役割を果たしており、前者がダーラーヴィー外部から需要を取り込み、後者が内部の諸工房を結び付ける役割を果たしていることを示す。そしてこれらのアクターによって緻密な分業・協業関係が構築されることで、多様な製品が少量から大量にまで生産することが可能になっていると指摘する。

第6章では、ダーラーヴィーの革製品産業において、輸出市場に向けたオリジナルデザイン高級品の開発・生産を可能にするイノベーションの仕組みを明らかにする。そこでは、イノベーションを生み出す媒介者として比較的教育レベルの高い革職人・工房主に着目する。今日、手の込んだ高級品を少量生産することに魅力を感じた独立系のデザイナーや小規模の起業家たちがダーラーヴィーの工房を訪れている。比較的教育レベルの高い職人・工房主（特にチャンバールの人が多い）が媒介者となることで、これら独立系のデザイナーや起業家とダーラーヴィーの革職人が協働関係を構築していることを指摘する。そしてこうした協働関係を通じて、革職人が継承してきた皮革知識・技術とデザイナー・起業家が持つデザイン・マーケティングの知識・技術が結び付くことで高級品を開発・生産することが可能になるイノベーションが生じていると指摘する。

終章では、これまでの各章の議論をまとめた上で、全体として、ダーラーヴィーにおける革製品産業の発展がいかに可能になったのかに答えを出す。そこでは、ダーラーヴィーの革製品産業の発展が、二つのイノベーションから成り立っていたことを示す。一つ目が、ハブ工房を中心とした緻密な分業・協業システムの発達という生産システムのイノベーションである。二つ目が、チャンバール職人が持つ皮革に関する知識・技術が他の社会集団の持つデザインやマーケティングの知識・技術と結び付くことによって生じる高級品の開発というイノベーションである。そしてその基盤にはチャンバール職人たちの世代間に渡る資本蓄積・教育投資[*14]を通じた生産システムの刷新があったことを示す。

注

＊1　革製品とは、インドの皮革輸出統計に見られるカテゴリーの Leather Goods に該当し、財布、鞄、キーホルダーなどを指し、革靴やレザージャケットは含まない。その他のカテゴリーとして、仕上げ済革（Finished Leather）、履物部品（Footwear Components）、馬具（Harness and Saddlery）、革履物（Leather Footwear）、革衣料（Leather Garments）、革手袋（Leather

皮革製品から仕上げ済革を除いた製品の総称である。

Gloves）らがある［Council for Leather Exports 2019］。なお皮革製品とはこれら前記のカテゴリーの総称であり、革加工品は

＊2　本書において発展とは、産業の主に経済的発展を指す。生産額、輸出額、賃金、工場数、製品の単価といった経済指標の改善および、新製品の開発、新生産方法の開発といった経済活動の質的向上を指している。ただし、補足的議論として、本書の第3章第5節において、ダーラーヴィーの社会イメージを変革する活動に着目し、社会的発展も取り上げている。

＊3　インフォーマルセクターとは、行政に十分把握されていない経済活動を担う部門の総称である。インドの行政区分では、動力を用いる工場の場合、従業員一〇名以上の工場（動力を用いない場合は従業員二〇名以上の工場）は政府への登録が義務付けられており、政府に登録された企業はフォーマルセクター（組織部門）と呼ばれ、非登録の企業がインフォーマルセクターと呼ばれる［柳沢 二〇一四：二〇一］。政府に登録された工場は、労働法や環境規制の適応対象となる［黒崎 二〇一五：三〇三］。そのために、フォーマルセクターは比較的良好な労働環境にあるのに対して、インフォーマルセクターは不安定な厳しい労働環境にあると指摘されることが多い［木曽 二〇〇三：二四〇］。ただし、従業員が一定数いたとしても、工場を登録せず、労働法や環境規制の適応対象外になっている工場も多い［柳沢 二〇一四：二〇一］。つまりインフォーマル部門にあたるかは従業員数に加えて、実際に労働法や環境規制が適応されているかを考慮する必要がある。ダーラーヴィーの工房はサグリオ＝ヤツィミルスキー［二〇一三］が指摘するように、両方の視点から考えてもインフォーマル部門である。

＊4　牛を神聖視するヒンドゥー教徒が多く住むインドで皮革産業が盛んであることは、意外に思われるかもしれない。しかし、ヒンドゥー教では牛と水牛が明確に区別されており、牛は神聖な生き物とされるが、水牛にはそのような扱いはない。インド憲法では、メス牛の屠殺が禁止されているが、オス牛や水牛の屠殺は禁止されていない。ただし、ケーララ州や西ベンガル州など、一部の州ではメス牛の屠殺が認められている。二〇一五年には、マハーラーシュトラ州政府が規制を強化し、メス牛だけでなく去勢牛も屠殺禁止の対象に含め、牛の屠殺を全面的に禁止した［絵所　二〇二一：二一六—二二四］。

＊5　本書では、オリジナルデザインとは、コピーでもなく、一般的なデザインでもないという意味で用いている。この場合デザインは必ずしもダーラーヴィーで開発されたものとは限らない。輸出業者がデザインを開発していて、それをダーラーヴィーの工房が下請けで生産してもオリジナルデザインとしている。

＊6　サンスクリット語に起源を持ち、「抑圧されたものたち：the oppressed」を意味する。広義には被抑圧層全体を指すが、狭義

にはもと「不可触民」を指す。本書でも狭義の意味で用いている。「不可触民」はカースト制度の枠外に置かれた最下層民であった。一般住民（カースト・ヒンドゥー）に穢れを与える存在とされ、社会生活のすべての面で差別されてきた。伝統的には、農業労働者、村落の雑役人、皮革業、屠殺業、清掃業、洗濯業に従事してきた［舟橋 二〇一二：山﨑 二〇一二］。

＊7　結婚、食事、職業などにおいて厳格な規制におかれた排他的な社会集団のこと。インドではカースト集団をジャーティ（jāti）という語で呼んでいる。バラモン、クシャトリヤ、ヴァイシャ、シュードラと呼ばれるものはヴァルナであり、「不可触民」のジャーティを除くすべてのジャーティがこれら四ヴァルナのいずれかに属している［山﨑 二〇一二：一四九―一五〇］。

＊8チャンバールはマハーラーシュトラ州において、伝統的に革加工品の生産に関わってきた社会集団である。北インドではチャマールという社会集団に該当する。ただし、チャマールは家畜・動物の死骸処理やなめし業にも関わるのに対して、チャンバールは革加工品の生産のみに関わるという違いがある［藤井 二〇一二：五〇四―五〇五：Saglio-Yatzimirsky 2013］。

＊9　伝統的に様々な職業に就いてきたが［Risley 1915］、機織りに従事している人々が多い［Goswami 2011］。

＊10　ビハール州やウッタル・プラデーシュ州のシェイクの人々は、主に農業と自営業に従事してきたが、それに加えて、機織り、官職、木工細工、石工などにも従事してきた［Singh 1998b: 3215-3219］。

＊11　インドの二〇一一年度の人口統計においては、チャンバール単独で人口がいくらかは記載されていない。チャンバールに加えて、他州から移住してきた皮革カーストを含めた人口のみが記載されている。詳細は以下を参照のこと。「インド人口統計二〇一一」https://censusindia.gov.in/2011census/population_enumeration.html（二〇二一年二月一八日閲覧）。

＊12　二〇一八年一二月二八日。ダーラーヴィーの元革製品工房主M氏のインタビュー。ダーラーヴィーの革製品店Rにて。

＊13　ダーラーヴィーの革製品産業従事者の教育レベルについては、第3章、第4章で論じるが、本書では、ディプロマ・大学での学位を取得したチャンバールを比較的教育レベルの高いチャンバールとする。

＊14　本書では、より高い教育を受けさせるために、子弟を学校や塾に行かせる両親の行動を指す。ただし、あくまでより高い教育であり、必ずしも高等教育とは限らない。ダーラーヴィーはスラムであり、一般に教育レベルが高くない。地方の農村から移動してきた労働者は、初等教育レベルのものが多い。そこから、中等、高等教育、専門学校卒までになれば、教育投資と捉えることは可能であろう。また専門学校を卒業して、ディプロマを取得すれば、常勤雇用の職を獲得する割合が大きく増えることは、宇佐美［二〇一五：一〇三―一一五］によっても指摘されている。

第1章　インフォーマル革製品産業のイノベーション

――スラムにおける多様な製品の開発・生産を捉える視角

1 はじめに

ダーラーヴィーの革製品産業はいかに発展してきたのか。より具体的には、ダーラーヴィーにおいて高級品を含む多様な製品がいかに開発され、少量から大量にまで生産されているのか、そしてそこにおけるイノベーションはいかなるものか。本章では、この問いに答えるための理論的・概念的な枠組みを検討する。そのために「カースト・ダリト論」「インフォーマルセクター論」「イノベーション論」に関する議論を批判的に考察していく。

2 インド経済論におけるカースト・ダリト論

ダーラーヴィーの革製品産業には、ダリトであるチャンバールとムスリムが従事している。すでに一九〇三年の時点で、ダーラーヴィーにおいてチャンバールが革製品工房を運営していたことが確認されている [Martin 1903: 26]。今日のダーラーヴィーにおいては、ムスリムの方がチャンバールより多くの革製品工房を運営しているが、[*1] ムスリムがダーラーヴィーの革製品産業に本格的に参入し始めたのは、一九八〇年代から二〇〇〇年代[*2]である [Saglio-Yatzimirsky 2013: 61]。さらに、本書で明らかにするように、リグマという同業組合を結成し、革製品の自主的流通経路を確保したのはチャンバール職人の活動によるものであった。今日では諸工房のハブになる工房を担う者、高級品を開発・生産する者にチャンバールが多く見られる。そのために、ダーラーヴィーの革製品産業の発展とチャンバール職人の社会・経済的向上は密接に関係してきた。

ダリトの社会・経済的状況とダリトの社会・経済的向上に関する研究を検討することで、ダーラーヴィーにおけるチャンバール職人の社会・経済的向上を捉える視角を検討していく。まずダリトの経営者、労働者に関する研究を検討していく。これらの研究では、ダリトが社会・経済的に周縁的・差別的な位置付けに置かれてきたことを指摘している。

ダリトの経営者に関する研究では、ダリトの経営者が他カーストの経営者に比べて事業規模と事業所の所有割合が小さいこと、設備投資が少ないことや貧困状態に陥っている者が見られることが指摘されてきた［Iyer, Khanna and Varshney 2013; Thorat and Sadana 2010］。そしてその背景にはカーストに基づいた格差や差別があるのではないかと指摘されている［Thorat and Sadana 2010］。トーラトとサダーナーは二〇〇四～〇五年のインド全国標本調査を分析した。彼らは、ダリトの自営業者（自身とその家族のみが働く）が全自営業者に占める割合は三四・三％に及ぶが、その内四六・〇％は貧困状態にあり、自営業者全体の貧困率二七・七％より大幅に高いと指摘している［Thorat and Sadana 2010］。ジョードカやプラカーシュは、事業活動においてダリトの経営者は他カーストの経営者から実際に差別を受けていると指摘している［Jodhka 2010; Prakash 2015］。

ダリトの労働者に関する研究は、ダリトの労働者は他のカーストに比べて不安定で賃金の低い条件で労働している者が多いことを指摘してきた。ダリトの労働者は他のカーストの労働者に比べて、インフォーマルセクターで働いている者の割合が多く、フォーマルセクターで働いている者も職階が低い［Deshpande and Palshikar 2008; Tiwari 2005; 木曽 二〇〇三］。そしてこうした背景にはカースト間における教育投資、資源、機会、権力などの格差があることが考えられてきた［Deshpande and Palshikar 2008; Tiwari 2005; 木曽 二〇〇三］。

ダリトがカーストによって社会・経済的に周縁的・差別的地位に置かれてきたのは間違いない。本書においても、ダーラーヴィーのチャンバール職人は歴史的にムスリム卸売り商人に対して従属的な地位に置かれてきたことを指摘している。ただし、本書で明らかにするように、チャンバール職人は受動的に周縁的・差別的地位に置かれていただけではない。チャンバール職人たちは集合的な行為主体性*3（エージェンシー）を発揮することで、一九七三年にリグマという同業組合を設立し、革製品の自主的流通経路を開拓したのである。さらに、今日のダーラーヴィーにおいて、チャンバールを中心とする革職人が高級品を含む多様な製品の開発・生産において主導的な役割を演ずるに至っている。ダリトの周縁性・差別性のみに着目すると、こうした現状を十分に説明できない。

従来の議論においては、インフォーマルセクターにおいて、ダリトたちが協力して行為主体性を発揮し、社会・経済的向上を試みる可能性はほとんど想定されていなかった。*4 ダリトが社会・経済的地位向上をなす手段は、個人が、周縁的な位置付けから脱却することであると考えられてきた。そのために、重視されたのが教育である［柳澤 二〇一六］。実際に高等教育を受けて社会・経済的に上昇したエリート層のダリトを対象にした研究が蓄積されている。従来エリート層に関するダリトは、ハリジャン・エリートと概念化され分析されてきたが、近年では、舟橋・鈴木［二〇一五］がハリジャン・エリートとは異なった特徴を持ったエリート層のダリトをエリート・ダリトと概念化して分析している。本書はこれら舟橋らの指摘に基づいて、前者に関する議論をハリジャン・エリート論とし、後者に関する議論をエリート・ダリト論として批判的に検討する。

ハリジャン・エリート論は、留保政策を通じて高等教育を受け、公務職、医師や弁護士になどに就き、社会・経済的に向上したダリトは、留保政策の恩恵を家族・親族で独占し、出自コミュニティから隔絶する傾向があったことを指摘している［Sachchidananda 1976］。いわば彼らは自身のダリト性（Dalitness: 被抑圧性・被差別性）から脱出しようとしたのである。一方でエリート・ダリト論では、出自コミュニティと疎遠になり、自身のダリト性から脱出するダリトではなく、出自コミュニティとの関係を維持し、他のダリトの地位向上に関わるエリートのダリトが分析されている。舟橋はウッタル・プラデーシュ州における改宗仏教徒の活動を取り上げ、高等教育を受けて公務員として働いていたダリトが、仏教徒の活動で主導的な役割を果たしていることを指摘している［舟橋 二〇一四］。鈴木も同様に、清掃人カーストであるヴァールミーキによる公益訴訟において、高等教育を受けて弁護士として活動するヴァールミーキの人々が中心的な役割を果たしていることを指摘している［鈴木 二〇一五］。エリート・ダリト論に見られる、教育を受けつつもカースト紐帯を維持するダリトの存在は、教育を受けたダリトが行為主体性を発揮し、自身の社会・

経済的向上だけでなく、他のダリトを巻き込みながら、ダリトの地位向上に関わる点を指摘したことが重要である。ただし、ハリジャン・エリート論、エリート・ダリト論はともに、留保政策を通じて、教育・就業の機会を得て、公務員職、弁護士・医師といったフォーマルセクターのホワイトカラー職に就業したダリトを対象としている。そこでは、本書が対象とするインフォーマルセクターにおいて事業活動を行うダリトは対象外となっている。そのために、教育を受けたダリトがインフォーマルセクターでの事業活動において果たす役割がいかなるものなのかは十分に明らかにされてこなかった。

こうした背景には、インフォーマルセクターがダリトの社会・経済的向上の場と見做されてこなかったことがある。確かに経済自由化政策のなかで、公営企業が民営化されることで、留保枠が実質的に減少する事態を受けて、留保政策に頼らないダリトの社会・経済的向上が一部の研究者やジャーナリストの間で議論された。そこでは、起業を通じたダリトの向上も提唱された［Vaidyanathan 2007: 356-360］。一方で、前述のダリト経営者の研究群は、他カーストに比べて経営パフォーマンスが低いことや他カーストからの差別を強調し、インフォーマルセクターでのダリトの社会・経済的向上に悲観的である［Iyer, Khanna and Varshney 2013; Prakash 2015; Thorat and Sadana 2010］。しかし、今日インドにおいて中間層の大部分はインフォーマルセクター事業者から輩出されている*5［Sengupta, Kannan and Raveendran 2008］。実際、近年にはダーラーヴィーに限らず、全国レベルでダリトが所有する事業所の数が増加しているという指摘がある［Government of India Ministry of Statistics and Programme Implementation 2008］。ハリヤーナー州のパーニーパットとウッタル・プラデーシュ州のサハーランプルで調査を行ったジョードカは、両都市のインフォーマルセクターで新しく事業を始めたダリトには、教育レベルが高い者が多いと指摘している［Jodhka 2010］。さらにダリトに限らずインフォーマルセクター事業者には教育レベルの高い者が多いと指摘されている［柳澤 二〇一四］。そのために、ダリトの社会・経済的向上を捉えるために、インフォーマルセクターで事業活動を行う教育を受けたダリトに着目するのは重要である。こうした中間層を形成するインフォーマルセクター事業者は、主に製造業、不動産業、卸売・小売業に従事していると指摘されている［Sengupta, Kannan and Raveendran 2008］。本書が対象とするインフォーマルセクター革製品産業の事業者からも中間層を形成するダリトが輩出されていると指摘されている［Sridharan 2008: 28］。実際に、ダーラーヴィーの革製品産業において、以前チャンバールは教育を受けて留保政策を通じて職を得ることを目指していたが、今日では教育を受けたのち革製品産業に参入するチャンバールが見られるという*6［Saglio-Yatzimirsky 2013: 219］。

近年は教育を受け行為主体性を発揮するダリト企業家に焦点を当てた研究も見られるようになった。久保田はダリト企業家の組織であるダリト・インド商工会議所を調査し、同組織には高等教育を受けたダリトが多いこと、その多くは零細企業を経営していることを指摘している［久保田 二〇二四］。ただし、久保田の研究はダリト・インド商工会議所の活動の分析に重点があり、所属する企業家が各々の産業でどのような活動を行っているのかにはほとんど関心を払っていない。篠田もダリト・インド商工会議所に所属する企業家・起業家にインタビューを行い、高等教育を受けて事業を引き継いだダリト企業家が事業を拡大していく様子を活き活きと描いている［篠田 二〇一九］。ただし、篠田の研究はインタビュー対象が大規模事業を行うグジャラート支部長に限られており、本書が着目するインフォーマルセクターに参入した教育レベルの高いダリトとは視点を異にする。

そこで、本書は教育を受けてインフォーマル革製品産業に参入したチャンバールがどのような役割を果たしているのかを分析していく。結論をやや先取りすると、こうした比較的教育レベルの高いチャンバールが工房ネットワークを通じた多様な製品の生産や高級品の開発を主導しているのである。

ここまでの議論をまとめると、ダリトの社会・経済的向上の過程において本書が着目するのは、ダリト自身たちが歴史的に発揮してきた行為主体性である。今日では特に教育を受けたチャンバールが、行為主体性を発揮し、自身だけでなく、周りの人々も巻き込みながら、インフォーマルセクターでの事業活動を通じて社会・経済的な向上を目指す活動が重要である。

3　インド経済論におけるインフォーマルセクター論

ダーラーヴィーはインドの典型的なインフォーマルセクターが所在する場とされてきた。そのためダーラーヴィーの革製品産業はインドのインフォーマルセクター論の枠組みのなかで論じられてきた［Saglio-Yatzimirsky 2013: 208-229］。インドのインフォーマルセクター論で重要な指摘は、インフォーマルセクターとフォーマルセクターの違いは、単なる従業員数の違いに留まらず、生産される製品、生産システム、労働者の雇用環境にも違いが見られるという点である。インドのインフォーマルセクターでは労働者が低賃金でかつ雇用の保証が得られないもとで、農村市場や都市インフォーマルセクター労働者を主な顧客とする国内市場向けに質の保証のない廉価品を生産していると指摘されている*7［伊藤 一九八八：二八；柳澤 二〇一四：二一三—二四二］。

ダーラーヴィーの革製品産業もこうしたインフォーマルセクター論の視点から論じられてきた。ダーラーヴィーの革製品産業は、擬似ブランド品を含む中品質の製品を生産することで発展してきたとされ［Morey 2016; Saglio-Yatzimirsky 2013］、さらに今日では職人の非熟練化と雇用の不安定化が進んでいるとされている。ダーラーヴィーの革製品産業が近年国際市場に接続されることで、職人の技術をさほど必要としない標準化された中級製品の生産が増加していることが技術の低下を招いているという［Saglio-Yatzimirsky 2013: 208-212］。さらに職人の賃金は低く、職人の八七％は最低賃金以下で働いていると指摘されている［Pais 2006a］。

しかし、その一方で、二〇一〇年ごろからダーラーヴィーの革製品産業において、オリジナルデザインの輸出市場向け高級品の生産が増加しているとも指摘されている［Saglio-Yatzimirsky 2013: 222］。さらに本書で明らかにするように、今日のダーラーヴィーでは、低中価格帯のコーポレーションギフトや業務用製品の生産も増加している。そのために、ダーラーヴィーでは、標準化された中級製品の生産も増加しているかもしれないが、同時に生産される製品の多様化も生じているのである。こうした輸出市場向けの高級品を含む多様な製品の生産は、職人の非熟練化の観点からは説明できない。従来のインフォーマルセクター論では、高級品を生産するために、工場の大規模化、機械化、外部からの技術トレーニングを提唱してきた［NCEUS 2007; Sethraman 1981: 200-206］。しかし、工場の大規模化、機械化、外部からの技術トレーニングがダーラーヴィーにおいて見られたわけではない。

従来の議論が高級品を含む多様な製品を生産する仕組みを十分に明らかにすることができていない根本的原因は、ダーラーヴィーの一工房内における生産システムを分析することに終始してきたことにある［Saglio-Yatzimirsky 2013: 174-195］。従来の議論では、諸工房を有機的なネットワークとして捉える視点が欠けていた。確かにサグリオ＝ヤツィミルスキーは、ダーラーヴィーにおいて工房ネットワークが存在することは認める。ただし、工房ネットワークに関する公式的データはいっさい存在しないとして、工房ネットワークに関する調査は行わず、個々の工房しか取り扱ってこなかった［Saglio-Yatzimirsky 2013: 196-197］。

ここから、ダーラーヴィーの革製品産業における工房ネットワークを捉えるのに重要な視角を考察するために、インフォーマルセクター論のなかで、工房ネットワークに着目した研究を検討していく。インフォーマルセクター論のなかで、工房間のつながりに着目したものは、次の二つに大別される。第一が問屋制度による下請け関係を通じた生産システムであり［竹内 一九七六：谷本 二〇〇五］、第二が地縁・血縁や社会集団に基づくネットワークを通じた生産システムである［Chari 2004; Munshi 2019; Harris-White 2004］。

古典的な問屋制度は、商人が原材料、資金、機械を生産者に前貸しし、複数の小規模工場で製品を生産する生産システムを指す。ダーラーヴィーにおいても、商人が革を工房に前渡しして製品を生産していると指摘されてきた［Saglio-Yatzimirsky 2013: 199-202］。しかし、本書で明らかにするように、今日のダーラーヴィーにおいて商人による革や資金の前渡しは必ずしも広く見られるわけではない。

古典的な問屋制度が日本で発展した一形態として、製造卸問屋制度が存在する。製造卸問屋とは、元々は製造業者であったものが、場合によっては自身も製造工程の一部を担いながら種々の加工業者をまとめ上げて、製品を生産し、問屋に納入する業者のことである。つまり、古典的な問屋制度における商人と製造業者の中間的な形態を取る業者のことである。ただし、製造問屋は、自身で流通経路を持っておらず、あくまで製品の生産・流通の主導権は問屋にあり、問屋と製造問屋は垂直的な関係にあった。問屋にとって製造問屋は工房をまとめあげ管理するコストと工房に前貸しした原材料や資金の持ち逃げリスクを削減するための便利な存在であった［竹内 一九七六］。

製造卸問屋制度は、ダーラーヴィーの革製品産業における工房ネットワークを分析するのに重要な視点を提供している。本書で明らかにするように、ダーラーヴィーにおいても、商人に代わって、他の工房に原材料や資金を融通して複数の工房をまとめあげ、製品を生産する工房が存在するのである。しかし、これら複数の工房をまとめあげる工房には、輸出市場向けの高級品を生産することが可能な高度な技術レベルを持つ工房も存在する。さらに複数の工房をまとめあげる工房には、商人を介さずに、製品の注文を受けている工房が多く見られる。そのために、ダーラーヴィーにおいて諸工房をまとめあげる工房を製造卸問屋のように、問屋の主導下に置かれた、管理コストや材料の持ち逃げリスクを削減するための存在として理解することはできない。ダーラーヴィーの工房ネットワークは商人が主導する問屋制度に基づいたものと理解するのではなく、自律的な工房がネットワークを構成したものと理解する必要がある。

次に地縁・血縁や社会集団に基づくネットワークからダーラーヴィーの工房ネットワークを理解できないか検討していく。地縁・血縁や社会集団に基づくネットワークに着目した研究では、企業間のネットワークを単一の地縁・血縁あるいは社会集団による相互扶助ネットワークに還元して理解する［Chari 2004; Harris-White 2004］。ネットワーク内における相互扶助こそが、経済活動において有利に働き、企業間ネットワークが維持・発展してきたとする。とりわけインドでは、カーストを通じた相互扶助が経済活動において有利に働いてきたと指摘されている。カーストネットワークを通じて下請けや資金の融通が行われていることや、カースト団体が、原材料の仕入れ、支払い条件、許可に決定権を持ち、排他的な独占を築いていると指摘されている［Harris-White 2004: 179-187］。

南インドのティルプールにおけるニット産業は、カーストに基づいた相互扶助ネットワークを通じて発展してきた代表例とされている。ティルプールのニット産業では、零細な工房を含む工房ネットワークを通じて製品が生産されている。この工房ネットワークを支えるのが、換金作物（綿花、サトウキビなど）栽培に関わっていたガウンダルの相互扶助的なネットワークである。起業を志すガウンダルは、多能工になったのち、すでに事業を起こしたガウンダルから資本や機械の支援に加えて、下請けの注文を受けることで自身の工場を設立していく。そして多様な服地を生産するには種々のニット機械が必要であるので、それぞれの機械を所有するガウンダル同士で注文を融通しあい、水平的な分業ネットワークを構築していく。チャリはこうした小規模工場の設立と小規模工場ネットワークを通じた生産を可能にするあり方を友愛資本と名付けた［Chari 2004］。

ダーラーヴィーの革製品産業においても、カーストネットワークによる相互扶助が重要な役割を果たしたのは事実である。本書で明らかにするように、一九六〇年代にはチャンバール職人の間で下請け関係が進展したことが、チャンバール職人の起業を促した。さらに一九七〇年代にはリグマというチャンバールの同業組合が結成されている。しかし、今日のダーラーヴィーにおいては、多様な社会集団が経営する工房間に取引関係があり、製品を買い付ける社会集団も多様である。そのために、特定のカースト団体が市場支配力を持っているわけではなく、特定のカーストが生産ネットワークを構築しているわけではない。

さらに特定の地縁・血縁や社会集団に基づくネットワークに着目した研究では往々にして、ネットワークを構成する企業を均質的に扱い、内部の多様性に無自覚である*8［e. g. Munshi 2019; Harris-White 2004］。今日のダーラーヴィーにおいて、チャンバールにせよムスリムにせよそれぞれの社会集団内において工房の持つ技術レベルは様々である。そのために、特定の地縁・血縁や社会集団に基づくネットワークの視点からダーラーヴィーの革製品産業における工房ネットワークを説明することは難しい。

本書は、多様な社会集団と多様な技術レベルから構成された自律的な工房ネットワークに着目する。これによって、ダーラーヴィーの革製品産業を、商人が主導する下請け関係を通じて、中品質の国内向け製品を生産するものとしてではなく、自律的な諸工房が需要に応じて形成したネットワークを通じて、高級品を含む多様な製品を柔軟に生産するものとして捉えることが可能になる。

4　イノベーション論

ダーラーヴィーでは、遅くとも一九六〇年ごろから工房ネットワークを通じて主に中品質の国内向け製品が生産されていた［Saglio-Yatzimirsky 2013: 166-172］。[*9] それが二〇〇〇年代後半から、高級品を含む多様な製品が少量から大量にまで工房ネットワークを通じて生産されている。こうした変容はいかに可能になったのだろうか。この変容を明らかにするために、本書は次の二点を考察する。一つ目が、高級品の開発という製品のイノベーション[*10]である。二つ目が、高級品を含む多様な製品を少量から大量にまで生産する工房ネットワークへの刷新という生産システムのイノベーションである。これらイノベーションの仕組みを考察するために、イノベーションに関する議論を検討していく。

シュンペーターがイノベーションを経済発展の主要な要因であると指摘して以降、イノベーションに関する膨大な研究の蓄積がある。ただし、シュンペーター以降は、イノベーションの質的研究は経済学ではなく、主に経営学と地理学において研究が蓄積されてきた。[*11] 経営学においては主に企業組織との関わりのなかでイノベーションが捉えられ、地理学においては、主に産業集積地との関わりのなかでイノベーションが捉えられた。ここから、経営学と地理学において蓄積されてきた研究を検討していく。

経営学においてイノベーションがいかに生じるのかは、ナレッジ・マネジメントというジャンルで主に研究されてきた。ナレッジ・マネジメントでは、イノベーションとは知識創造であり、知識創造はいかに企業において可能になるのかを議論する。野中と竹内は知識創造が促進される組織のマネジメントの特徴としてトップダウン・モデルとボトムアップモデルの長所を統合したミドル・アップ・ダウンマネジメントを挙げている。さらに知識創造に適した組織形態として、階層的な官僚制の効率性とタスクフォースの柔軟性を同時追及したハイパーテキスト型組織を提案している*12［野中・竹内 一九九六］。

ナレッジ・マネジメント論が指摘した、イノベーションを知識創造および知識創造を可能にする組織形態の視点から理解するという点は重要である。なぜならば、ダーラーヴィーにおける高級品の開発という製品レベルのイノベーションを職人の持つ知識・技術の新たな結び付きという視点から理解できるためである。ただし、ナレッジ・マネジメント論は主に一企業内における組織形態を問題としていたが、ダーラーヴィーの革製品工房内において明確な組織構造が見られるわけではない。本書で指摘するように、ダーラーヴィーのほとんどの革製品工房は、従業員が一〇名以下である。工房主のもとに、熟練工と非熟練工がおり、工房内で熟練度に合わせた分業が製品ごとにそのつど取られているのである。そして場合によっては工房主のみ、あるいは工房主と熟練工の一人のみという工房もある。そのために、ダーラーヴィーにおける高級品開発というイノベーションにおいて、知識・技術の新たな結び付きが一工房内で完結していると捉えるのは困難である。むしろ、知識・技術が工房外部の知識・技術と結び付くことで創造されると理解する必要がある。

イノベーションが生じるメカニズムを外部企業との結び付きから捉える研究として、産業集積地における中小企業ネットワークを通じたイノベーションを論じた研究群が挙げられる。このなかで代表的な研究としてまず「第三のイタリア」*13を論じた研究群を検討する。「第三のイタリア」の特徴として、「柔軟な専門化」と呼ばれている生産システムが指摘されている。「柔軟な専門化」では、小規模・零細工場が需要に応じて柔軟に、人間関係を中心とした水平的な分業ネットワークを構築し、多品種少量生産を行う。「柔軟な専門化」では多目的に使用できる設備やそれら設備を使いこなせる熟練労働者を活用し、変化に適応しながら製品を開発・生産することで、永続的に製品、生産システム、生産技術のイノベーションを目指す［ピオリ・セーブル 一九九三；岡本 一九九四；小川 一九九八］。

「第三のイタリア」に見られる小規模・零細工場による水平で、柔軟な分業ネットワークを通じたイノベーションは、小規模・零細工房が集積するダーラーヴィーにおけるイノベーションを捉える上で重要な視座を提供している。まず、高級品を含む多様な製品を少量から大量にまで生産する工房ネットワークへの刷新は、ダーラーヴィーの工房間が柔軟に結び付くことによって可能になったと理解できるように思われる。ただし、ダーラーヴィーにおける高級品の開発を工房間の柔軟な結び付きからのみ理解するのは不十分である。なぜならば、高級品の開発には、革職人が継承してきた皮革に関する知識・技術だけではなく、デザイン・マーケティングに関する知識・技術が不可欠だからである。高級品の開発を理解するには、ダーラーヴィーの工房主や革職人同士のつながりだけではなく、ダーラーヴィー外部の人々とのつながりを見る必要がある。

産業集積地における中小企業ネットワークを通じたイノベーションを論じた別の代表的な研究として、シリコンバレーにおける情報技術産業を挙げることができる。アジア系の移民を含む多様なルーツを含む人々がシリコンバレーの諸企業で働いており、それら企業間において競争相手をも含んだ柔軟な協働関係が構築されている。さらに企業とベンチャーキャピタルファンド、企業と大学や研究機関との間にも協働関係が見られる。こうした多様なアクターが協働することで製品、生産システム、技術レベルでのイノベーションが生じていると指摘されている［Saxenian 1994］。チェスブロウはこうしたシリコンバレーに見られる複数の組織にわたるイノベーションをオープンイノベーションとして概念化した。チェスブロウはオープンイノベーションを推進する主体としてベンチャーキャピタルと大学を重要視した［チェスブロウ 二〇〇四］。

シリコンバレーにおけるイノベーションモデルは、中小企業の柔軟な分業だけでなく、多様なアクターのつながりにもイノベーションの原因を求める点で重要である。ダーラーヴィーの革製品産業において、今日ではチャンバール職人だけでなく、ムスリム職人が見られる。さらに本書で指摘するように、従来ダーラーヴィーを訪れていなかった社会的出自を持つデザイナーや小規模の起業家がダーラーヴィーの工房を訪れている。

こうした多様なアクターの結び付きにイノベーションを求める点は、南アジア発展経路論と視座を共有している。南アジア発展径路論は、多様な素材、知識・技術の結び付きにイノベーションを求め、そのことが多様な製品の生産に結び付いているとする［Tanabe 2018］。南アジアではカーストに代表される諸社会集団が多様な知識・技術を継承してきた。さらにこれら諸社会集団が製品への多様な需要を生み出してきた。こうした多様な需要への対応のなかで、多様な素材、知識・技術が結び付いているというのである。

ただし、知識・技術を継承してきたカーストに代表される社会集団は閉鎖的な側面も持ち合わせていた［Roy 2008］。さらに、チャンバールはカースト制度のもとでは抑圧・差別を受け、事業活動においても商人カーストらに対して不利な立場に置かれてきたことが指摘されている［Saglio-Yatzimirsky 2013: 196-207］。こうした閉鎖的であり、かつダリトに対しては抑圧的に働いてきたカーストがなぜ現代において他の社会集団と結び付きを持つことが可能になっているのだろうか。田辺はこうした社会・経済的領域におけるカースト構造の変容については、十分に論じていない。諸社会集団が結び付く方法は、ダーラーヴィーにおける知識・技術の新たな結び付きによるイノベーションの仕組みを明らかにするだけでなく、多様な社会集団が経営する諸工房が可変的に結び付く仕組みを明らかにするためにも重要である。

ここで参考になるのが、媒介者に関する議論である。ここでいう媒介者とは経営者や労働者を国内外の市場およびそれら市場における他のアクター、政府などに結び付けるアクターを指す。先のオープンイノベーションの議論においては、ベンチャーキャピタルや大学・研究機関を、社内の知識・技術と外部の知識・技術を結び付けるアクターとして重視していた。しかし、ダーラーヴィーにおいてベンチャーキャピタルや大学・研究機関が諸社会集団や諸工房を結び付けているわけではない。インドという地域の文脈のなかで媒介者の役割を果たすアクターを見つける必要がある。従来インド経済論では媒介者の役割を果たすアクターはコントラクター（Contractor）や中間業者*14（Middlemen）といった概念で議論されてきた。

ただし、コントラクターや中間業者はインド経済論において市場競争を歪める、搾取的行為を行うとして否定的な評価を受けてきた［木曽 二〇〇三：Knoringa 1996］。コントラクターは工場での未熟練労働者の募集を宗教、カースト、地縁、血縁に基づくネットワークを通じて行う。こうしたネットワークを通じた求人は労働市場を不完全競争に追いやると指摘されている［木曽 二〇〇三］。本書が対象とする皮革産業では、例えばアーグラーの製靴産業において、パンジャーブやシンド地方からきた卸売商人がジャータヴ職人から製品を買い叩いていると指摘されてきた［Knoringa 1996］。

確かに、媒介者は不完全競争を招くことや搾取的な側面があったのは間違いない。しかし、媒介者は販路を持たない職人を他の社会集団の販売業者に繋げる役割や生産に必要な労働者を遠隔地に住む他の社会集団から調達する役割を果たしてきたのも事実だ*15［Singh and Sapra 2007: 114-117; Chari 2004: 60］。そこで、本書は媒介者に着目することで、ダーラーヴィーの革製品産業における諸社会集団の結び付きを射程に収める。媒介者として、ダーラーヴィーにおいて外部の需要を取り込む比較的教育レベルの高いチャンバール工房主、内部の工房を結び付ける差配師に着目する。特に、これら媒介者のうち比較的教育レベルの高いチャンバール工房主は、本書で明らかにするように、ダーラーヴィーの革製品産業におけるイノベーションに極めて重要な役割を果たしている。媒介者に着目することによって、次の二点を明らかにすることが可能になる。一つ目が、諸社会集団において、カーストなどを通じて継承されてきた知識・技術が媒介者によって、新たに結び付くことで、高級品の開発・生産が可能になるイノベーションの仕組みである。二つ目が、多様な社会集団で構成された工房ネットワークが媒介者を通じて、需要に応じて可変的に組み変わることで、多様な製品を生産する仕組みである。

5　おわりに

本章では、現代インド・ムンバイーにおけるダーラーヴィーの革製品産業の発展を捉えるための理論的枠組みを考察した。そこでは、「カースト・ダリト論」「インフォーマルセクター論」「イノベーション論」を批判的に検討した。

ダリトであるチャンバールはダーラーヴィーの革製品産業に歴史的に従事してきた。そのために、ダーラーヴィーの革製品産業の発展とチャンバールの社会・経済的上昇は密接な関係があった。こうしたダリト社会・経済的状況について、従来の「カースト・ダリト論」は、ダリトの人々は労働者としても経営者としても差別・周縁化されている受動的な存在と指摘してきた［Deshpande and Palshikar 2008; Iyer, Khanna and Varshney 2013; Thorat and Sadana 2010; Tiwari 2005; 木曽 二〇〇三］。そのために、ダリトの人々は留保政策を通じて教育・就業の機会を得て、カーストから脱却することが目指され、公務員職、弁護士、医師といったフォーマル部門のホワイトカラー職への就職が目指された［Sachchidananda 1976; 舟橋 二〇一四; 鈴木 二〇一五］。しかし、昨今インドの中間層を形成している大部分はインフォーマルセクター事業者である［柳澤 二〇一四］。さらに今日のダーラーヴィーにおいては比較的教育レベルの高いチャンバールが高級品を含む多様な製品の開発・生産に主導的な役割を果たしている。ダリトの差別・周縁化にのみ着目していては、こうした現状を十分に説明できない。そのために、本書は従来の議論が十分に着目できていなかったチャンバールの行為主体性に着目する。今日では特に公教育を受けつつも、インフォーマルセクターにおける自身の親族や他の職人との関係性を活かしながら事業活動を行い、社会・経済的な向上を目指す活動が重要である。

次に、「インフォーマルセクター論」を参照した。ダーラーヴィーの革製品産業は、インフォーマルセクター論の枠組みで捉えられ、擬似ブランド品を含む中品質の製品を生産し発展してきたと指摘されてきた［Saglio-Yatzimirsky

2013]。しかし、今日のダーラーヴィーにおいては高級品を含む多様な製品が少量から大量にまで生産されており、従来のインフォーマルセクター論の枠組みからは説明することができない。従来の研究は、個々の工房を分析することに終始し、ダーラーヴィーの多様な技術レベルを持つ諸工房を有機的なネットワークとして捉える視点が欠けていた。ただし、こうした工房ネットワークは、商人が主導する問屋制度の視点からも特定の地縁・血縁や社会集団に基づくネットワークの視点からも理解することが困難であった。従来の議論が見逃していたのが、多様な技術レベルを持ち多様な社会集団によって構成された自律的な工房ネットワークへの着目であった。

最後に「イノベーション論」を参照した。そこでは、高級品の開発というイノベーションと高級品を含む多様な製品を開発・生産する工房ネットワークへの高度化というイノベーションを捉えるための視角を検討した。その際には、経営学におけるナレッジ・マネジメント論［野中・竹内 一九九六］と地理学における産業集積地での中小企業ネットワークを通じたイノベーション論［ピオリ・セーブル 一九九三］を参照した。ナレッジ・マネジメント論が指摘する知識創造の視点からイノベーションを捉える視点は、高級品の開発を革職人が持つ知識・技術が他の知識・技術と新たに結び付くことで生じていると捉えることを可能にする。ただし、ナレッジ・マネジメント論は、知識創造を一企業の組織形態との関わりで論じることが多く、明確な組織構造のないダーラーヴィーの革製品工房にそのまま適用するのは困難であった。一方で産業集積地における中小企業ネットワークに着目した研究は、イノベーションを一企業内に限定せずに、他の企業との関わりのなかで考察している。中小企業が構成する柔軟な分業ネットワークによる「柔軟な専門化」や多様なアクターの協働こそがイノベーションを生じさせているというのであった。

こうした多様な社会集団との協働からイノベーションを説明する視点は、南アジア発展経路論とも共通していた。南アジア発展径路論は、多様な素材、知識・技術の結び付きによるイノベーションが多様な製品の生産に結び付いていると指摘していた［Tanabe 2018］。しかし、知識・技術を継承してきたカーストに代表される社会集団は閉鎖的な側面も持ち合わせており［Roy 2008］、諸社会集団がいかに結び付くことが可能になっているのかを明らかにする必要があった。そこで本書は諸社会集団を結び付ける媒介者に着目する必要性を指摘した。

ここまでの先行研究の検討を通じて、本書は、次の四点に着目する必要性を指摘する。一点目が、チャンバールが歴史的に発揮してきた行為主体性である。特に今日ではインフォーマルセクターでの事業活動において、教育を受けたダリトが行為主体性を発揮し、自身だけでなく、周りのダリトも巻き込みながら、社会・経済的な向上を目指す活動である。二点目が既存の社会・経済構造を超えて、諸社会集団を結び付け、新たな社会・経済関係を作り出す媒介者である。三点目が、新たな社会・経済関係のなかで在来の知識・技術と外来の知識・技術が結び付くことによるイノベーションである。四点目が、多様な社会集団の多様な技術レベルで構成された諸工房が、可変的に結び付く自律的な工房ネットワークである。

なお、これら四つの視点はばらばらに存在しているわけではない。それぞれの視点からダーラーヴィーの革製品産業を分析すると、これらの視点はスラムという地域をもとに相互に結び付いていることが見えてくる。本書ではそれをスラム産業として概念化し、今日のダーラーヴィースラムが、多様な人々が訪れ出会い、イノベーションが起きる場所であることを示す。

注

＊1　今日ダーラーヴィーの革製品産業においては、チャンバールの工房主がおよそ四〇%、ムスリムの工房主がおよそ六〇%を占めている。労働者に関してはチャンバールがおよそ二〇%、ムスリムがおよそ八〇%を占めている。より詳しい値は第2章＊44を参照のこと。なお、ムスリムも植民地期からダーラーヴィーの皮革産業には従事してきたが、皮革産業のなかでもなめし産業に従事してきた［Tata Institute of Social Science n. d.］。

＊2　ムスリムがいつごろからダーラーヴィーの革製品産業に参入したのかは、資料や現地のインタビューから得た情報によって異なり、ここでは幅を持って表記した。

＊3　行為主体性とは、人間があらゆる状況や関係性に埋め込まれながらも、行為を通じて他に働きかけ、自身と自身の置かれた環境そのものを変容していく能力を指す［田辺二〇一〇：二〇―二一］。行為主体性は、行為者の自発性や創造性に着目しているが、その行為者はあくまで行為の場における関係性のネットワークの結節点として存在している。そのために、行為主体性は、権力構造に従属しながらも主体意識を持つ行為者である自律的な「主体」とは区別される必要がある［田辺二〇一〇：二一］。

＊4　こうしたダリトが想定されていなかった理由として、一つには、ダリトの社会・経済的状況に関する研究が、統計データを用いて産業横断的に分析したことで、社会・経済的向上を果たしている特定地域の特定産業に従事するダリトを捕捉できなかったことが考えられる。さらに、皮革産業といったダリトが伝統的に多く従事してきた特定産業に関する研究では、職人や企業のオーラルヒストリーをほとんど収集してこなかった。インフォーマルセクターに関しては一般に量的なデータが不十分であり、印刷された資料は希少であるために、地域の産業史を分析するにはこうしたオーラルヒストリーが不可欠であった。しかし、こうした資料がほとんど収集されなかったために、インフォーマルセクターでのダリトの社会・経済的向上は等閑視されてきたと考えられる。

＊5　セングプタらはインドの世帯を月額支出を元に三つに分け、その内、中間あるいは高所得の世帯の八〇・一％はインフォーマルセクターから職を得ていると指摘している。さらにセングプタらによれば、インフォーマルセクターで中間あるいは高所得を得ている人々の七一・四％は自営業者であるか経営者であると指摘している［Sengupta, Kannan and Raveendran 2008］。

＊6　近年にはダーラーヴィーに限らず、全国レベルでダリトが所有する事業所の数が増加しているという指摘がある。一九九八年から二〇〇五年までの間にダリトが所有する事業所の数はおよそ二五〇〇万から四一八三万に増加している［Government of India Ministry of Statistics and Programme Implementation 2008］。さらに、一九九八年から二〇〇五年までの全インドレベルの事業所数の平均増加率は四・六九％であったのに対して、同期間のダリトが所有する事業所数の平均増加率は六・七七％であり、全インド平均を上回る増加率を見せている［Government of India Ministry of Statistics and Programme Implementation 2008］。ハリヤーナー州のパーニーパットとウッタルプラデーシュ州のサハーランプルで調査を行ったジョードカは、両都市のインフォーマルセクターで新しく事業を始めたダリトには、教育レベルが高い者が多いと指摘している［Jodhka 2010］。

＊7　ただし、柳澤はインフォーマルセクターの存立基盤は単に低賃金・低技術にあるのではなく、パワールーム産業に見られるように、需要に合わせて多品種の製品を生産することにもあると指摘している［柳澤二〇一四］。

＊8　他にも例えば、グジャラートのダイヤモンド産業を研究したムンシーの研究が挙げられる。ムンシーは同産業内の主要コミュニティである、カーティアワーリー、マルワーリー、パランプーリーを取り上げ、血縁やカーストネットワークの役割を分析している。ムンシーは、これら三つのカーストを比較分析しているが、同一カースト内での差異はほとんど分析されていない［Munshi 2011］。

＊9　一九六〇年ごろからダーラーヴィーでチャンバール職人たちが独立する際に、技術を習得した工場と下請け関係を結んでいったことは、本書第3章で論じる。二〇〇五～一〇年ごろから、中間層向けの国内ブランド製品、コーポレーションギフト・業務用製品に加えて、輸出市場向けの高級品が開発・生産され始めたと考えられることについては、本書第3章、第4章で論じる。

＊10　ここでいうイノベーションはシュンペーターの理解に基づいている。イノベーションは、一般的には技術革新として訳され、新技術の開発を通じて経済発展が行われるものであると理解されることが多い。しかし、イノベーションを経済発展論に取り込んだシュンペーターはイノベーションを技術革新の意味に限定せず、既存の生産要素の新結合による経済活動の質的な変容こそをイノベーションとして捉えていた。より具体的には、新しい製品の開発、新しい生産方法の導入、新しい販路の開拓、新しい原材料の調達先の獲得、新しい組織の実現を指摘していた［シュンペーター 一九七七］。なお、本書では特に断りなくイノベーションと記している場合は、このシュンペーターが定義したイノベーションを指している。

＊11　経済学においては、イノベーションは全要素生産性と理解され、経済成長率から労働投入増加率と資本投入増加率を除いた差分として理解された。そのために、イノベーションそのものに対する研究はそれほど進まなかった。

＊12　ナレッジ・マネジメント論が出る以前から、経営学においては、ミンツバーグの古典的な研究をはじめとして、組織構造とイノベーションの関係が分析されていた［e.g Mintberg 1979; Teece 1998; Pettigrew and Fenton 2000］。ただし、当時はイノベーションが生じやすい組織構造を分析するのみで、イノベーションに必要な知識をいかにマネジメントし創造するのかという視点は欠けていた。

＊13　ボローニャ、フィレンツェ、ヴェネツィアに囲まれたイタリア北東部から中部の地域を指す［岡本 一九九四：九一］。

＊14　ここでいう中間業者には卸売業者、仲買人、インフォーマルな金融業者などが含まれる。

＊15　こうした媒介者の再評価は経済的領域だけでなく、社会・政治的領域においても進んでいる。詳しくは Ikegame［2012］や Krishna［2011］を参照のこと。

第2章　インド皮革産業の発展

――ダーラーヴィー地域のグローバルな位置付け

1 はじめに

本章ではインド皮革産業の独立後から現在に至るまでの発展[*1]を概観する。はじめに国際的分業・貿易状況を分析し、インド皮革産業が世界のなかでどのように位置付けられるのかを示す。次にインド皮革産業政策を分析し、インド皮革産業の発展に対して政府の政策が果たしてきた役割を示す。最後に現在のインドの主要皮革集積地の産業構造を概観する。

インドの皮革製品の二〇一八年度輸出額は三六五一億二八八万ルピーであり、インドの総輸出額の一・六%を占める[*2]（二〇一八年七月六日時点で一ルピー＝一・六〇円である）。そのため皮革産業はインドの主要な輸出産業の一つといえる。このインド皮革産業は世界の皮革産業のなかでどの様に位置付けられるのであろうか。

インド皮革産業は独立後から現在までに原皮の輸出から革加工品の輸出へと構造転換を遂げてきた。二〇一八年度のインドの皮革製品の総輸出額の内革加工品の占める割合は八六%に及ぶ[*2]。しかし、インド独立以前のインドの皮革産業の主な輸出品目は原皮であった。一九三五〜三九年には原皮の輸出額がインドの総輸出額の一・七%を占めていた。しかし原皮の輸出は一九七三年に原則禁止された。その後、仕上げ済み革、革加工品（革靴、革製品など）の輸出が増加していった。こうしたインド皮革産業の構造転換がいかにして可能になったのかを、インドの皮革産業政策の変遷の分析から明らかにする。

インド国内の主要皮革産業集積はコルカタ、チェンナイ、アーグラー、ムンバイーである。インド国内全体の皮革産業構造を概観したのち、これら各地域の皮革産業の特徴について分析する。なお、これらの集積地では、輸出市場向け製品だけでなく、国内向け製品も生産している。二〇一八年度の国内市場向け生産額は八五二三億九九六万ルピーとされており、国内市場の規模も非常に大きい[*3] [Consulate General of India Frankfurt 2020: 7]。そのために、皮革産業集積地を概観する際には、フォーマルセクターの輸出工場だけでなく、国内市場向けに製品を生産しているインフォーマルセクターの工房も取り扱う。*4

2　皮革産業の国際的分業・貿易状況

本節では皮革の国際的分業・貿易状況を皮革の生産段階に着目しながら分析する。まず皮革製品の生産段階を概観する。その後アジア地域が世界の皮革生産のなかで占める位置とアジア地域のなかでインドが占める位置を示す。そのことを通じて、インド皮革産業がアジアからヨーロッパ市場への輸出額に占める割合が大きいこと、インドが欧米のファッションブランドの革加工品を生産する地域になっていることを示す。最後にインドがより付加価値の高い製品を生産することが可能になった経緯をインド政府による皮革産業への政策の変遷とともに明らかにする。

(1)　皮革製品の生産段階

本項では皮革とはどういうものなのかを生産段階別に説明する。その際には、各段階に対応する産業構造の説明も行う。

皮革は、その言葉が示す通り、動物から採取した原皮とそれをなめした革から成り立っている。そのために、皮革産業といった場合は、原皮、革（完成品および仕上げ途中のものを含む）、革加工品らの生産と販売を行う産業を指す。

まず最初の段階の生産物である原皮（Raw hide and Skin）について説明しよう。原皮の生産工程は、屠畜—剝皮—保存（キュアリング）から成り立っている。動物から採取した皮は、そのままでは腐敗してしまうため、一般的には水洗いし塩漬けにする。*5 この工程を保存（キュアリング）といい［今井 二〇〇九：一〇］、この工程を終えた皮を原皮という（写真2-1）。

写真2-1　塩蔵された原皮（2020年2月10日、コルカタのレザーコンプレックスエリアの皮なめし工場、筆者撮影）

写真2-2　積み上げられたウェットブルー（2020年2月10日、コルカタのレザーコンプレックス内の皮なめし工場、筆者撮影）

次になめしの下準備の段階がある。[*6] 皮なめし工場に運び込まれた原皮は、水漬けにされ生皮の状態に戻されたのち、硫化ナトリウムと消石灰が加えられる。これによって毛がパルプ状に分解され、脱毛処理される。

次になめしに入る。なめしの方法は様々であるが、ここでは一般的なクロムなめしの方法を取り上げる。下準備の終わった原皮をドラムにいれる。ドラム内にはクロムを含むなめし剤の水溶液が注入されており、ドラムを回すことでなめし材を原皮に浸透させていく。

クロムなめしが終わった後の、湿った状態にある革をウェットブルー（Wet Blue）と呼ぶ。ウェットブルーは完成品ではないが、原皮よりは価値が高い。そのため、近年は原皮生産国が原皮をそのまま輸出するのではなく、ウェットブルーを生産し輸出することが多い（写真2-2）。

これら未完成のレザーは未仕上げ革（Semi Finished Leather）と呼ばれる。その後、漉き加工を行って厚さを調整する。そして染色、加脂（革を柔軟にするために油を加える）を行い、最後に仕上げ（色のムラ、細かい傷、撥水性を調整する）を行う。こうして完成された革は通常単に革と呼ばれるが、英語名はFinished Leatherであり、より忠実に訳せば仕上げ済み革である。本書では革という言葉をなめしと仕上げの工程が終了した仕上げ済み革の意味で用いる。[*7] また、Semi Finished Leatherについては未仕上げ革と記す（写真2-3）。

次の段階にくるのが革加工品の生産である。革加工品は主なものとして革履物（靴、サンダルなど）、革製品（鞄、財布、キーホルダーなど）、革衣料（ジャケットなど）、革手袋らが挙げられる。これら革加工品は生産方法が異なるために、それぞれ別の工場で生産されていることが一般的である。

皮革産業は一般的には労働集約型産業[8]に分類されるが、原皮、革、革加工品といった生産物の諸段階において、資本、知識・技術への依存度は様々である。

一般に原皮の生産は労働集約的であるとされる。しかしほとんどの工程を人手で屠畜する屠畜場であっても剝皮および塩蔵には一定の技術が求められる。一方で大型の機械を多く用いる資本集約的な屠畜場も存在する。

革の生産においても同様である。一方には少数のドラムと漉き加工などのわずかの機械を用いて多くの工程を人手で行う労働集約的な皮なめし工場[9]が存在する。そのもう一方にはなめし、漉き加工、カラーリング、乾燥などほとんどの工程を大量の機械を用いて行う資本集約的な皮なめし工場も存在する。

革加工品の生産でも同じことがいえる。一方には大規模な工場で標準化されたデザインの中価格帯の製品を大量にライン分業して生産する資本集約的な工場が存在する。そしてその一方には多様なデザインの高価格帯製品を少量から職人技で生産する知識・技術集約的な小規模な工場が存在する。

写真2-3　店頭に並べられた革（2018年12月25日、ムンバイーの高級革販売店、筆者撮影）

（2）国際的分業・貿易のなかのインド皮革産業

ここから皮革産業の国際的貿易・分業状況を段階別（原皮、革、革加工品）に分析していく。そのことを通じてインドの皮革産業が世界のなかでどのように位置付けられるのかを明らかにする。

世界の牛原皮生産量を記した表2-1を見る限り、原皮を最も多く生産している地域はアジアであり、その次に中南米・カリブ、北米がくることが分かる。世

表2-1　世界の牛原皮生産量（2018年度）

地域名	生産量（10万トン）	割合（%）
アジア	35.49	38.49
中南米・カリブ	19.49	21.13
北米	12.24	13.28
ヨーロッパ	11.78	12.78
アフリカ	9.81	10.64
オセアニア	3.38	3.67
合計	92.20	100.00

注）FAOSTAT をもとに筆者作成。

表2-2　世界の牛飼育頭数（2018年度）

地域名	頭数（10万頭）	割合（%）
アジア	3547.29	25.51
中南米・カリブ	4191.26	30.14
アフリカ	3547.29	25.51
ヨーロッパ	1190.89	8.56
北米	1059.68	7.62
オセアニア	369.62	2.66
合計	13906.03	100.00

注）FAOSTAT をもとに筆者作成。

表2-3　地域別にみた牛の原皮輸入量（2018年度）

地域名	輸入量（10万トン）	割合（%）
アジア	12.54	50.98
ヨーロッパ	9.96	40.48
中南米・カリブ	1.52	6.19
アフリカ	0.39	1.57
北米	0.15	0.63
オセアニア	0.03	0.14
合計	24.60	100.00

注）FAOSTAT をもとに筆者作成。

表2-4　地域別にみた牛の原皮輸出量（2018年度）

地域名	輸出量（10万トン）	割合（%）
ヨーロッパ	10.92	51.79
北米	4.65	22.06
オセアニア	3.11	14.77
アジア	1.22	5.81
中南米・カリブ	0.80	3.81
アフリカ	0.37	1.77
合計	21.09	100.00

注）FAOSTAT をもとに筆者作成。

界の牛飼育頭数を記した表2-2を併せて見ると、牛原皮の生産量が大きい地域と牛の飼育頭数が多い地域はほぼ一致することが分かる。

表2-3、2-4よりアジアは原皮に関しては大幅に輸入超過であり、ヨーロッパ、北米、オセアニアの畜産業の副産物として生じた原皮がアジアに流入していることが分かる。

表2-5よりアジアに集められた原皮がなめされ、アジアは最も多く革を生産している地域であることが分かる。

表2-6からはアジアのなかでインドは三番目の牛革生産量を誇っていることが分かる。つまり世界のなかでアジアは最も革を多く生産している地域であり、そのなかでもインドは主要な生産国の一つであることが分かる。

図2-1が二〇一八年度の革加工品の世界地域間輸出額フロー[*10][*11]である。ここから輸出額の大きい地域間（全世界の輸出額の五%以上を占める）は次の五つであることが分かる。アジア地域内間（一五・六%）、アジア→ヨーロッパ間（一五・

〇%）、アジア→北米間（一五・四%）、ヨーロッパ地域間（三二・二%）、ヨーロッパ→アジア間（八・三%）である。

表2-7を見て分かるように、輸出元地域ではアジアとヨーロッパからの輸出額が全世界の輸出額の九六%を占めている。そのためアジアとヨーロッパが革加工品の主要輸出地域であることが分かる。

ただし、アジアとヨーロッパでは輸出先地域に違いが見られる。図2-1からアジアはアジア域外への輸出額が全世界の輸出額の三五・五%を占め、アジア域内への輸出額が全世界の輸出額の一五・六%を占めることが分かる。一方でヨーロッパは、図2-1からヨーロッパ域外への輸出額が全世界の輸出額の一一・七%を占め、ヨーロッパ域内への輸出額は全世界の輸出額の三二・二%を占めることが分かる。つまり、アジアは域外への輸出額が占める割合が

表2-5　地域別にみた牛革生産量（2014年度）

地域名	生産量（単位 :100万 sqft）	割合（%）
アジア	5466.60	37.60
南米	3989.60	27.44
ヨーロッパ	3707.30	25.50
北米	641.30	4.41
アフリカ	475.40	3.27
オセアニア	259.70	1.79
合計	14539.90	100.00

注1）Food and Agriculture Organization 2016: 62-63をもとに筆者作成。
注2）革を重さで分類する場合「Heavy Leather」「Light Leather」という区分が統計上存在するが、ほとんどの革は「Light Leather」に属する。そのためここでは「Light Leather」のデータを用いる。

表2-6　アジアの牛革生産量上位国（2014年度）

順位	国名	生産量（100万 sqft）	割合（%）
1	中国	2517.4	46.1
2	韓国	1003.7	18.4
3	インド	703.1	12.9
4	タイ	263.5	4.8
5	パキスタン	226.6	4.1
6	インドネシア	112.7	2.1
7	バングラデシュ	109.6	2.0
8	イラン	86.0	1.6
9	トルコ	82.5	1.5
10	カザフスタン	64.4	1.2

注）Food and Agriculture Organization 2016: 62-63をもとに筆者作成。

表2-7　世界の革加工品輸出額（2018年度）

地域名	輸出額（100万 US ドル）	割合（%）
アジア	41547.11	53.41
ヨーロッパ	33364.33	42.89
北米	1926.68	2.48
南米	658.93	0.85
オセアニア	115.58	0.15
アフリカ	180.57	0.23

注）UN Comtrade をもとに筆者作成。

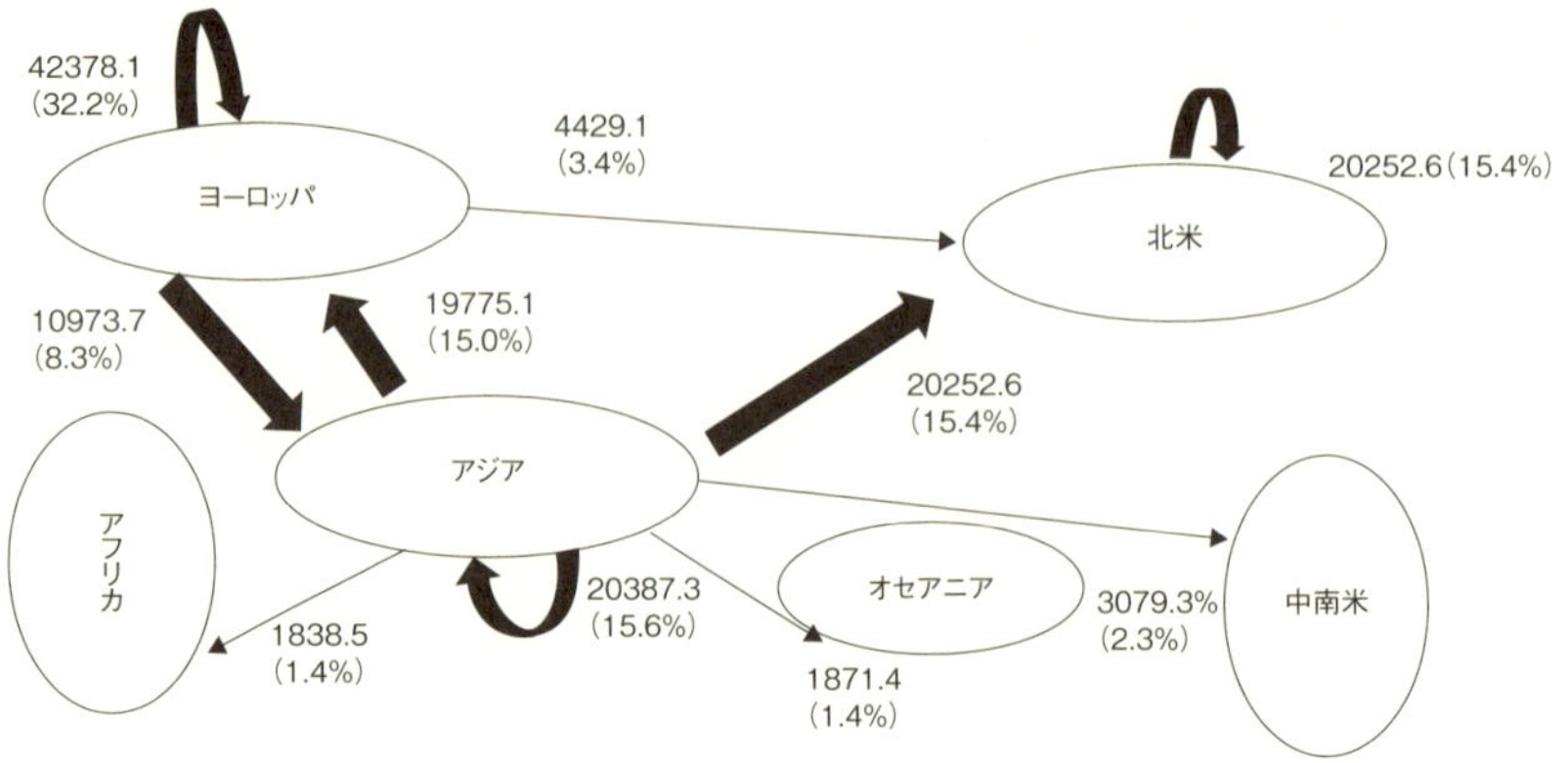

図2-1　革加工品の世界地域間輸出額フロー（2018年度）

注）UN Comtrade をもとに筆者作成。

大きいのに対して、ヨーロッパは域内への輸出額が占める割合が大きい。

このなかでインドはどのように位置付けられるであろうか。図2-2がインドから世界の各地域への輸出額と輸出割合である。見て分かるようにインドはヨーロッパへの輸出割合が六二・〇%で、最も大きい。次に輸出割合が大きいのが北米で二一・四%を占める。インドの輸出額はアジアからの輸出額のなかでどれくらいの割合を占めているのだろうか。

図2-3からアジアからのヨーロッパへの輸出額割合のなかで、インドは一四・一%を占めていることが分かる。インドのヨーロッパへの輸出額割合一四・一%は中国に次ぎアジア第二位である。[*12] そのために、インドはアジアからヨーロッパへ革製品を輸出する主要国であるといえる。インドでは実際に、ヨーロッパのファッションブランドの革製品が多く作られている。[*13] ヨーロッパ市場は一般に北米市場と並んで製品の単価が高く、消費者の製品の質への要求も厳しい。そのためにヨーロッパへの輸出額割合が大きいということは、インドは質の高い革加工品を生産しているといえる。

では、このインド皮革産業の国際的地位はどのように獲得されてきたのだろうか。この点を次項で考察する。

(3) インド独立後から現状までの皮革産業政策と発展

インドは一九四七年から一九七〇年までネルー・マハノビラスモデル

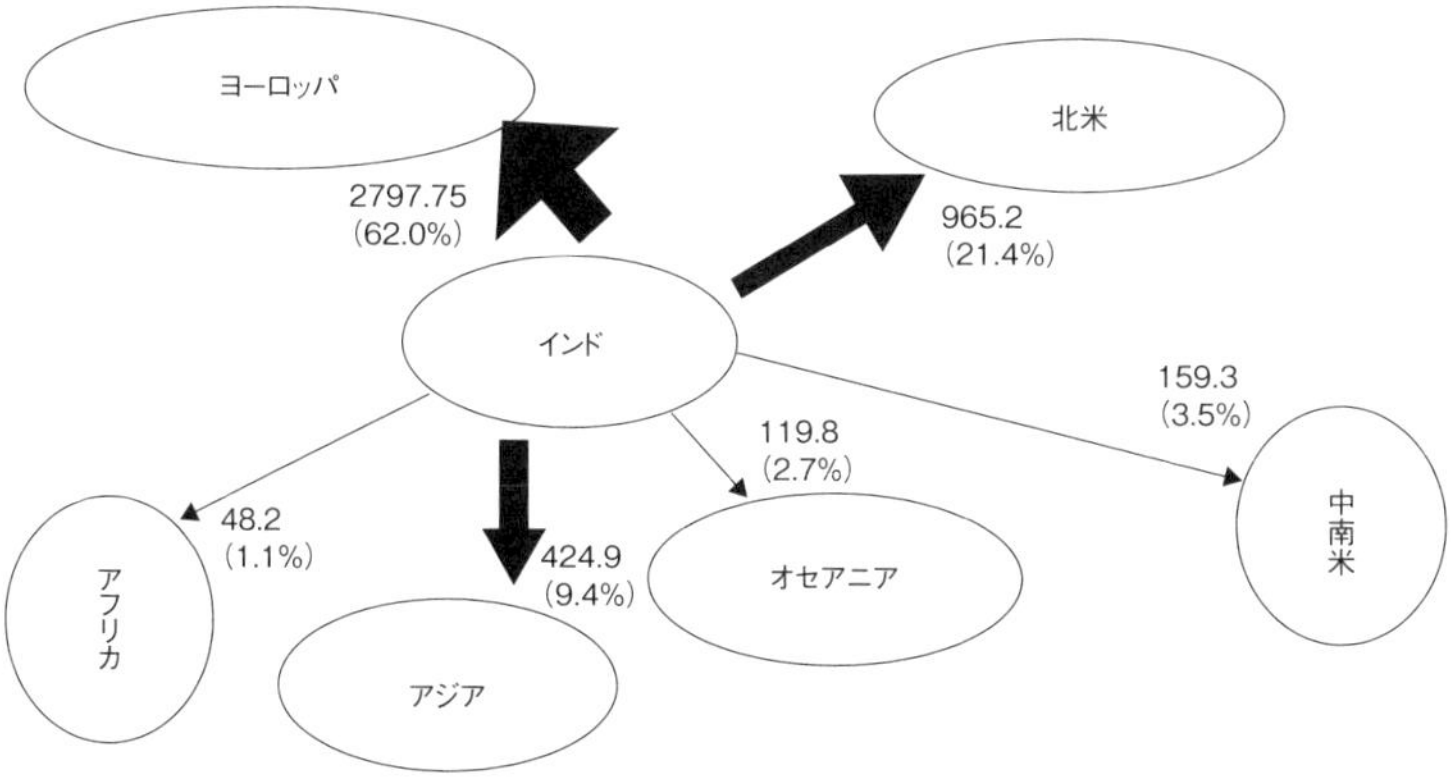

図2-2　革加工品のインド・地域間輸出額フロー。輸出額に各輸出先地域が占める額と割合（2018年度）

注）UN Comtrade をもとに筆者作成。

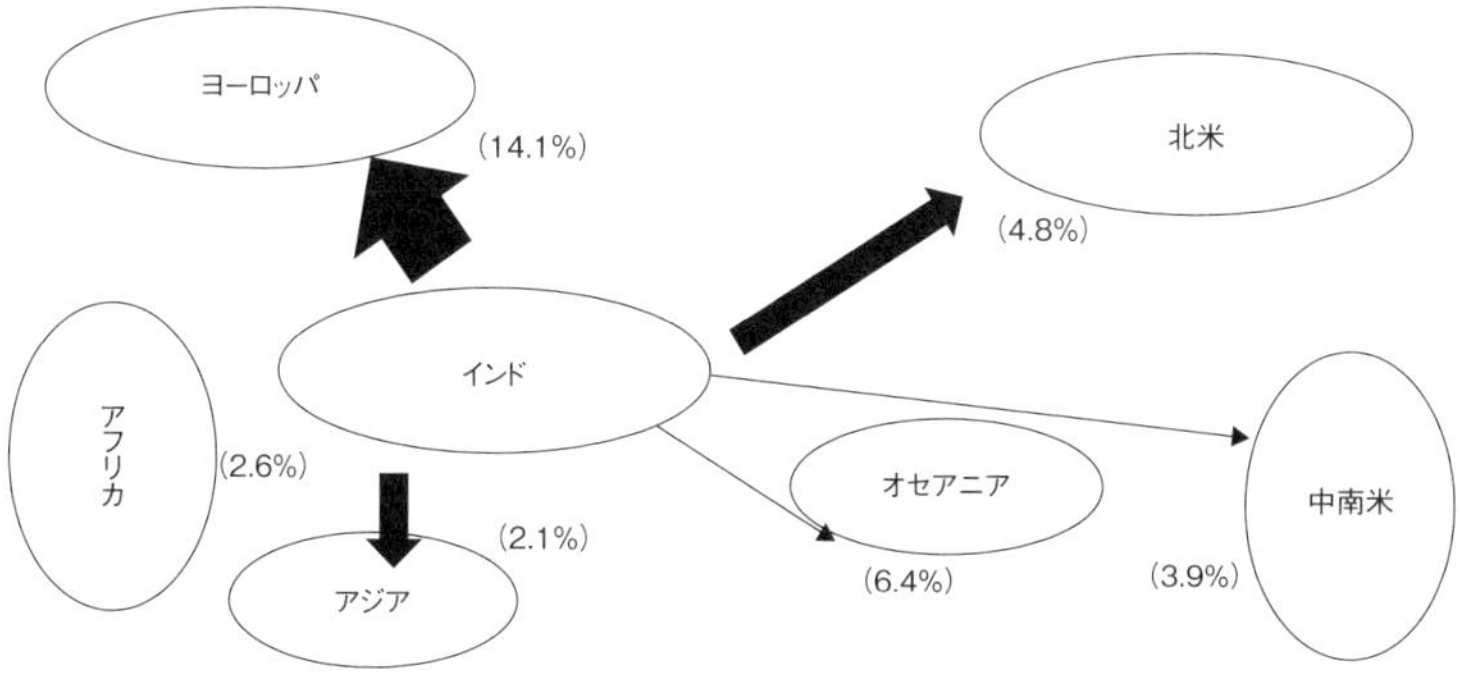

図2-3　革加工品のインド・地域間輸出額フロー。アジアからの輸出額に占める割合（2018年度）

注）UN Comtrade をもとに筆者作成。

といわれる輸入代替工業化政策を行っていた。この政策のなかで消費財生産部門は村落工業と小規模工業に限定され、大規模な雇用を創出することが目指された［絵所 二〇〇八：一五―三二］。

独立後当初、皮革産業でのインドの主要輸出品目は、原皮と未仕上げ革であった。独立以前の一九三五～三九年には原皮と未仕上げ革の輸出額が総輸出額の一・七%を占めていた。独立後の第一次五カ年計画と第三次五カ年計画では原皮の増産と質の向上、なめし技術の改良が掲げられていた。*14 さらに皮革製品は一九六七年から小規模工業留保品目政策（Reservation Policy）の対象品目となった。小規模工業留保品目政策では指定された品目への大資本と外資への参入を禁止し、小規模事業所に生産を独占させる政策である。この政策は一九九一年の経済自由化政策以降も継続され、皮革製品が小規模工業留保品目から除外される二〇〇三年まで保護と優遇が続いた［近藤二〇〇三：Damodaran and Mansingh 2008: 13］。

しかし、インドは一九六〇年代半ばに独立後最も深刻な国際収支危機（外貨不足）に陥り、独立時から行われていた輸入代替工業化戦略は行き詰まりを見せた。そのために、皮革製品産業においては一九七二年にシータラマーイアー委員会が設置され、仕上げ済み革の輸出量を増やすことが提案された。これに伴い、インド政府は一九七三〜七四年から未仕上げ革に輸出枠を設定し、さらに未仕上げ革の輸出には二五％の輸出税を課した。原皮については一九七三年に輸出が原則禁止された。その一方で仕上げ済み革の輸出を奨励し、生産の原材料に課税された物品税と関税を払い戻す政策を施行した［Damodaran and Mansingh 2008: 14］。図2-4から明らかなように、一九七三〜七四年以降、未仕上げ革の輸出額は減少する一方で、一九七四〜七五年以降仕上げ済み革の輸出額は増加していった*15。

次に訪れた転機は一九七九年に設置されたカウル委員会と一九八五年に設置されたパンデー委員会である。この両委員会を通じて革加工品への生産・輸出支援が開始された。カウル委員会は革・革加工品業者が製品を作る際に用いる資本財（主に機械）の輸入制限の緩和を勧告した。これに伴い、なめし、仕上げ、履物、革製品の生産に用いる機械の輸入関税は二五％低下した。パンデー委員会はより製品の製造過程の近代化と履物を輸出の最重要製品とすることを提案した。具体的には履物の大量生産を可能にすること、履物に関する工学、デザイン、型紙作りなどに関わる人材を養成することを勧告した［Damodaran and Mansingh 2008: 15-16］。この結果、革加工品がインドの皮革製品輸出に占める割合は一九七六〜七七年には、一六・三％であったが、一九八九〜九〇年には六四・三％にまで増加している。

これらの経緯から、インドの皮革産業は独立後の政府の皮革産業への支援政策との関係のなかで、原皮・未仕上げ

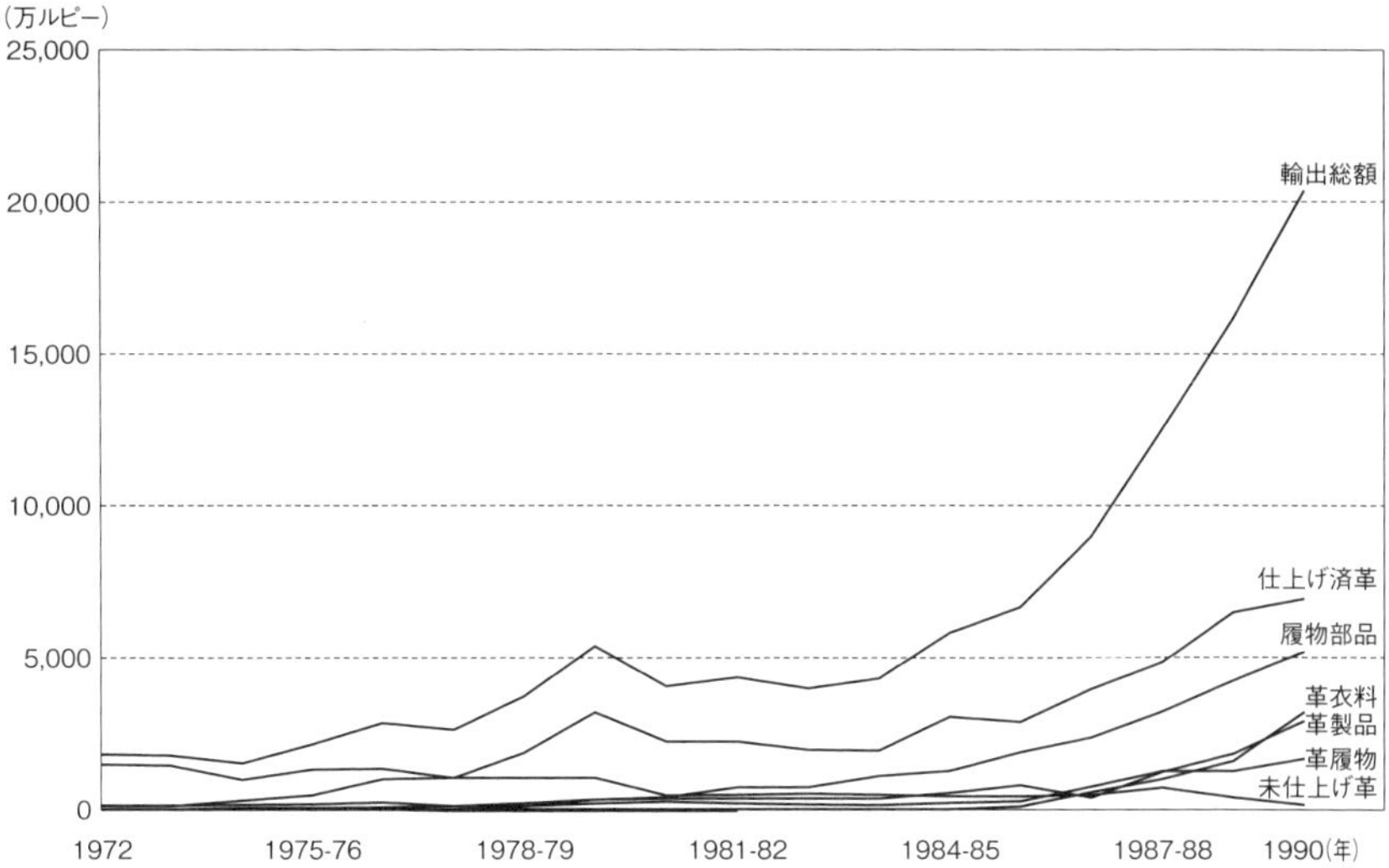

図2-4　インドの革および革加工品輸出額

注）Sinha and Sinha 1991: 112 をもとに筆者作成。

革から、仕上げ済み革、革加工品へとより付加価値の高い製品へ輸出額割合を増加させてきたといえる。ただし、前述したようにインドでは一九六七年に皮革製品が小規模工業留保品目に指定されており、この間に輸出額の増加を主に担ってきたのは小規模工場であった。二〇〇二年に発表された第一〇次報告書によれば、当時のインドの革・革加工品の生産額の内六〇～六五％を工房の職人、零細企業、小規模工業が担っていた［Government of India Planning Commission 2002: 690］。

二〇〇〇年代に入ると、皮革産業において本格的な経済自由化が導入された。[*16] 二〇〇一年には皮革産業への外国資本投資が認められ、皮革産業のほとんどの品目において産業ライセンスの取得が不必要になった。二〇〇二年に政府は第一〇次五カ年計画を発表し、二九億ルピーを皮革産業の近代化に支出すること、経済特区と皮革製品の輸出に特化したレザーパークを設置することを発表した。そして二〇〇三年には皮革産業への小規模工業留保品目政策が廃止された［Damodaran and Mansingh 2008: 16-17］。さらに二〇〇七年に発表された第一一次五カ年計画はインドの皮革産業の輸出額は六年間でおよそ三倍になると予測した。

政府は同時にこの増加するインド革加工品への需要量に既存の小規模工場では供給しきれない見通しを示した。政府は増加する需要に応えるために、レザーパークの建設をはじめとする工場の大規模化をさらに押し進めた。二〇〇一年以降の政府の皮革産業への政策は産業の大規模化を特徴としているといえる［Government of India Planning Commission 2008: 179-181］。

3　インド皮革産業の概観と各地域の特徴

本節ではインド国内の皮革産業の構造を概観した後、インド主要皮革産業集積地の特徴を指摘する。主要皮革集積地として北部のアーグラー、東部のコルカタ、南部のチェンナイ、西部のムンバイーが挙げられる。なお、本書の主な対象であるムンバイーの皮革産業については、次節で重点的に論じる。

主要皮革集積地にあたる都市では、植民地期に鉄道が敷設され、大規模な皮なめし工場も建設された。主に北インド、中央インドから集められた原皮が新たに建設された皮なめし工場でなめされていた。当時都市で皮なめし工場が増加した理由として以下のことが指摘されている。鉄道利用の利便性、第一次世界大戦の勃発により革の需要が大幅に増加したこと、水道設備の整備により、なめしに用いる大量の水に容易にアクセス可能であったこと、村の家畜のオーナーが原皮を屠殺場や仲介商人に直接売るようになったことなどである。そのために村の皮なめし工場は減少した［Roy 2004: 155-183］。一方で、当時革加工品の領域に関しては海外からの輸入品に対抗して国内の職人が遜色のないレベルの製品を作り、輸入代替を進めた［Roy 2004: 187-192］。では現在のインドの皮革産業全体はどのような状況にあり、インド各地域の主要皮革集積地の特徴は何なのか。

本節ではインド国内の皮革産業構造を概観する際に、主にＡＩＳのデータ、Council of Leather Export のデータを用いる。インドの主要皮革産業の集積地の特徴を指摘する際には二次文献に加えて筆者のフィールドワークのデータを主に用いる。その際には各集積地の歴史的背景、工場の所有関係、従業者の形態、生産システム、政府の政策に着目する。

（1）インド皮革産業の発展

図2-5から見て取れるように、インドの皮革産業の生産額と純付加価値額は二〇〇九～一〇年度以降多少の増減を伴いながら増加している。二〇一八～一九年度の生産額は四五六五・四億ルピーであり、純付加価値額は九三七・九億ルピーである。これは二〇〇九～一〇年度の生産額は三〇五五・四億ルピー、純付加価値額は四六〇・七億ルピーであったから、およそ一・五倍、二・〇倍にそれぞれ増加している。年平均成長率はそれぞれ四・六％、八・二％と高い成長率を記録している。

図2-6から読み取れるように、皮革産業の工場数は一貫して増加しており、二〇〇九～二〇一〇年度の二八二一軒から、二〇一八～一九年度には四七六七軒と一・六九倍に増加している。近年インド政府はより工場の大型化と機械化を目指して、レザーパークをインド各地域に設置している。コルカタ郊外には二〇〇五年にレザーコンプレックスが設置された。インド政府はコルカタのみならず、ウッタルプラデーシュ州のアーグラーにおいても設置することを目指している。ただし、マハーラーシュトラ州においては現在そのような計画はなく、政府の開発政策の主要な対象から外れている。*[17]

インド皮革産業は二〇〇九～一〇年度から二〇一八～一九年度の九年間で労働者数が増加してきた。図2-7から読み取れるように、二〇〇九～二〇一〇年度の総雇用者数*[18]は二五・五万人で労働者数は二一・八万人である。二〇一八～一九年度の総雇用者数は四〇・七万人で労働者数は三四・三万人である。九年間の間に総雇用者数と労働者数はそれぞれ約一・六倍、一・五七倍に増加している。年平均に換算するとそれぞれ五・二％、五・三％の成長率であり、高い増加率を維持してきたことが分かる。

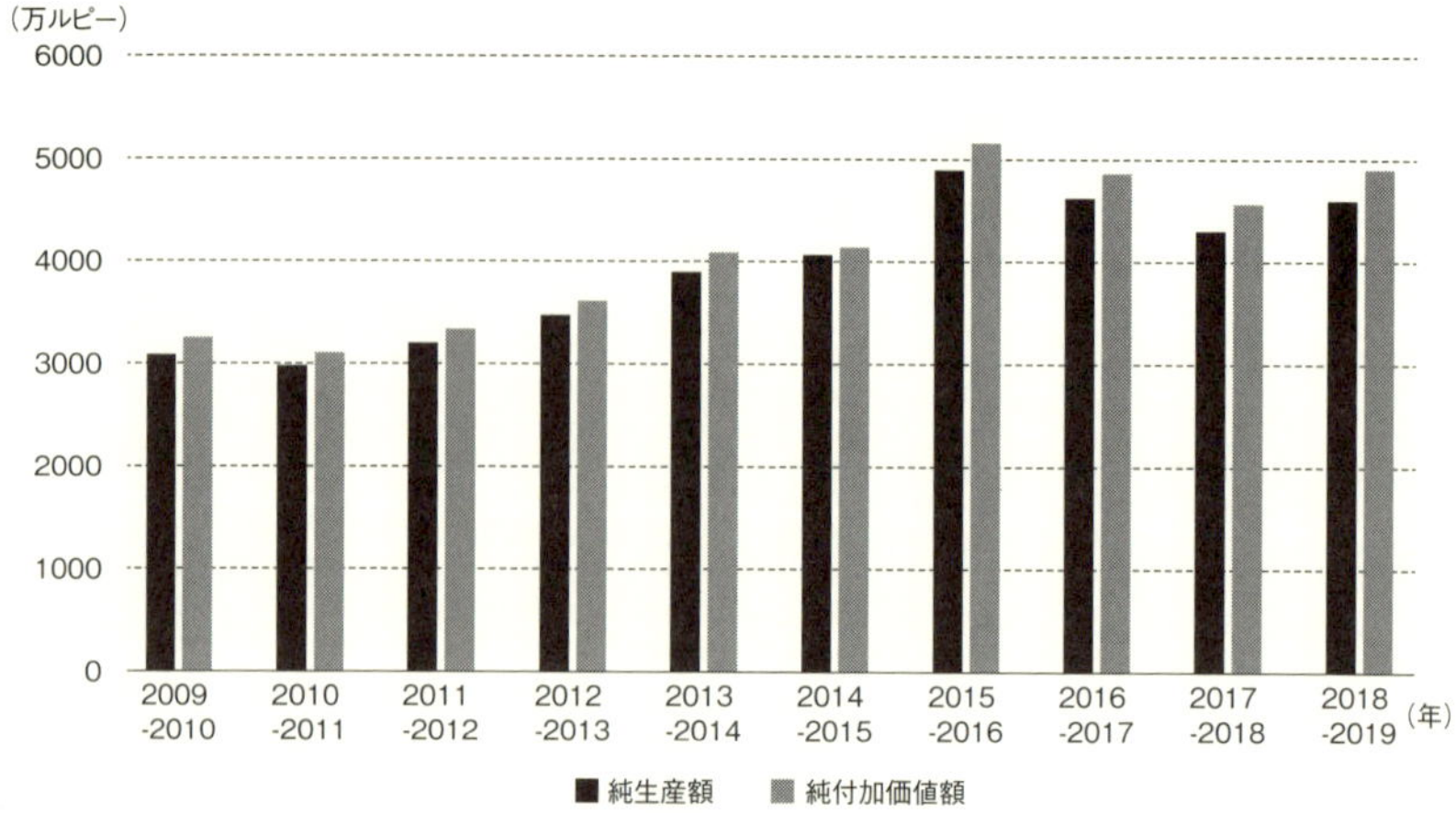

図2-5　インド皮革産業の純生産額と純付加価値額

注1）ASI（GOI）, Table 5 Estimate of some important characteristics by 3 digit of NIC' 08（2009-2019）をもとに筆者作成。

注2）生産額と純付加価値額はRBIが公表している卸売物価指数（Wholesale Price Index）［Reserve of Bank of India 2016: 173］で2008～09年度を基準年としてデフレートした実質値である。

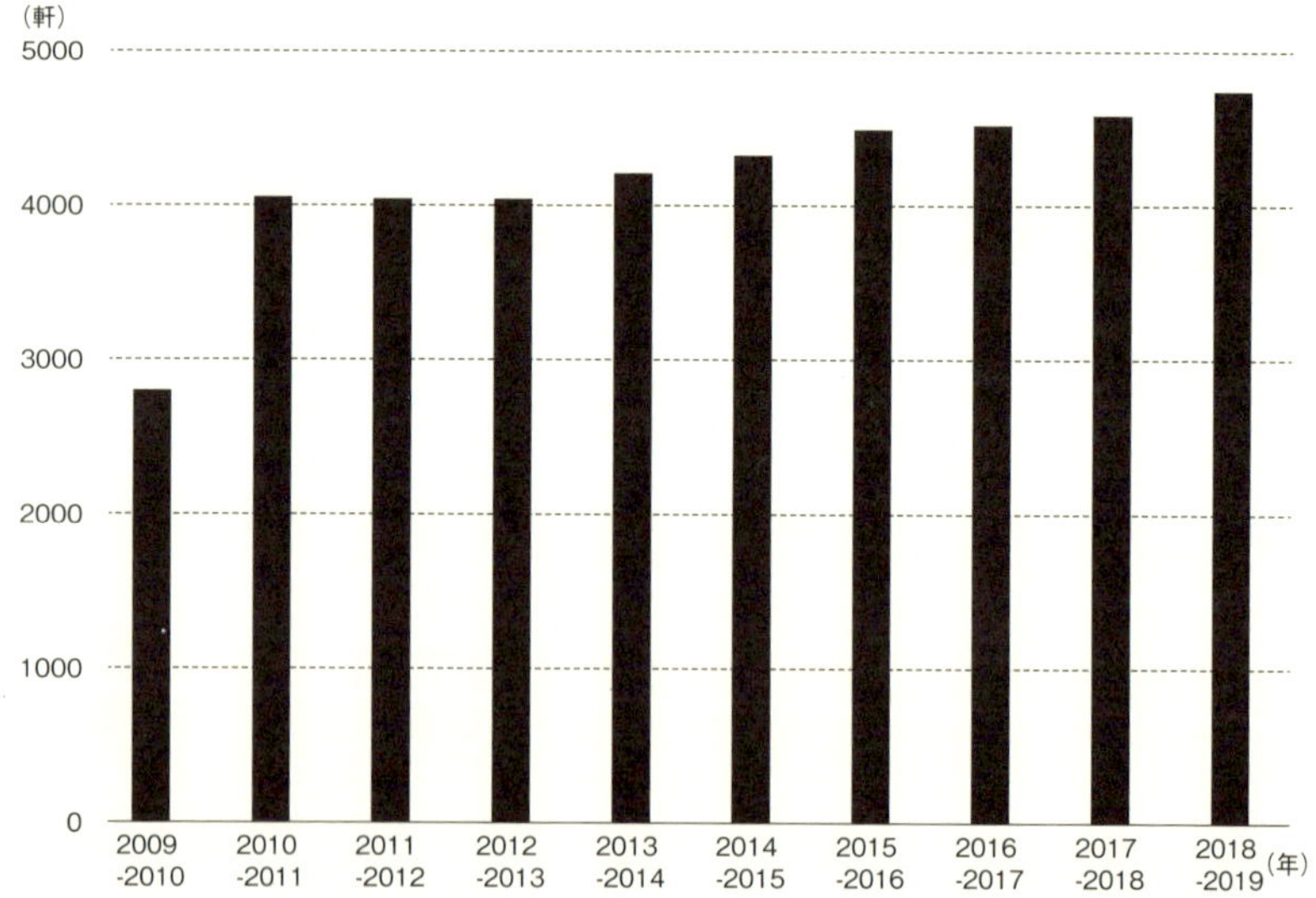

図2-6　インド皮革産業の工場数

注）ASI（GOI）, Table 5 Estimate of some important characteristics by 3 digit of NIC' 08（2009-2019）をもとに筆者作成。

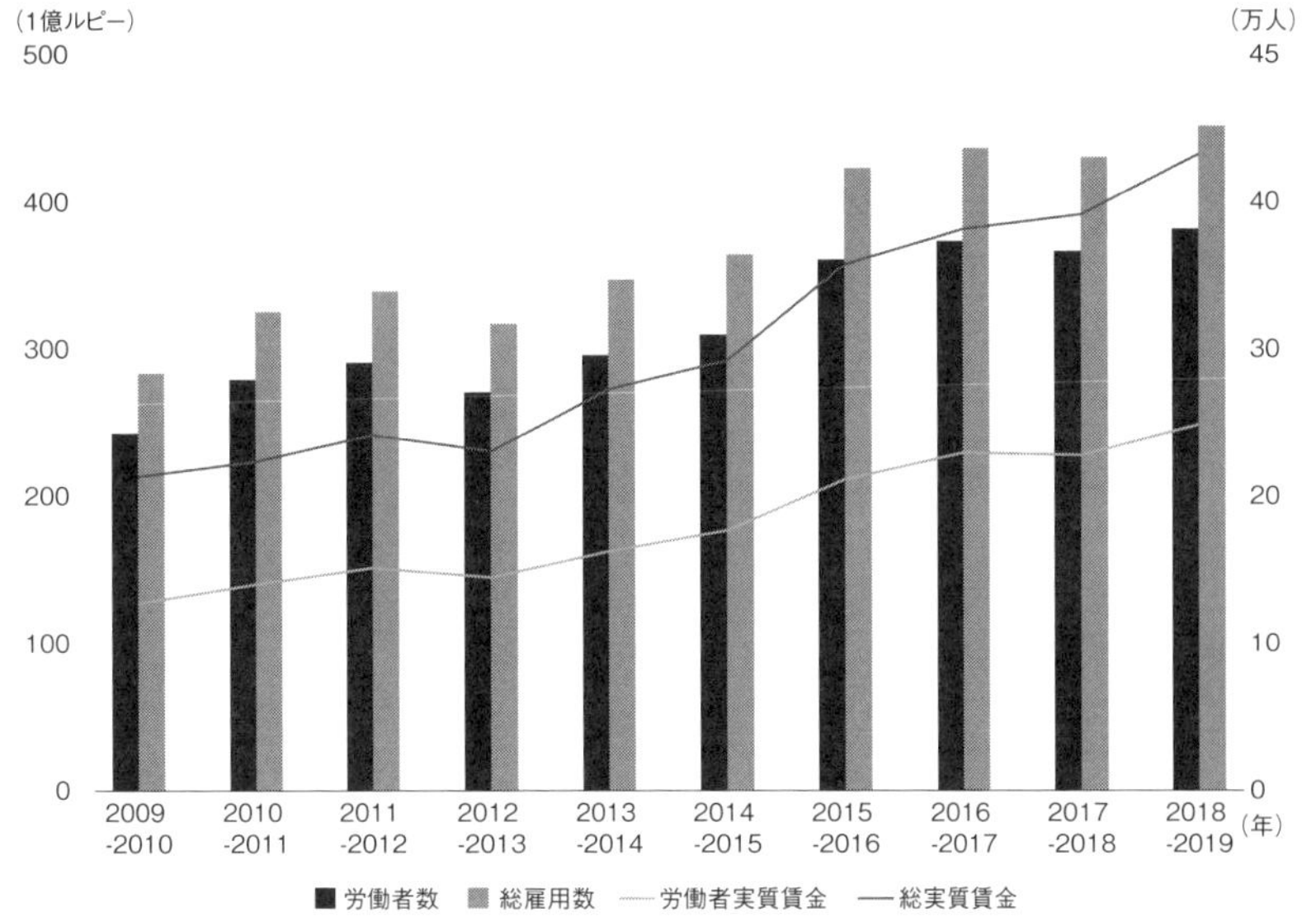

図2-7　インド皮革産業の賃金と雇用者数

注）ASI（GOI), Table 5 Estimate of some important characteristics by 3 digit of NIC' 08（2009-2019）をもとに筆者作成。

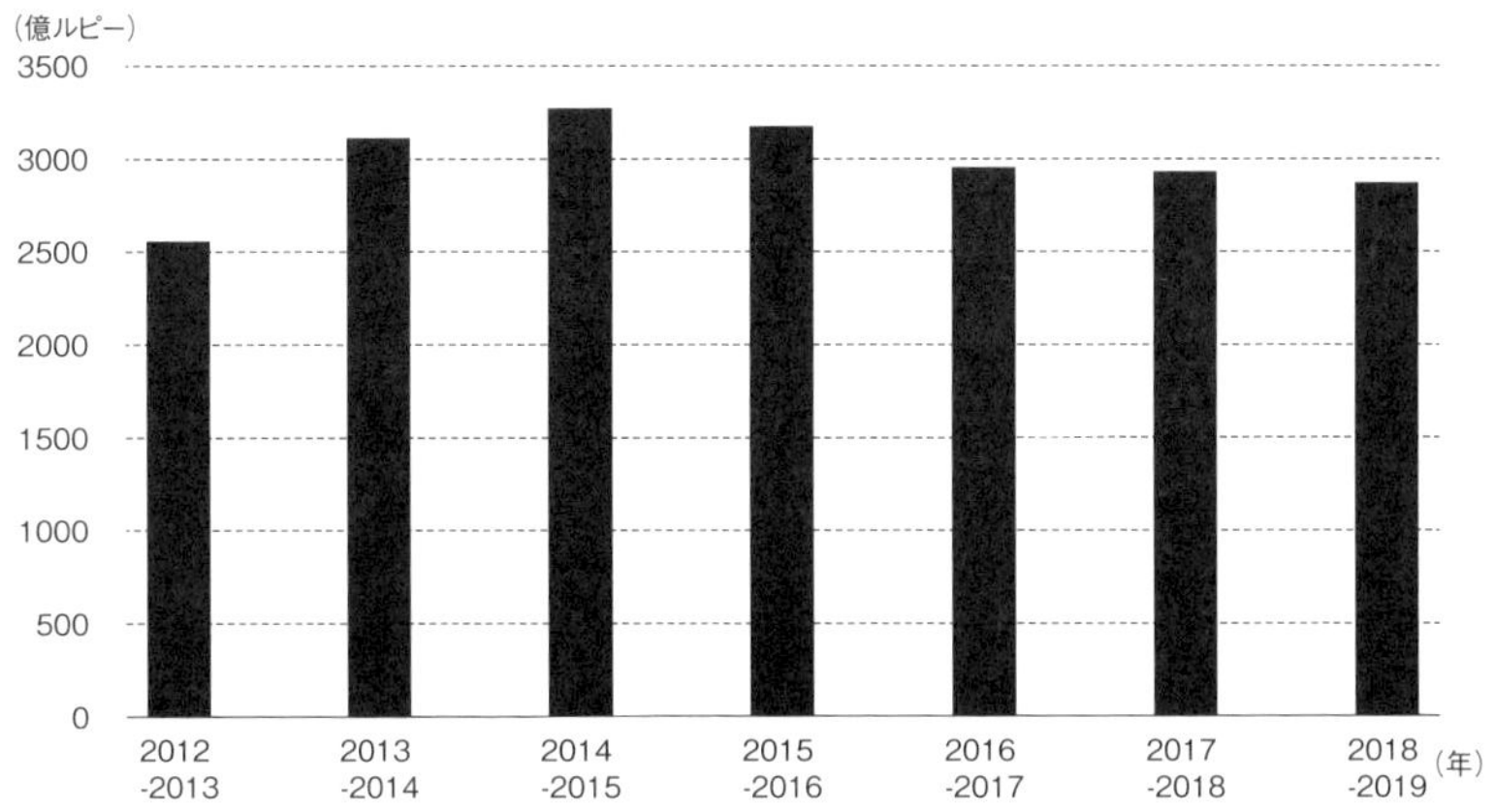

図2-8　インドの革および革加工品輸出額

注1）Council For Leather Exporters, Facts and Figures（2012-2019）をもとに筆者作成。
注2）輸出額については RBI の卸売物価指数の Non Food Manufactured Products の値を用いて2012～13年度を基準にして筆者がデフレートした。

インド皮革産業において直近の九年間は労働者実質賃金とその割合が増加してきている。二〇〇九～一〇年度において総実質賃金は一六五億ルピー、うち労働者実質賃金は九六・四億ルピーであった。二〇一八～一九年度には総実質賃金は四三二・六億ルピーであり、うち労働者実質賃金[*19]は一八七億八〇〇〇万ルピーであった。二〇一八～一九年度には総実質賃金は二〇〇九～一〇年度に対して約二・六二倍に増加しており、産業全体のパイが増加してきたことが分かる。一方で二〇〇九～一〇年度に占める労働者賃金の割合は五九・〇％に対して、二〇一八～一九年度に占める労働者賃金の割合は五七・一％である。ここから労働者の賃金割合がわずかに減少していることが分かる。

ただし、労働者実質賃金の増加率はホワイトカラーなどを含んだ総雇用者実質賃金の増加率と遜色ない。二〇〇九～一〇年度の労働者の一人当たり実質賃金が五七・九二一ルピーに対して、二〇一八～一九年度には七二・〇一五ルピーと一・二四倍に増えている。一方で二〇〇九～一〇年度の雇用者一人当たり実質賃金は八四・〇二二ルピーから、二〇一五～一六年度には一〇六・二五三ルピーと一・二六倍に増えている。

インドの革・革加工品輸出額は二〇一二～一三年から二〇一八～一九年にかけて微増である。図2-8がインドの革・革加工品輸出額である。輸出額は二〇一四年度まで増加してきたが、その年以降少し減少した後、停滞している。輸出額は二〇一二～一三年には二五六七・三億ルピーであったが、二〇一八～一九年には二八八四・四億ルピーになり六年間で一・一二倍になっている。年平均成長率に換算すると二・〇％である。

表2-8、2-9が二〇一二年度と二〇一八年度の革・革加工品輸出額割合である。これらの表から仕上げ済み革の輸出額割合が減り、革加工品の輸出額割合が増加していることが分かる。

（2）インドの地域別皮革産業

インドの皮革産業の地域別の特徴をCouncil of Leather Exportのデータを用いて指摘する。図2-9が革・革加工品の地域別輸出額（二〇一八年度）であり、表2-10が革・革加工品別の地域輸出額・割合である。

図２-９から分かるように南部地域が全インドの革・革加工品の輸出額の三八・八四%を占め、最も大きな割合を占めている。南部地域はすべての皮革製品の輸出額が大きいが、なかでも革および革履物の輸出額が大きく、全インドの輸出額の五五・四六%、四六・五六%を占める。南部地域では皮革製品の産地としてチェンナイが有名である。

南部地域の次に輸出額割合が大きいのが北部地域である。北部地域は革履物（ここでは特に革靴を指す）と革衣料の輸出額が大きく、全インドの輸出額の三六・一一%、六二・四八%を占める。北部地域には革履物の生産で有名なアーグラーが位置している。

北部地域の次に輸出額割合が大きいのが中央地域であり、全インドの革・革加工品の輸出額一七・五三%を占める。中央地域は革の輸出額が大きく、全インドの革輸出額の三六・九一%を占める。中央地域ではカンプールが革の生産で有名である。

中央地域の次に輸出額割合が大きいのが東部地域であり、全インドの革・革加工品の輸出額の一七・五三%を占める。東部地域は革製品の輸出額が大きく、全インドの革製品の輸出額の四六・一二%を占める。東部地域ではコルカタが革および革製品の生産で有名である。

東部地域の次に輸出額の割合が大きいのが西部地域である。西部地域は全インドの革・革加工品の輸出額の二・

表2-8　インドの革・革加工品輸出額割合（2012年度）

品名	FOBValue（億ルピー）	割合（%）
仕上げ済み革	611.1	23.8
革履物	843.8	32.9
履物部品	154.4	6.0
革製品	453.1	17.6
革衣服	300.4	11.7
革手袋	134.1	5.2
ハーネス＆サドル	70.4	2.7
合計	2567.3	100.0

注）Council For Leather Exporters 2014をもとに筆者作成。

表2-9　インドの革・革加工品輸出額割合（2018年度）

製品	FOBValue（億ルピー）	割合（%）
仕上げ済み革	479.8	15.0
革履物	1183.2	36.9
履物部品	220.4	6.9
革製品	742.5	23.2
革衣服	310.6	9.7
革手袋	149.8	4.7
ハーネス&サドル	116.8	3.6
合計	3203.1	100.0

注）Council For Leather Exporters 2026をもとに筆者作成。

四二%を占める。西部地域はすべての皮革製品で全インドに占める割合が小さいが、革履物（ここでは特に革サンダルを指す）と革製品の輸出額の割合が相対的に大きい。西部地域ではムンバイーが革履物と革製品の生産で有名である。

表2-10と2-11から特徴的な点を取り上げる。南部地域においては革履物と革製品は輸出額の割合が、生産業者の割合の二倍近い。つまり、南部地域においては大規模な資本集約的な工場が多いことが推測される。一方で東部地域の革製品産業、北部地域の革履物産業、西部地域の革製品産業は生産者数の割合の方が輸出額の割合より大きいために、小規模や中規模の工場が多く含まれていることが推測される。

（3）コルカタの皮革産業

インド東部地域の皮革産業の集積地はコルカタである。コルカタには数多くの皮なめし工場と革製品工場が立地している。東部地域は革製品産業の輸出量・額ともにインド第一位を占める。輸出量と輸出額がインド全体に占める割合はそれぞれ四一%、四六・一%である。東部地域は二〇一八〜一九年度におよそ五九〇〇万個、額にして三四二億ルピーの革製品を輸出した［Council of Leather Exports 2020: 180］。

コルカタの皮革業は元々、低湿地のタングラ地区でチャマールが行っていた。彼らは華人の製靴業者に原料を提供していた。一九一〇年ごろに華人が皮革業に参入し、第二次世界大戦中には顕著な発展を見せた。その結果、客家人が経営する皮革工場の数は七〇軒を超え、戦後はさらに増大していった［Liang 2007: 406］。一九五九年には当時の華人の二五%が皮革業、二〇%が製靴業に従事し、華人の経済活動の基盤を形成していた［山下 二〇〇九：三七］。

タングラ地区に加えて皮なめし工場が存在したのが、ティラージャ、トプシア地区である。前者の地域の工場は指定カーストに属するパンジャービーによって主に所有され、後者は北インドのムスリムによって所有されていた［Damodaran 2003: 199, 213］。それぞれの地区の皮なめし工場に隣接する形で革製品工場も作られていた。

しかし、一九六二年の中印国境紛争後、インド政府の華人排斥政策により多くの皮なめし工場が閉鎖され、多くの

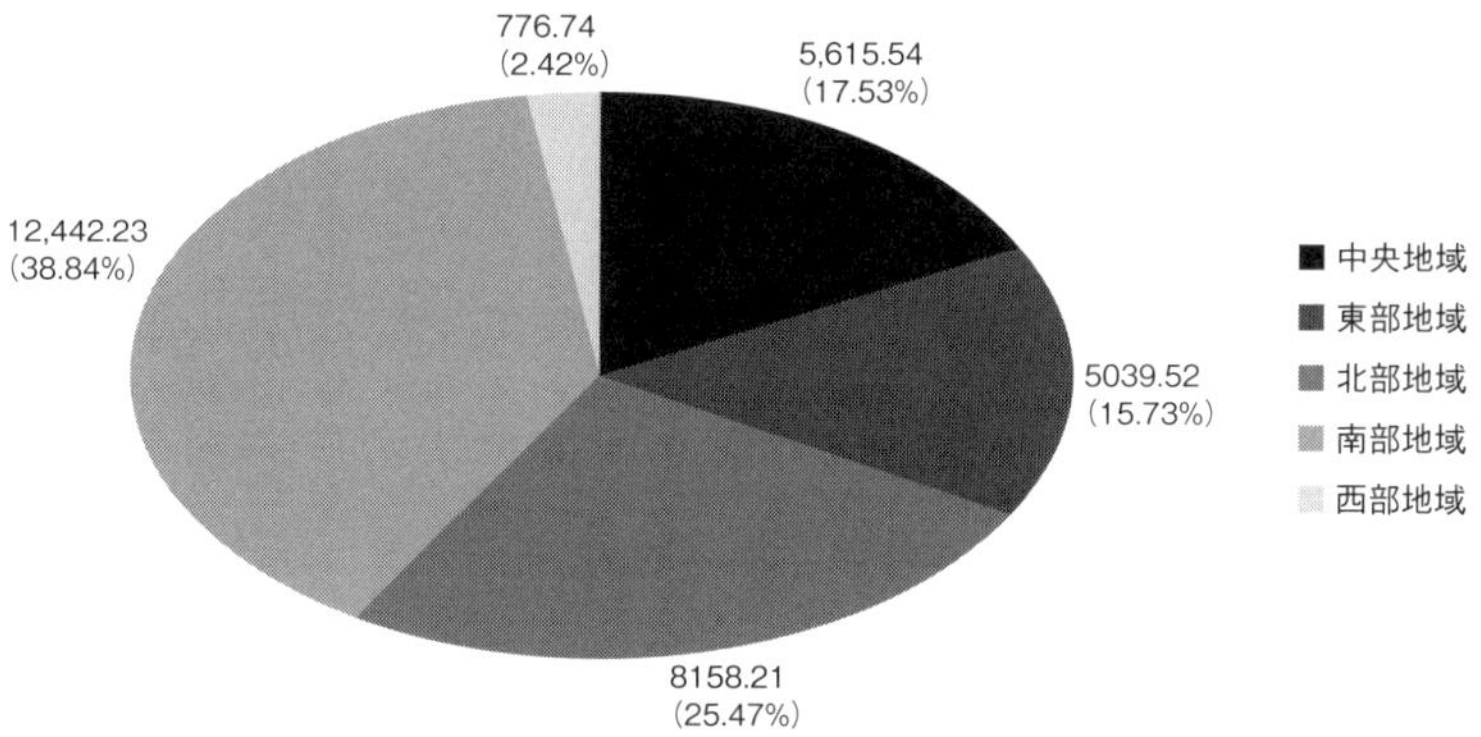

図2-9　インド地域別の革・革加工品輸出額（2018年度）

注）Council Leather Exports. 2020: 175 をもとに筆者作成。

表2-10　インド地域・製品別の輸出額・割合（2018年度）

	中央		東		北		南		西		全インド	
製品	価額	割合	価額	割合	価額	割合	価額	割合	価額	割合	価額	割合
革	1771.75	36.92	193.73	4.04	165.79	3.46	2,661.28	55.46	5.92	0.12	4,798.47	100.00
フットウェアパーツ	575.90	26.13	14.91	0.68	154.73	7.02	1,451.75	65.87	6.64	0.30	2,203.93	100.00
ハーネス&サドル	1,137.82	97.42	nodata		30.14	2.58	nodata		nodata		1,167.96	100.00
革履物	1,367.68	11.56	14.75	0.12	4,272.13	36.11	5,509.66	46.56	668.24	5.65	11,832.46	100.00
革衣服	64.45	2.07	93.06	3.00	1,971.85	63.48	952.22	30.65	24.70	0.80	3,106.28	100.00
革手袋	17.03	1.14	1,298.72	86.68	2.62	0.17	179.85	12.00	nodata		1,498.22	100.00
革製品	681.01	9.17	3,424.37	46.12	1,560.95	21.02	1,687.48	22.73	71.24	0.96	7,425.05	100.00

注）Council Leather Exports. 2020 48; 76; 105; 135; 157をもとに筆者作成。

表2-11　インド地域・製品別の輸出市場向け生産業者数

	中央		東		北		南		西		全インド	
製品	生産業者数	割合	生産業者数	割合	生産業者数	割合	生産業者数	割合	生産業者数	割合	生産業者数	割合
革	119	22.88	49	9.42	26	5.00	324	62.31	2	0.38	520	100.00
フットウェアパーツ	37	22.42	5	3.03	53	32.12	67	40.61	3	1.82	165	100.00
ハーネス&サドル	235	97.51	0		6	2.49	0		0		241	100.00
革履物	94	18.73	6	1.20	262	52.19	90	17.93	50	9.96	502	100.00
革衣服	14	7.57	3	1.62	103	55.68	62	33.51	3	1.62	185	100.00
革手袋	0	0.00	46	74.19	6	9.68	10	16.13	0	0.00	62	100.00
革製品	86	15.17	302	53.26	88	15.52	68	11.99	23	4.06	567	100.00

注）Council For Leather Exports Members Directory 2019をもとに筆者作成。

写真2-4　中華レストランに変わった元皮なめし工場（2020年2月8日、タングラ地区、筆者撮影）
注）案内してくれたP氏によると、このあたり一帯はすべて皮なめし工場であったが、すべて閉鎖されてしまったという。このエリアに住んでいたのはほとんどが華人であったという。

華人が海外へ移り住んでいった。さらに一九九五年には西ベンガル州の最高裁判所は市内の皮なめし工場に市外への移転命令を下した［山下二〇〇九：四五］。このために多くの皮なめし工場が閉鎖された。現在皮なめし工場の跡地は中華料理店などに変わったか、取り壊されマンションが新たに建築されているかなどである（写真2-4）。

二〇〇一年に政府が発表したレザーパーク設置計画[20]に基づき、二〇〇五年にはコルカタレザーコンプレックスが設置された。タングラ地区から車で三〇分ほどの距離に位置し、四〇〇[21]近い大型の皮なめし工場がひしめいている。現在は所有者の九〇%はムスリムであるという[22]。なお、レザーパークとは別にコルカタの経済特区でも皮革業者が操業しているが、後述するチェンナイに比べて、輸出額に占める生産額は大きくない。コルカタの経済特区からの二〇一八年度皮革輸出額は一・二億ルピーであり[23]、東インドからの二〇一八年度皮革輸出額の〇・二四%に過ぎない［Council of Leather Exports 2020: 135］。

一方で、革製品工場に関しては規制の対象外のために、タングラ、ティラージェ、トプシア地区に現在も多く存立している。ただし、一部の工場はレザーコンプレックスに移転してしまい、全盛期に比べて工場数が三〇%ほど減ってしまったそうである[24]。コルカタの工場の規模は小さいものから大きなものまで幅広いが、国内向けは零細規模のものがほとんどである。革製品工場のオーナーに関しては、八〇%がムスリムであり、中国人が少しいる程度で、残りはヒンドゥーであるという。近年バラモンなどの上位カースト、ビジネスカーストがオーナー層に参入しているが、指定カーストは零細な工房のオーナーを除いては労働者[25]がほとんどであるという[26]。

筆者の現地調査の結果、主にフォーマル部門の工場に輸出市場向け海外ブランドの中高価格帯の製品を生産する工場が見られるのに対して、主にインフォーマル部門の工場に国内向けの低価格帯製品を生産する工場が見られるという違いがあることが分かった。[*27] 一方、両者には共通性とつながりが見られた。フォーマル部門の輸出工場とインフォーマル部門の輸出工場ともにクラフト的生産方式を採用しているという点である。さらにフォーマル部門からインフォーマル部門へ低価格帯製品ではあるが輸出市場向け製品の外注が見受けられる。コルカタで調査した工房数には限りがあるために、インフォーマル部門において教育レベルが高いものが工房主になるケースや高価な革製品が輸出市場向けに生産されている可能性も捨てきれない。こうした点は今後調査する必要がある。

（4）チェンナイ

南インドの皮革産業の中心地はタミルナードゥ州のチェンナイであり、多くの皮なめし工場と革加工品の工場がある。チェンナイの皮革産業は輸出市場向けが多いことに特徴があり、なかには経済特区のなかで操業している工場もある［Chandrachud 2015: 147］。タミルナードゥ州の主な製品は革、革履物、革製品であり、それぞれ製品の南部地域内の輸出額の構成割合は二二・四%、四三・四%、一三・六%である。タミルナードゥ州は南インドの革履物の輸出量の九三・六%、輸出額の九三%を占め、革製品輸出量の九二・八%を占め、輸出額では九五・三%を占めている。そのため南インド産の革加工品のほとんどはタミルナードゥ州で生産されているといえる。

チェンナイでは、古い皮なめし工場は一九世紀なかごろから操業している。チェンナイはクロムなめしの技術がインドで初めて導入された地域である。一九〇三年にヨーロッパ人のG・A・チャンベルスがクロムなめし技術を用いた工場の操業が開始された［Roy 2004: 164, 193］。

チェンナイには規模が大きな皮なめし工場が多く位置し、一六エーカー[*28]以上の敷地を持つ皮なめし工場が半数を占める［Manikandan 2009: 221］。経済自由化政策が実施された一九九一年以降には皮なめし工場の数がさらに増えていった。マニカンダンは調査した皮なめし工場の六七%が一九九〇年以降に設立されたものだったと指摘している

[Manikandan 2009: 215]。

チェンナイの皮革工場のオーナーの九〇％はムスリムである［西村 二〇一七：一四三］。ただし、皮なめし工場に限っていえば、従業員の八〇％ほどはヒンドゥーであり、そのなかでも七五％を指定カーストが占めている [Chandrachud 2015: 174-176]。

経済特区での輸出製品の生産割合が高いのがチェンナイの皮革産業の特徴の一つである。チェンナイには一九八四年にマドラス輸出加工区（Madras Export Processing Zone）が設置され、二〇〇六年には経済特区に転換された。[*29] 経済特区からの皮革輸出額は二〇一八年度で二一六・一億ルピーであり、[*30] これは同年度の南インドからの皮革輸出額の一七・三％を占める［Council of Leather Exports 2020: 48］。

地理的に詳しく見ていくと、皮なめし工場と革加工品の工場はアンブールとラーニーペットとバーニヤームバーリーに位置している。このうちアンブールは輸出市場向けの靴の事業所の集積地で有名であり、欧米の有名ブランドの靴を生産している。アンブールには海外直接投資を行ったイタリア、スイスの靴メーカーの工場がある [Manikandan 2009: 215]。このうち輸出市場向け製品を生産する革製品工場は国際空港を取り囲むように位置している。国内向け工場はチェンナイセントラル駅周辺に小さな工房が五〇軒ほど、パラヴァッラ地域に一五〇軒ほど位置しているそうである。

筆者の現地調査の結果、チェンナイの皮革製品産業において輸出市場向けのフォーマル企業は資本集約的であり、大規模な工場で最新の機械を用いた上で、比較的教育レベルの高いものが管理を行い、分業を細かくして女性を中心とする未熟練工を大量に雇い製品を作り主に中価格帯の製品を海外に輸出するモデルであった。[*31] 一方でインフォーマル企業は主に国内向けの製品を作っていると考えられる。そしてこれらフォーマル企業とインフォーマル企業には受注関係が確認できなかった。[*32] チェンナイ政府はさらに投資を進めておりこの傾向は続くと考えられる。ただし、今回の調査は時間に限りがあり、チェンナイのインフォーマルセクターの工房を直接訪れて調査をすることができなかった。今後チェンナイにおけるインフォーマルセクター工房の調査を進めれば、輸出市場向けの製品を生産している工房やフォーマル企業と取引関係のある工房が見つかる可能性はある。

(5) アーグラー

タージマハルで有名なアーグラーは革履物（特に革靴）の輸出でも有名である。アーグラーの位置するウッタルプラデーシュ州では革履物の輸出が州全体の革履物の輸出額の半分を占めている。革履物のなかでも、製作に技術力を要するブーツ、靴の割合が合わせて八二%を占めている［Council For Leather Exports 2020: 196］。

アーグラーの革履物産業は大まかにフォーマル部門とインフォーマル部門に分かれている。[*33] フォーマル部門に属する企業のなかでも規模の大きい五社は、それぞれ一〇〇〇人ほどの労働者を雇用している。各社工場は一つだけでなく、五社合わせて五〇ほどの工場を所有している。フォーマル部門のなかで比較的規模の小さな工場が二〇〇ほどあり、それぞれ五〇人ほどの労働者を雇用している。フォーマル部門の工場にはホワイトカラーの管理職のスタッフが見られる。フォーマル部門の工場のオーナーはパンジャービーやシンディーなどのカーストで、労働者は指定カーストやムスリムである。フォーマル部門の工場にはコンベアや電動のつり込み機などの近代的機械を導入している工場が見られる。フォーマル部門の工場数はアーグラーの総工場数の五%に過ぎないが、アーグラーの総雇用者数の二五%を占め、生産量では四〇%を占めている。製品は相対的に高価で、インド大手靴事業者に納入されるか、海外に輸出される［Knorringa 1996: 73-97］。

インフォーマル部門に属する大きな工房は一五～二五人の労働者を雇い、五〇〇工房ほどある。小さな工房は八～一〇人の労働者を雇い、一二五〇工房ほどある。さらに小さいものは自宅を兼ねた工房で五人ほどの労働者、三〇〇〇工房ほどある。インフォーマル部門の工場数はアーグラーの総工場数の九五%を占め、アーグラーの総雇用者数の七五%を占め、生産量では六〇%を占めている［Knorringa 1996: 73-97］。

インフォーマル部門の工房主には伝統的に靴作りに従事してきた指定カーストのヤータヴカーストやムスリム以外の者も見受けられる。それはパンジャービーやシンディーの者であり、彼らは現場で直接製品の製作には関わらず、管理のみを行っている。インフォーマル部門の製品は相対的に安価でほとんどが国内市場向けである。一部フォーマル部門の工場から輸出市場向けの製品の下請けを受注する工房が見られるが、それらはパンジャービーやシンディーの他のカーストが経営する工房である。一方で指定カーストのヤータブやムスリムが経営する工房はもっぱら国内市場向けに製品を生産している［Knorringa 1996: 80-98］。

なお、近年はフォーマル部門の輸出市場向け工場とインフォーマル部門の国内向け工場の二層性がより深化している。アーグラー郊外のシカンダラ地区で道幅の広い国道沿いにシンディー、バニヤー、パンジャービーが経営するフォーマル部門の輸出市場向け工場の集積が進んでいることが筆者が二〇二四年に行った現地調査の結果分かった。一方でインフォーマル部門での革靴生産は一九九〇年から二〇〇〇年にかけて大幅に減少し、現在は合成皮革や繊維の靴、サンダルやカジュアルシューズといった安価な製品の生産がほとんどであるという。革靴は製作に時間と技術力が要求され、価格が高く国内需要が少ないのに対して、合成皮革や繊維の製品は製作時間が短く、技術力も大して要求されず、大量に生産でき、価格も安価で国内需要が大きいことがその理由であるという。[*34] インフォーマル部門の工場では革靴を生産できる職人が減少したため、現在ではヒンキーマンディーといったインフォーマル部門の集積地からシカンダラの輸出市場向け工場に労働者が移動することはほとんど見られなくなったという。[*35] 無論、シカンダラ地区にジャータブが経営する輸出市場向け工場を一軒確認できたが、筆者の二〇一五年と二〇二四年の現地調査の際、オーナーは、ジャータヴがオーナーであるのは自分の工場ぐらいであり、ジャータヴが経営する輸出市場向け工場は他に二軒くらいしかなく、いずれも規模がかなり小さいと述べていた。[*36] そのために、ジャータヴが経営する工場の輸出市場向け市場、国内高級品市場への進出はほとんど進んでいないといえる。

４　ムンバイーの皮革産業

本節ではムンバイーの皮革産業の特徴を統計データ、二次文献に加えて筆者のフィールドワークのデータをもとに考察する。

西インドの皮革産業の中心地はマハーラーシュトラ州のムンバイーである。西インド地域が皮革製品の輸出額に占める割合は二・四二％と小さいが、[*37] マハーラーシュトラ州はインドの皮革製品生産額の一五％を担っている [Government of India 2011: 73]。マハーラーシュトラ州ではこの七年ほどで皮革製品の生産高が二二・八％増加した。一九九三年からの一四年では生産高はおよそ八四・一％増加している。そのために堅調に産業が成長してきたことが分かる（図２-10、２-11）。

西インド地域の輸出額の割合で大きいのは革履物と革製品である。革履物の内、革サンダルが輸出額の七六・四％を占めており [Council of Leather Exports 2020: 159]、革サンダル産業はムンバイーの主要皮革産業の一つである（図２-12）。

（１）ムンバイーの革サンダル産業

ムンバイーでは革サンダル工場の集積地は、郊外のナヴィ・ムンバイーやヴァサイ、そしてムンバイー市内のタッカルバーパー地区とサキナカ地区に位置する。[*38] ただし、郊外の大規模な工場が設立されたのは、二〇〇〇年以降であり、元々はタッカルバーパー地区で主に革サンダルが生産されていた。タッカルバーパー地区はミニ・ラジャスターンともいわれており、ラジャスターン地方でモジュリと呼ばれる革サンダルを製作していたリーガルカーストが移住し、[*39] 輸出市場向けのファッショナブルな革サンダルを生産していた。主に国際空港のあるアンデーリーにオフィスを構える商人が製品をタッカルバーパーから買い付け海外に輸出していたようである。しかし、近年になって、それら商人がムンバイー郊外のヴァシ、ナヴィ・ムンバイーに自社の大工場を設立したという。[*40]

現地調査の結果、ムンバイー郊外のフォーマル部門革サンダルの工場は生産規模の大きな資本集約的な工場であり、分業を細かくして、多くの未熟練工・半熟練工を比較的教育レベルの高い管理職が管理を行い、大量の製品を生産し、低価格から中価格帯の製品を海外に輸出するモデルであることが分かった。[*41]

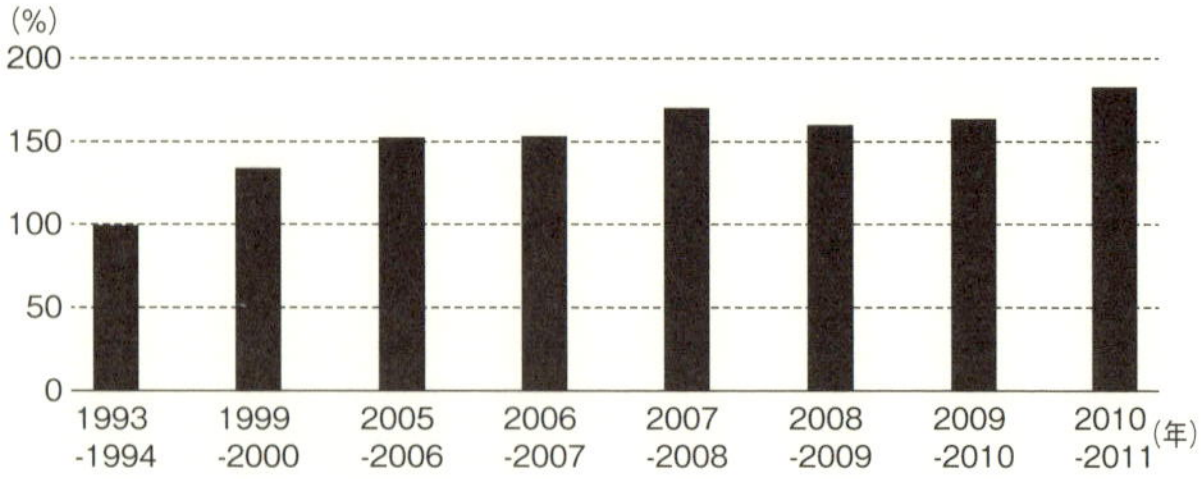

図2-10　1993〜2010年度マハーラーシュトラ州における革・革加工品生産高推移

注）Government of Maharashtra 2011: 17 をもとに筆者作成。
1993〜94年を100%とする。

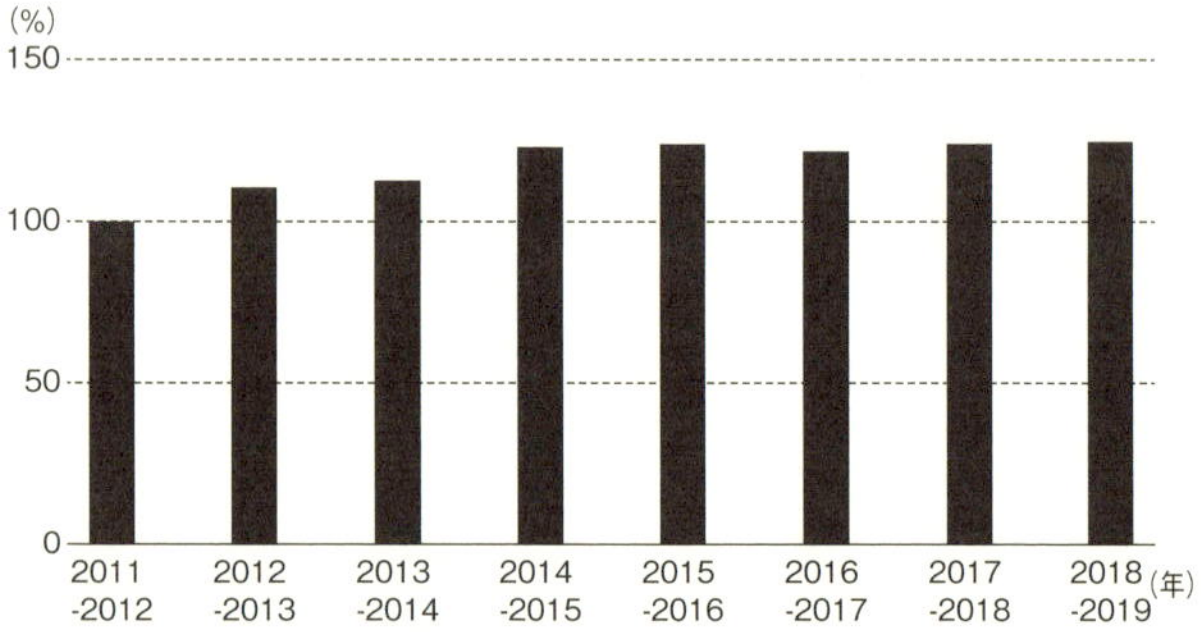

図2-11　2011〜18年度マハーラーシュトラ州における革・革加工品生産高推移

注）Government of Maharashtra 2019: 151 をもとに筆者作成。
2011〜12年を100%とする。

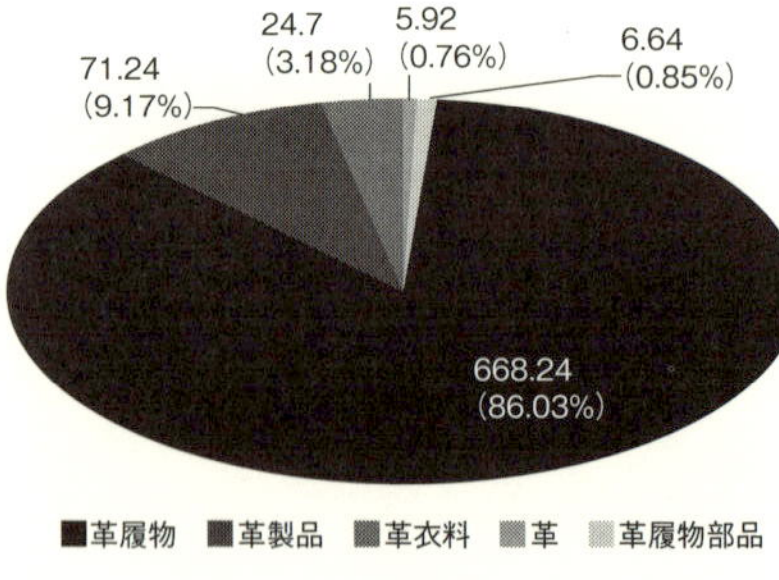

図2-12　西インド地域革・革加工品輸出額・割合（2018年度）

注）Council for Leather Exports. 2020: 157 をもとに筆者作成。

一方でインフォーマル部門のタッカルバーパー地区には、現在革サンダルを製造する工房は一五〜六〇軒ほどある。タッカルバーパー地区の工房はかつては、輸出業者向けに革サンダルの全工程を担当して生産していたが、今日は革サンダルのアッパー部分のみをムンバイー郊外のフォーマル部門の工場から下請けで生産している。アッパー部分は革サンダルのなかで一番手間がかかる部分であり、アッパーのほとんどは手作業で生産されている。ただし最近は、タッカルバーパーの工房への下請けの仕事は減っているそうである。さらに、タッカルバーパーの下請け工房から、直接輸出を行う工場になることができたオーナーは二名しか確認できていない。そのために、インフォーマルセクターであるタッカルバーパー地区での革サンダル産業は衰退しているといえる。

（2）ムンバイーの革製品産業——ビワンディの革製品産業

次にムンバイーのもう一つの主要産業である革製品産業に関して見ていく。マハーラーシュトラ州の革製品はムンバイーのダーラーヴィー、ナグパダ、ビワンディに産業集積［Government of India 2011: 73; Saglio-Yatzimirsky 2013: 161］している。

ビワンディはムンバイーの郊外に位置し、多くの工業団地がある。その工業団地のなかに、革製品工場があるが、筆者が確認した範囲では四軒ほどであった。以前はもっと多くの工場があったそうであるが、多くの工場はチェンナイ、コルカタに移転してしまったという。理由としてムンバイーの郊外とはいえ、地価が非常に高いからであるという。

現地調査の結果、ビンワンディの輸出工場の規模は従業員が多くて五〇名ほどの小中規模であった。*42 生産においては、機械を多く用いるが、テーブル制を採用しており、クラフト的な側面も持ち合わせている。比較的教育レベルの高いマネージャーの管理のもとに、熟練工が付き、彼らが半熟練工・未熟練工とともに製品を生産している。製品の価格帯は中高価格帯である。

5　ダーラーヴィーの革製品産業

一方でダーラーヴィーはアジア有数のスラムの一つであるが、ダーラーヴィーには二〇〇〇を超す革加工品の工房が集積し、ムンバイーの革製品産業の中心となっている。ダーラーヴィーには公式的データが存在しないが、ダーラーヴィーの職人たちからの聞き取りによれば、二〇一〇年から二〇二〇年までの一〇年間においても、ダーラーヴィーの工房数は増加していたらしく、フォーマル部門と並行して発展してきたと思われる。[*43]

（1）ダーラーヴィーの革製品産業に関わる人々

表2-12、2-13から見て分かるように、ヒンドゥー教徒とりわけチャンバールは、工房主に占める割合が大きいが、労働者に占める割合は小さい。一方でムスリムは工房主に占める割合と労働者に占める割合ともに大きい。[*44]これは、ダーラーヴィーにヒンドゥー教徒のチャンバールが移住してきたのが、植民地期であるのに対して、ムスリムが移住してきたのが、一九八〇年代から二〇〇〇年代と移住時期に大きな差があることに起因すると考えられる。ヒンドゥー教徒のチャンバールは賃金が低い労働者からは退出し、工房主として事業を営む一方、ムスリムは工房主も輩出しているが、労働者として参入している者もいまだに多いのである。なお、ダーラーヴィーの皮革産業がどのように発展してきたのか、ダーラーヴィーの皮革産業にはどのようなコミュニティが関わってきたのかは、次章で詳しく論じる。

表2-14がダーラーヴィーの従業者の出身地の一覧である。この表から従業者は主にムンバイーの位置するマハーラーシュトラ州と北東州のビハール、ウッタルプラデーシュ州、ジャールカンド州出身の者で構成されていることが分かる。これら従業者のビハール州、ウッタルプラデーシュ州出身のものはほとんどがムスリムのアンサーリーかシェイクである。一方で従業者のうちマハーラーシュトラ州出身のものにはヒンドゥー教徒のチャンバールが多く見られる。

図2-13はダーラーヴィーの革製品産業で働く労働者の参入経路とその後の移動経路を示している。この図からまずダーラーヴィーの革製品産業で働く労働者はウッタルプラデーシュ州、ビハール州、マハーラーシュトラ州の村落から直接参入するパターンだけではなく、コルカタ、デリー、ナーグプルといった地域を経由して参入するパターンもあることが分かる。さらにダーラーヴィーで働いた後、ムンバイー市内のナグパダ、ムンバイー郊外のナヴィ・ムンバイー、ビワンディ、故郷の村落、外国であるドイツ、アラブ首長国連邦に移動している者も見られる。こうした労働者の移動経路からは、ダーラーヴィーの皮革産業が村落部との関係だけで成り立っているわけではなく、インドの他の皮革産業集積地との関係で成り立っていることが分かる。

表2-12　工房主の宗教とコミュニティ

宗教	コミュニティ	人数
ヒンドゥー教	チャンバール・チャマール	40
	ノニア	1
	カンナ	1
	ドール	1
	マラーター	1
	カルワール	1
	不明	2
合計（ヒンドゥー教）		47
イスラーム	シェイク	19
	アンサーリー	5
	シディッキー	3
	マンスーリー	1
	シャー	1
	メモン	1
	パタン	1
	ハシュミ	1
	不明	7
合計（イスラーム）		39
キリスト教	チャンバール・チャマール	1
合計（キリスト教）		1
合計		87

注）現地調査をもとに筆者作成。

表2-13　労働者の宗教とコミュニティ

宗教	コミュニティ	人数
ヒンドゥー教	チャンバール・チャマール	8
	コーリー	1
	チョードリー	1
	マラーター	1
合計（ヒンドゥー教）		11
イスラーム	アンサーリー	21
	シェイク	17
	ハシュミ	1
	不明	4
合計（イスラーム）		43
合計		54

注）現地調査をもとに筆者作成。

表2-14　ダーラーヴィーの革製品産業従事者の出身州

出生地	工房主	労働者	合計
ビハール州	33	34	67
マハーラーシュトラ州	45	12	57
ウッタルプラーデシュ州	3	3	6
ジャールカンド州	0	2	2
西ベンガル州	0	2	2
インド国外	1	1	2
不明	5	1	6
合計	87	55	142

注）現地調査をもとに筆者作成。

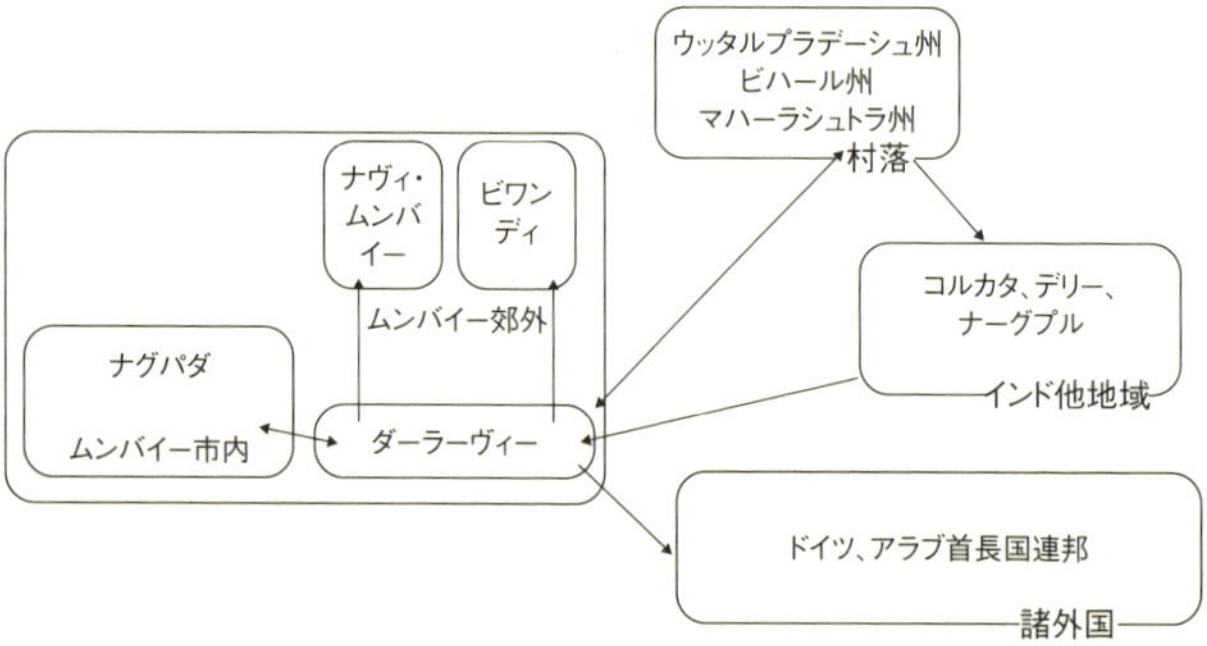

図2-13　ダーラーヴィーの革製品産業における労働者の移動経路
注）現地調査をもとに筆者作成。

図2-14がダーラーヴィーにおける革製品産業に従事する職人（未熟練、半熟練、熟練工含む）の月給額である。一万ルピー以上、一万五〇〇〇ルピー以上が人数としては最も多いことが分かる。ただし、マハーラーシュトラ州での皮革産業における熟練工の最低賃金は月額一万二一八六ルピーである。そのため、熟練工の月額最低賃金である一万二一八六ルピーを基準にグラフを作り替え、かつ集計の対象を熟練工のみに限定したのが図2-15である。

ここからは、ダーラーヴィーの熟練工の有効回答数の内半数以上は最低賃金を上回っていることが分かる。さらに、月額一万五〇〇〇ルピー以上の給料を受け取っている人数は一一人にも及ぶことが分かる。つまり、ダーラーヴィーの熟練工は、最低賃金以下で働かされるインフォーマルセクターの典型的な労働者とは必ずしも限らないのであり、最低賃金を大幅に上回る職人も一定数見られるのである。実際に筆者の熟練工へのインタビューを通じて得た賃金データと工房主への聞き取りによる賃金相場は概ね一致した。ラガーン・スレッシュによると、ダーラーヴィーでは未熟練労働者の月給は約八〇〇〇ルピーから一万五〇〇〇ルピーであ

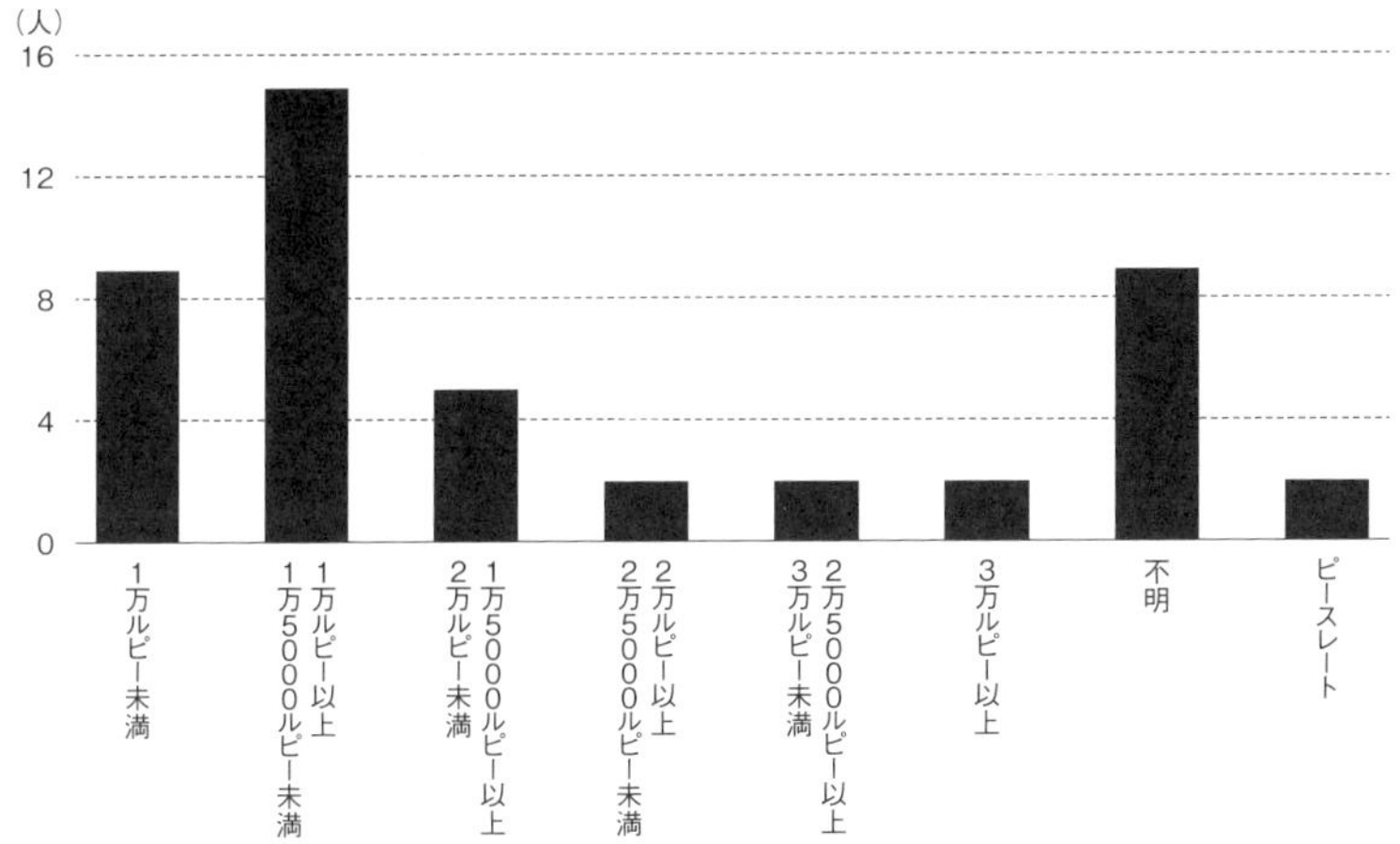

図2-14　ダーラーヴィーの革製品産業における職人の月給

注）現地調査をもとに筆者作成。

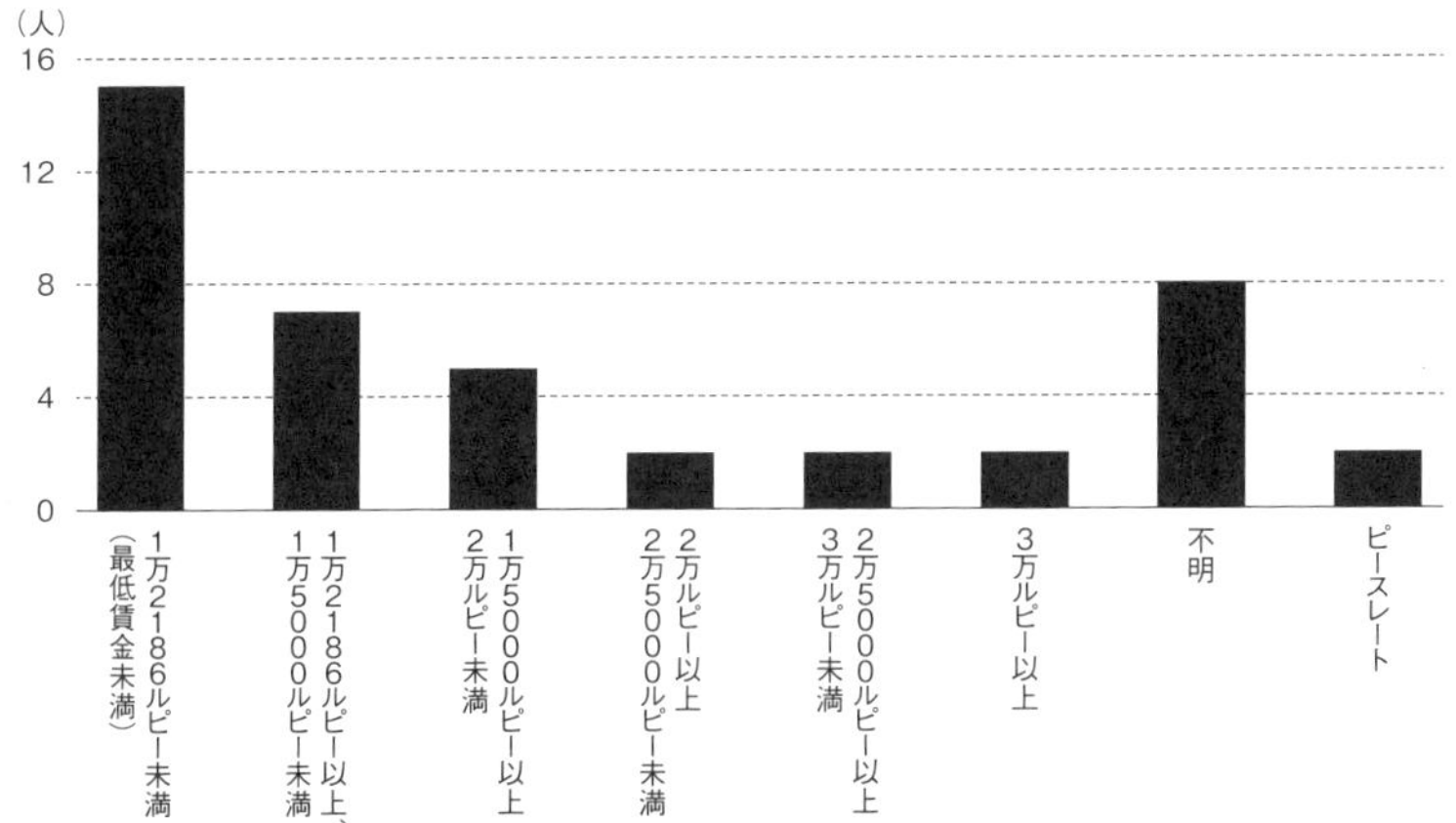

図2-15　ダーラーヴィーの革製品産業における熟練工の月給

注）現地調査をもとに筆者作成。

写真2-5　ダーラーヴィーのカラッキラ付近に貼られた求人票（2023年3月21日、筆者撮影）

り、平均レベルの熟練工で月給は約一万二〇〇〇ルピーから一万六〇〇〇ルピーであり、すべての工程が可能な熟練工の月給は約二万五〇〇〇ルピーであるという。[*45]

こうした最低賃金を大幅に上回る職人は腕が良い職人であり、場合によっては工房内で親方を務めている。このことをダーラーヴィーのカラキッラ付近に貼られた職人の求人票（写真2-5）をもとに確認する。この求人票は、求人が終了したためか、求人票の一部が破られていて、読み取りづらい。ただ、レディースバッグ、ポートフォリオバッグ（男性用の仕事鞄のこと）を作成できる職人を探しており、月給で二万五〇〇〇ルピーから四万ルピーの条件で雇用すると書かれている。これは、最低賃金を大幅に上回っている。ダーラーヴィーの工房主のランビール氏によれば、これは腕の良い職人の求人であり、二万五〇〇〇ルピーは型紙とサンプル作成を除くすべての工程が可能な職人への給与レベルであり、四万ルピーは型紙とサンプルを作成できる親方への給与レベルであるという。[*46]

こうしたダーラーヴィーの賃金水準はムンバイー郊外のビワンディにあるフォーマル部門の工場に比べても遜色のないものであるようだ。ムンバイー郊外のビワンディに新たな工場を設立したサマルタ氏によると、ダーラーヴィーの職人の方がビワンディの職人より給料が高いという。サマルタ氏がビワンディに設立した工場で働く職人の月給は一万五〇〇〇ルピーから二万ルピーであるが、ダーラーヴィーなら月給二万ルピー以上払う必要があるという。[*47]

（2）ダーラーヴィーの革職人の生活とライフコース

ダーラーヴィーの革職人の暮らし

ダーラーヴィーの革職人の生活を一日の過ごし方に着目しながら述べる。革職人は朝は八時ごろに起床し、工房のなかか工房の前の路地で水浴びをし、身体を洗うことが多い。ダーラーヴィーでは地区によって異なるが、朝六時から朝九時ごろまでしか水が供給されない[*48]。そのために、朝に水浴びをし、タンクに水をためるのである。

水浴びの後、朝食を取る。同居する家族がいない革職人は、主にサイオン・バンドラリンクロードに毎朝出店される屋台で朝食を取ることが多い。屋台にはプーリー・バージー、ポーハ、ウプマー、サブダナ・キチョリーといった料理に加えて、ワダ、イドリーといった南インド料理も売られている。また野菜や果物ジュース（にんじん、スイートライム、パイナップルなど）の屋台も出ている。

朝食後、午前一〇時から午後一時半まで仕事をする。その後、昼食を取る。家族と同居している革職人は妻が作った弁当を食べる。家族と同居していない革職人は、昼食を提供しているダーラーヴィーの家屋で取るか、ダーラーヴィーのレストランに毎日作って持ってきてもらっている。前者はバンドラ・サイオンリンクロードに毎朝屋台を出している女性が営んでいるケースが見られ、一食五〇ルピーであった。後者は月極契約であり、昼と夜に食事が送られてくるが、料金は月額二〇〇〇ルピーから二五〇〇ルピーほどであった。

昼食後は午後一〇時まで仕事をする。その後に夕食を取る。家族と同居している革職人は家に帰って家族とともに夕食を取るが、家族と同居していない革職人は屋台で食べるか、レストランから送られてきた食事を取る。夕方から屋台では、パニプリ、サモサ、ワダパブ、焼きとうもろこし、フランキー、ケバブといった軽食が売られている。

夕食を取り、少しリラックスしたのち就寝する。ただし、どこで寝るかは革職人によって異なる。家族と同居している革職人は自室で寝るが、そうでない革職人は働き先の工房で寝るか、友人と借りた部屋で寝るかである。見習いや、経験が浅い職人は工房に住み込んでいることが多い。ある程度技術を身につけると、友人と部屋を借りてともに住むことが見られるようになる。また結婚して家族を呼び寄せた場合は自身で部屋を借り、そこで生活するようになる。

なお、ムスリムの革職人はラマダーンの時期は前記のスケジュールとは違った働き方をしている。ラマダーン期間中は、ヒンドゥーとムスリムが両方働いている工房の場合、ヒンドゥーは最初に紹介したスケジュールで働き、ムスリムはラマダーンに合わせたスケジュールで働いている。

ダーラーヴィーの革職人のライフコース

ここからダーラーヴィーの革職人のライフコースを技術習得と起業に焦点を当てて明らかにする。見習い（ダーラーヴィーではヘルパーと呼ばれている）として参入する場合、ビハール州やウッタルプラデーシュ州の農村からカースト、親族、友人のツテを頼って工房に採用される。これらの州からムスリムやチャマールが参入している。なお、今日マハーラーシュトラ州のヒンドゥー教徒のチャンバールは親が工房を経営している場合、工房の後継者として工房に参入することはあっても、新たに見習いとしてマハーラーシュトラ州の農村部より参入することは極めて稀である。

見習いの仕事内容と雇用条件について述べる。見習いの仕事は、糊付け、ものの運搬に加えてチャイの買い出しといった雑用である。給料も安く月額で八〇〇〇ルピーほどである。見習いは工房内に住み込んでいることがほとんどである。

見習いから、一～三年経つと半熟練工となる。半熟練工の仕事は、糊付け、革の裁断、へり返し[*49]である。給料は少し上がり、一万ルピーから一万二〇〇〇ルピーほどである。工房内に住み込んでいることもあるが、友人たちと部屋を共同で借りているケースも見られる。

半熟練工からさらに二～三年経つと熟練工となる。給料はさらに上がり、月額で二万ルピーから二万四〇〇〇ルピーほどである。熟練工の仕事は、革の裁断、へり返し、縫製であり、縫製ができるようになることが、熟練工となるに最も重要な条件である。工房内に住んでいるケースもあるが、友人と共同で部屋を借りて住むケース、結婚している場合は家族を呼び寄せ部屋を借りて同居するケースが見られる。

熟練工からさらに経験を積むと親方になる場合がある。親方になるには、親方のポジションが空くことに加えて、かなりのスキルが要求されるので、何年経験を積めば親方になれるかは決まっていない。親方と熟練工の一番の違いは、親方は製品の型紙とサンプルを作成できるという点にある。そして親方は工房内の生産管理も行う。給料は二万四〇〇〇ルピーから四万ルピーに達する。親方になると工房内に住み込んでいることは稀であり、家族と同居していることがほとんどである。

職人が起業し工房主になるには、親方を務めたのちか、親方を経由せず熟練工で経験を積んでからの二つのケースがある。ただし、親方を務めたことがなくても、型紙とサンプルを作成できるスキルが起業には必要である。起業する際の資金の出所は自身の給料からの貯金、友人からの借用、家族・親族からの援助・借用が主なものである。といってもダーラーヴィーにおいて起業する際にはそれほど資金を要するわけではない。一部屋なら月額二万ルピーほどで借りられるが、それに補償金（デポジット）として家賃の三〜四カ月分預ける必要がある。ミシンは中古で購入すれば、中品質のものであれば、一万ルピーから一万二〇〇〇ルピーで手に入るという。それに加えて電気代として月額二〇〇〇ルピーほど支払う必要がある。起業する際に職人を雇わず一人で経営すれば、初期投資九万二〇〇〇ルピーから一一万四〇〇〇ルピーほどで起業が可能である。

（3）工房内の構成

ダーラーヴィーの革製品産業における工房のほとんどは、従業員が一〇名以下である。インドでは、動力を使用している工房は、従業員が二〇名以下の場合、インフォーマルセクターに分類される。そのために、ダーラーヴィーの工房のほとんどはインフォーマルセクターに分類される。工房のほとんどは一部屋のみからなっており、多くても二部屋である。機械化はほとんど進んでおらず、工房内に設置されているミシンには、非電動ミシンも見られる。革漉き機や革の裁断機を工房内に設置している工房はほとんど見られず、革漉きと革の裁断を専門にする業者がダーラーヴィーに点在している。ダーラーヴィーの革製品工房では、事業部制が採用されているわけではなく、クラフト的な生産を特徴とする。一般に工房主のもとに親方（ただし、工房主が親方を兼ねる場合もある）、熟練工、非熟練工が付き、注文に応じてそのつどごと分業する。前述したように、今日ではヒンドゥー教徒のチャンバールよりもムスリムの方が、工房主・労働者に多く見られる。チャンバールは労働者よりも工房主に多く見られるが、チャンバールが工房主の場合でも、そのもとでは、インド北東部出身のムスリムが住み込みで働いていることが多い。

生産している製品には工房間によって幅がある。まず、国内市場向けの擬似ブランド品を含む低中価格帯の製品を生産する典型的なインフォーマルセクターの工房が見られる。一方で、輸出市場向けのオリジナルデザインの高級品開発・生産する工房も見られる。[*50] またコーポレーションギフト・業務用製品といった企業向けの製品を生産する工房も見られる。[*51] なお、こうした輸出市場向けの高級品を生産する工房には、比較的教育レベルの高いチャンバールが工房主に見られる。[*52]

まとめると、ダーラーヴィーの革製品工房には、確かにインドの典型的なインフォーマルセクターの工房が一定数見られる。それら工房では、工房主がインド北東部出身のムスリム労働者を雇って、国内向けの低中価格帯の製品を生産している。しかし一部の工房に高級品を含む多様な製品を製作する比較的教育レベルが高いチャンバールの工房主が存在する。そのために、ダーラーヴィーは従来のインフォーマルセクター観に当てはまらないユニークな産業集積地である。

6　おわりに

本章は、独立後から現在に至るまでのインドの皮革産業の発展を分析した。

まず、皮革産業の国際分業・貿易状況の分析を通じて以下のことが明らかになった。アジアは最も革を生産している地域であること。世界の各地域に最も多くの革加工品を輸出している地域であること。そして現在インドの皮革産業は、ヨーロッパ市場を主な輸出先とし、主に高品質な革加工品を輸出していることである。

次にこの世界的な位置付けが獲得された発展経緯をインド政府の皮革産業政策との関わりで分析した。インド政府の支援政策に伴って、インドの皮革産業は主要輸出品目を原皮・未仕上げ革から、仕上げ済み革、革加工品へとより付加価値の高い製品へと変化させてきた。さらに二〇〇三年には皮革産業への小規模工業留保品目政策が廃止され、皮革産業の大規模化が政策の中心になった。

次にインド国内の皮革産業の構造の分析を通じて次のことらが明らかになった。第一により付加価値の高い革加工品の生産割合が増加していること。第二に皮革工場が持続的に増加しており、近年は政府の工場大規模化政策でレザーパークの建設が各地で進んでいること。第三に賃金データの分析から、事業主やホワイトカラーが労働者への搾取を強化することで産業が成長してきたわけではないことが指摘できること。

また、インド主要皮革産業集積地の特徴の分析から以下のことが分かった。インド国内では東のコルカタ、北のアーグラー、南のチェンナイ、西のムンバイーがインドの主要皮革産業集積地である。

コルカタ、アーグラー、チェンナイでは、主にフォーマルセクターの工場が輸出市場向け製品の生産を担うという点は共通していた。ただし、生産方法に関しては違いが見られた。コルカタでは、フォーマルセクターの工場でも中小規模の工場が多く見られ、多くの熟練工が生産に関わったクラフト的生産を行なっている。一方で、アーグラーやチェンナイではフォーマル部門の工場には大規模なものが多く見られ、多くの未熟練・半熟練労働者が生産に関わり、大規模な工場がコンベアを使用することやライン分業を行うことで製品を生産していた。

ムンバイーの革製品産業は他地域と異なり、インフォーマルセクターのダーラーヴィーにおいて、高級品を開発・生産する工房が見られた。ダーラーヴィーでは伝統的に革製品産業に関わってきたチャンバールの工房主のなかにオリジナルデザインの輸出市場向け高級品の開発・生産を行うものが見られるのである。これは従来のインフォーマルセクターの工房では見られなかった現象であり、ダーラーヴィーの革製品産業のユニークな特徴である。[*53]

注

＊1　ここでいう発展とは、産業の経済的発展を指す。生産額、輸出額、賃金といった経済的指標の改善を指している。

＊2　「インド政府商工業者輸出入データバンク」https://tradestat.commerce.gov.in/eidb/default.asp（二〇二一年一一月七日閲覧）。

＊3　元々の資料にはドルで生産額が表記されていたために、インド中央銀行のドル・ルピー交換レートを参考に、生産額をルピーに換算した。「インド中央銀行　インドルピー日々の為替レート」https://www.rbi.org.in/scripts/PublicationsView.aspx?id=19209（二〇二一年一一月一八日閲覧）。

＊4　国内市場向けにのみ製品を生産しているフォーマルセクターの工場も存在するが、それら工場は今回の調査では十分に明らかにすることができなかった。それらの工場の調査は今後の課題にしたい。

＊5　ただし、屠畜場から皮なめし工場が近い場合は生皮（Green Hide）で送られるが、そうでない場合、前述のように塩漬けにする（Salted Hide）が、乾燥させる場合（Dried Hide）もある。皮および革の生産方法は細かく見ると、様々な方法がある。そのために、本章では一般的な方式を示し、必要に応じて注で補う。

＊6　以降なめしの手法については［今井　二〇〇九］に拠る。

＊7　ただし、文脈によっては仕上げ済み革と明記する。

＊8　皮革産業を含む軽工業は一般に労働集約型産業であるとされる。労働集約型産業とは製品を生産する際に労働への依存度が高い産業を指す。またその他に、製品を生産する際に機械などの資本への依存度が高い資本集約型産業、製品を生産する際に知識・技術への依存度が高い知識・技術集約型産業がある。一般に労働集約型産業は相対的に賃金が低く、知識・技術集約型産業は相対的に賃金が高い。

＊9　皮なめし工場をタンネリーといい、なめし業者や皮革製造に携わる人をタンナーという。

＊10　作成に当たってはUN Comtradeのデータのｈｓ一二版のコード四二および六四〇三を基にした。

＊11　図2-1では輸出額を記し、括弧内に全体の輸出額に占める割合を示した。矢印は輸出先地域を示しているが、矢印が出ていく先と入ってくる先が同じになっているものは、同一地域内にある国への輸出を示している。なお、作成に当たっては地域間の貿易額が全世界の貿易に占める割合が1%を下回るものは図示していない。

＊12　アジアからヨーロッパへの輸出額の内、最大の割合を占めているのは中国である。中国は一国で、アジアからヨーロッパへの

輸出額の五六・二％を占めている。

＊13　インドではプラダ、マークアンドスペンサー、イヴ・サン＝ローランらの製品が生産されている［Council of Leather Exporter 2019: 7］。

＊14　「インド第一次五カ年計画及び第三次五カ年計画」https://niti.gov.in/planningcommission.gov.in/docs/plans/planrel/fiveyr/index5.html（二〇二〇年五月三一日閲覧）。

＊15　輸入代替工業化戦略は行き詰まりを見せたが、全面的な経済自由化が行われたわけではない。一九七〇年代のインドの経済運営は、ライセンス・ラージ（許認可権限を持った官僚による支配）とレント・シーキング（ライセンス獲得を目指す民間企業による献金活動）によって特徴付けられる閉鎖的なものであったと指摘されている［Joshi and Little 1994］。さらに絵所によれば、一九七七年にジャナタ党が政権を取り、アドホックな規制緩和基調は継続したが、閉鎖的な経済運営は変更されることはなかったという［絵所 二〇〇八：四九］。

＊16　ただし、一九九一年に発表された経済自由化政策の直後から、皮革産業において自由化政策の導入は議論されていた。一九九二年に開かれた委員会は、インドが皮革製品のグローバル市場において二〇一〇年までに一〇％のシェアを獲得することを勧告し、雇用の創出は輸出の増加によって達成されると指摘していた［Damodaran and Mansingh 2008: 16-17］。

＊17　かつては、ムンバイー郊外のアンバルナートにレザーゾーンを開発する計画があった［Saglio-Yatzimirsky 2013: 225］。しかし、ダーラーヴィーの革製品工房主のとある男性によると、結局ほとんどの工場はアンバルナートに移動しなかったそうである（二〇一九年四月二日インタビュー）。筆者もアンバルナートにレザーゾーンが存在することは確認できなかった。

＊18　Annual Survey Industry の調査では、総雇用者数（Total Person Engaged）は主に個人事業主、ホワイトカラーの被雇用者、ブルーカラーの被雇用者の合計である。一方で労働者は主にブルーカラーの被雇用者を指す。

＊19　実質賃金はＲＢＩの公表している消費者物価指数（Consumer Price Index）［Reserve of Bank of India 2016: 173］を用いて、二〇〇八〜二〇〇九年度を基準にして筆者がデフレートした実質値である。

＊20　インド政府は経済自由化の流れを受けて、二〇〇一年にそれまでの政策を転換してほとんどの皮革製品の小規模事業者への留保政策を廃止した。さらに二九億ルピーを投じて、皮革産業の近代化と経済特区やレザーパークでの工場の設立を推進することを決定した［Damodaran 2008: 17］。

＊21 「コルカタレザーコンプレックスタンナー協会事業者録」（https://calcuttaleathercomplex.in/member-directory/）による（二〇一四年九月六日閲覧）。

＊22 レザーコンプレックスに皮なめし工場を持つ華人のC氏へのインタビューによる。二〇二〇年二月八日。C氏のオフィスにて。

＊23 「二〇二一年度ファルタ経済特区年次報告書」https://fsez.gov.in/repo/annual-reports/FSEZ_Annual_Report_FY_2021-2022.pdf（二〇二四年六月一九日閲覧）。

＊24 コルカタの輸出事業所のオーナーF氏へのインタビューによる。二〇二〇年二月七日。F氏の工場にて。

＊25 本書ではオーナー以外の工場で働いている人全般を従業員と記す。従業員のなかで管理職や事務職などのホワイトカラーの職に就いている人物をオフィススタッフと記す。従業員のなかで実際の生産現場で製品を作っている人々を労働者と記す。労働者と記す人々は現地ではレイバー（Labor）、カーリガル（कारीगर：craftsmen）、マズドゥール（मजदूर：labor）と呼ばれている人々のことを指す。労働者はさらに熟練工、半熟練工、未熟練に分けられる。。

＊26 コルカタの輸出事業所のオーナーF氏へのインタビューによる。二〇二〇年二月七日。F氏の工場にて。

＊27 コルカタでの現地調査では、フォーマルセクターに分類される工場を三軒、インフォーマルセクターに分類される工房を三軒訪れている。

＊28 参考までに述べると、東京ドームの広さはおよそ一一エーカーである。

＊29 「マドラス輸出加工区ウェブサイト」https://www.mepz.gov.in/introduction.html（二〇二四年六月一九日閲覧）。

＊30 「マドラス輸出加工区ウェブサイト」https://www.mepz.gov.in/sectorSez.html（二〇二四年六月一九日閲覧）。

＊31 チェンナイでの現地調査では、フォーマルセクターの工場を二軒訪れている。

＊32 B社取締役N氏およびT社オーナーV氏へのインタビューによる。二〇二〇年二月四日。N氏T氏らの工場のオフィスにて。

＊33 ここから、アーグラーの革履物産業については主に［Knorringa 1996］に依拠して記していく。ただし、アーグラーの革履物産業は［Knorringa 1996］以降、研究が進展していない。そのため、本章の情報はやや古い可能性がある。アーグラーの革履物産業は今後調査していく必要がある。

＊34 二〇二四年一月一三日。B社O氏とA氏へのインタビューによる。ヒンキーマンディにあるB社の店舗にて。

＊35 二〇二四年一月二四日。A社オーナーV氏へのインタビューによる。V氏のオフィスにて。

＊36　二〇一五年七月二五日、二〇二四年一月二七日。アーグラーの輸出工場のオーナーP氏による。H社のオフィスにて。

＊37　ただし、ムンバイーの皮革輸出協会に問い合わせたところ、輸出量としてカウントしているのは、輸出協会に登録している輸出業者の輸出量のみであるという。登録していない業者の輸出量はカウントしていないとのことであった（二〇二〇年三月一二日。ムンバイーの皮革輸出協会のサントーシュ・パンデー氏にメッセージアプリによる聞き取り）。そのために、実際の輸出量はもっと多いと考えるべきであろう。

＊38　なお、本章で取り扱うのは、ヴァサイとタッカルバーパーの革サンダル工場であるが、この両集積地外にもムンバイー全域に渡り、革サンダル工場が点在している。こうした工場は従業員が二〇名から一〇〇名ほどの中小規模の工場が大半であるが、輸出事業者であることも多い。本章では郊外のフォーマル部門の大規模工場とインフォーマル部門の零細工房を取り上げるが、それは必ずしも、これら中小規模の工場が将来的に衰退し、大規模工場に収斂するということを意味するものではない。

＊39　タッカルバーパーの革サンダル職人K氏へのインタビュー、二〇一八年七月一六日、K氏の工房にて。および、ガットコーパルの革サンダル製造企業オーナーのG氏へのインタビュー、二〇一八年九月三日、G氏の工場のオフィスにて。

＊40　本箇所および以下のタッカルバーパーとヴァシの工場に関する記述は、タッカルバーパーのR氏と彼の工房の労働者およびヴァシの工場のS社のオーナー、取締役、プロダクション・マネージャー、スーパーヴァイザー、労働者らへの二〇一八年六月から九月までの断続的なインタビューによる。

＊41　ムンバイーの革サンダル産業の調査では、フォーマルセクターに分類されるムンバイー郊外の工場を五軒、インフォーマルセクターに分類されるタッカルバーパー地区の工房を五軒、フォーマルセクターに分類されるムンバイーその他地域に位置する工場を二〇軒ほど訪れている。

＊42　ビワンディの革製品工場の調査では、フォーマル部門の三軒を訪れた。

＊43　ここでは、増加と記したが、二〇二〇年までの一〇年間でダーラーヴィーの工房が増加したかについては、ほとんど増加もせず、減少もしていなかったとする意見も見られた。そのために、直近一〇年では増加といっても大幅な増加ではなかったと考えられる。それは、一つには、ムスリムが新たに参入する一方で、チャンバールの工房主が一部退出していったことによると考えられる。

＊44　表ではヒンドゥー教徒がムスリムよりも工房主の数が多いが、革製品産業の関係者へのインタビューでは、ムスリムの方がヒ

ンドゥー教徒よりも工房主の数は多いそうである。インタビューによれば、およそ工房主の二五〜五〇%がヒンドゥー教徒であり、五〇〜七五%がムスリムであるという。また労働者に関しては、表と同じようにムスリムの方が多く、労働者の一〇〜三五%がヒンドゥー教徒であり、六五〜九〇%がムスリムであるという。

＊45 二〇二三年四月二八日。ラガーン・スレッシュ氏へのインタビューによる。電話にて。

＊46 二〇二三年三月二一日。ランビール氏へのインタビューによる。ランビール氏の工房にて。

＊47 ただし、二万ルピー以上というのは腕の良い熟練工の給料であり、腕の良い熟練工を雇うなら、ダーラーヴィーの方が給料が高くなるケースもあるということであろう。

＊48 「ムンバイー市ウェブサイト」https://portal.mcgm.gov.in/irj/go/km/docs/documents/Circulars/14101549_WaterSupplyTiming.pdf（二〇二三年四月一〇日閲覧）。

＊49 材料の裏同士を内側にして重ね合わせ、一方のへりを平均した幅で他方へ折りかぶせ接合する手法［日本皮革技術協会 二〇一六：二三四］。

＊50 サグリオ＝ヤツィミルスキーは二〇〇七年から二〇一〇年までの調査を通じて、二〇一〇年ごろから輸出市場向けのオリジナルデザインの高級品の生産がダーラーヴィーにおいて見られるようになったと指摘している［Saglio-Yatzimirsky 2013: 197-199, 222］。なおオリジナルデザインの輸出市場向け製品がいかに開発されているのかは第6章で論じる。

＊51 ダーラーヴィーで生産されている製品と種々の工房のタイプについては第4章で詳しく論じる。

＊52 生産している製品と工房主の教育レベルの関係については、第4章で詳しく論じる。

＊53 なお、本調査では、時間の制約上、コルカタとチェンナイでは十分な数の工場や工房を調査できなかった。特にコルカタのインフォーマルセクターの工房には、フォーマル部門の輸出市場向け工場から低価格帯の製品ではあるものの、輸出市場向け製品を受注しているものが見られた。そのために、今後調査を進めていくと、コルカタやチェンナイのインフォーマルセクターの工房においても高価格帯の輸出市場向け製品を開発・生産している事例が見つかる可能性もある。

第3章　ダーラーヴィーの皮革産業の変容

――チャンバール職人のネットワークと組織化

1　はじめに

本章ではムンバイー・ダーラーヴィーの皮革産業がどのように変容してきたのかを論じる。一九世紀半ばから現在にかけて、ダーラーヴィーの皮革産業は、なめし業を中心としたものから革製品の製造、卸売・小売業を中心としたものに変容していった。サグリオ＝ヤツィミルスキーは、個別の工房に着目し、ダーラーヴィーのインフォーマル革製品産業は低賃金と低技術を特徴とすると説明してきた［Saglio-Yatzimirsky 2013: 208-212］。その結果、こんにちチャンバールを中心とする職人が高級品を含む多様な製品の生産において主導的な役割を果たしていることや、チャンバールが所有・経営するショールーム（卸売と小売を兼ねた店舗のダーラーヴィーでの呼称）が立ち並んで活況を呈していることに十分な説明ができていない。サグリオ＝ヤツィミルスキーの視角に欠けているのは、チャンバール職人のネットワークと組織化の重要性である。

本章ではチャンバール職人のネットワークと組織化に着目する。そのことによって、ダーラーヴィーの革製品産業が全体としていかに、チャンバールの見習いや職人たちに技術習得と起業の機会をもたらしたのか、さらに彼らが外部の商人たちに対する交渉力をどのように獲得したのかの歴史を描く。チャンバール職人のネットワークの形成と組織化を明らかにすることで、ダーラーヴィーの皮革産業を、単にばらばらの中小工房が集積するスラムではなく、中小の工房がネットワークで結び付いてダイナミックに発展する有機体として捉えることができる。

本章ではチャンバール職人のネットワークと組織化について次の二点に着目した。一点目はチャンバールの熟練工たちが設立した基幹工場である。基幹工場はダーラーヴィーで一般的であった零細家内産業を超えた規模の工場であり、多くのチャンバール職人を輩出した。この基幹工場を通じてチャンバールがいかに革製品の製作技術を習得して起業し、それら起業したチャンバールたちがどのような人的ネットワークを形成していったのかを明らかにする。

二点目はチャンバール職人たちが結成したリグマ（LIGMA: Leather Goods Manufactures Association）という同業組合である。リグマが結成されたころ、チャンバール職人たちは革製品の自主的な流通ルートを持っておらず、革製品の買い手に対して従属的な地位に置かれていた。リグマを通じてチャンバール職人たちが、どのように革製品を直接輸出したのか、どのように革製品の直営店を設置して独自の流通経路を確保したのかを考察する。

本章が対象にする期間は一九世紀なかごろから二〇二〇年までである。そのなかで対象にする期間を四つに分けた。第一期が一九世紀なかごろからインド独立前までである。この期間にダーラーヴィーに皮革産業が成立した。本書はこの期間になめし産業を中心として、革製品産業を周辺とする皮革産業がダーラーヴィーに成立していったことを示す。第二期がインド独立後から一九七二年までである。この期間にダーラーヴィーで職人の起業が増加し、ダーラーヴィーの皮革産業がなめし産業を中心とするものから、革製品産業を中心とするものに変容していった。本書はこの期間にシッダーンタ・レザーを代表とする基幹工場がチャンバール職人をいかに輩出していったのかを明らかにする。第三期が一九七三年から二〇〇四年までである。この期間にダーラーヴィーの皮革産業が革製品の製造業だけでなく、革製品の卸売・小売業を兼ね備えたものに変容していった。本書はこの期間にチャンバール職人たちがリグマという組合を結成した経緯を明らかにし、さらにリグマが革製品の流通経路をどのように変革していったのかを明らかにする。第四期が二〇〇五年ごろから現在（二〇二〇年）に至るまでの期間である。この期間にダーラーヴィーで生産される製品の多様化が生じ、コーポレーションギフト・業務用製品、オリジナルデザインの輸出市場向け高級品が生産され始めた。本書は、このような製品の多様化がどのように生じたのかを明らかにする。

2　ダーラーヴィーの皮革産業の始まり――一九世紀半ばからインド独立まで

本節では植民地期におけるダーラーヴィーの皮革産業がまずどのように始まり、発展していったのかを明らかにする。一八八七年にダーラーヴィーに最初の皮なめし工場が設立された後、皮なめし工場が徐々に増加していった。一九二五年ごろには南ムンバイーのコラバ・フォート地区に中大規模の革製品工場が設立された。そしてインド独立前の一九四四年にはダーラーヴィーは大小様々な皮なめし工場を中心として、その周辺に零細家内工業の革製品工房が集積するスラムに発展していた。こうした発展と変容にチャンバールとそのほかの社会集団はどのように関わっていたのだろうか。

(1) ダーラーヴィーにおける皮なめし工場の設立

ダーラーヴィーはもともと農村と漁村の街であった。ムンバイーも今とは違い、いくつかの島から成り立っていた。*1 図3-1はポルトガル人が訪れる前のムンバイーは七つの島であったという説をもとにロバート・ムルフィーという人物が想像で描き、一八四三年に発表されたムンバイーの地図である。一八四三年に発表されたムンバイーの地図では、描かれた島々のなかの一つの島の最北にダーラーヴィーが位置していた。ダーラーヴィーには一七八〇年に九三名のコーリー*2が居住していたという記録が残されているため、小さな村であったのだろう［Tata Institute of Social Science n.d.: 1］。

一八八七年には、ダーラーヴィーに最初の皮なめし工場が設立された。この皮なめし工場は確認できる限りでは、ダーラーヴィーに設立された最初の工場である。工場を設立したのはアダムジー・ピアバーイー*3という名前のムスリムであった。工場の従業員は一〇〇〇人に上った。革と革加工品が、ヨーロッパとアフリカに輸出されていた。サドル、ブーツ、シューズ、ベルト、トランク、鞄、その他革小物といった多様な製品が生産されていた［Tata Institute of Social Science n.d.: 1-2］。

ダーラーヴィーに皮なめし工場が設立された直接の理由は原皮の入手が容易であったからである。ダーラーヴィーの対岸に位置するバンドラには同時期に食肉処理場が設立されていた［Tata Institute of Social Science n.d.: 2］。

ダーラーヴィーに皮なめし工場が設立された間接の理由は、当時ムンバイーで工業が発展していたことと原皮輸出の増加である。当時ムンバイーでは綿工業が盛んになっており、紡績機に用いる革製の工業用ベルトの需要が高まっていた [Saglio-Yatzimirsky 2013: 52]。また一八三〇年代にインドからヨーロッパに初めて原皮が輸出された。そして一八七五年に原皮への輸出関税が廃止された後は、原皮の輸出が急激に増加していった [Roy 2004: 164-166]。

さらにムンバイーに幹線鉄道が整備されたこともダーラーヴィーに皮なめし工場が設立された間接的な理由の一つになった。鉄道を通じて、パンジャーブ、西ビハールなどの地方から生皮をムンバイーに送ることが可能になった。そのため、ダーラーヴィーに皮なめし工場が設立され、なめされた原皮がムンバイー港から輸出され始めたのである [Roy 2004: 164-166]。

この皮なめし工場で働き始めたのは原住民のコーリーでもチャンバールでもなく、タミル地方から移住してきたパライヤであった。パライヤ[*4]は「不可触民」とされ、皮革業でも伝統的に働いてきたジャーティーである。彼らはサヘーブ、ラッベという南インドのムスリムコミュニティの原皮商人によって率いられて移住してきた [Tata Institute of Social Science n.d.: 2]。

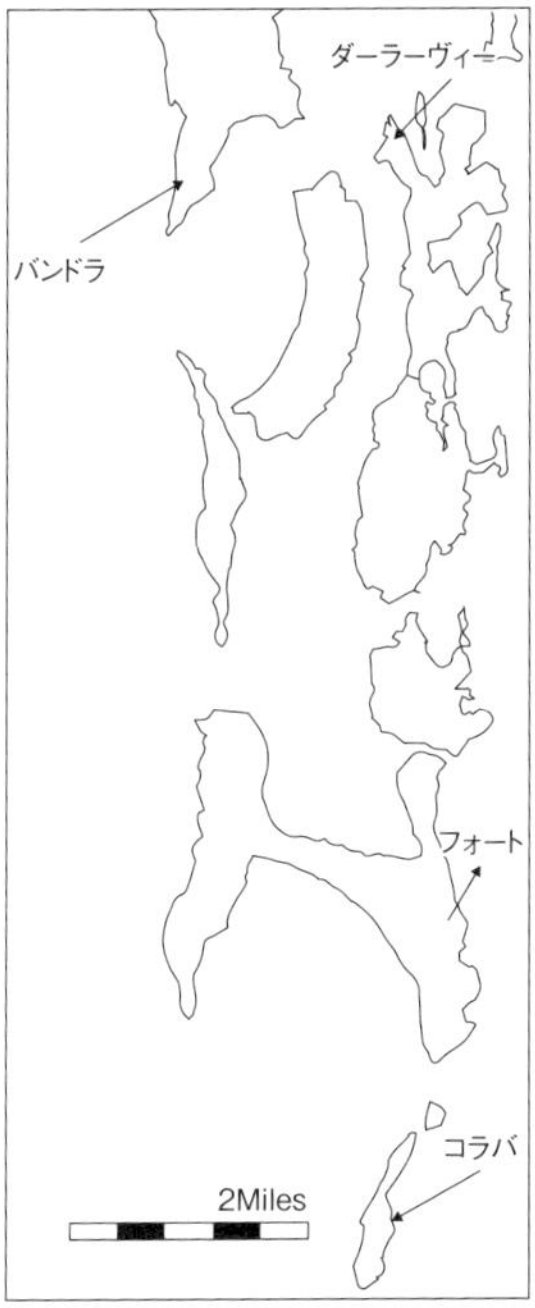

図3-1　1843年に発表されたムンバイーの地図

注1）British Library Digitized Image from Materials Towards a Statistical Account 3, Bombay: The Government Central Press, p.648. をもとに筆者作成。
注2）ムンバイーが複数の島に別れていたころの様子が想像をもとに描かれている。

移住してきたタミル人たちは、小さな皮なめし工場を設立していった。一九〇三年の時点で主ななめし工場が八～一〇軒あり、それら皮なめし工場のオーナーはムスリムのメモン[*5]、ボーラーコミュニティ[*6]のものであった[*7] [Martin 1903: 24; Tata Institute of Social

Science n.d.: 2]。

チャンバールがダーラーヴィーに移住してきた正確な時期は不明である。ただし、一九〇三年にはダーラーヴィーでチャンバールが四～六名の労働者を雇って工房を営んでいたことが報告されている。これらのチャンバールは、工場でなめされた革を用いて、革靴や馬具を製作していたという［Martin 1903: 26］。

（2）南ムンバイーでの革製品工場の設立

一九二五年ごろにラールワーニーとアーティストという名前の革製品工場がコラバ、フォート地区に設立されたそうである。[*8] これら工場の正確な従業員数は分からないが、聞き取りによれば一五名から二〇名ほどであったという。[*9] 従業員は家族や親族に限定されていなかったという。そのため家内工業の域を超えた小規模から中規模の工場であったことは間違いない。[*10] 工場が位置していたコラバ、フォート地区にはムンバイー市の官庁、銀行、大学、裁判所、ホテルなどがあった。職人からのインタビューによってラールワーニーとアーティストが存在したと思われる場所を地図にプロットした。[*11] このころにはムンバイーは開発が進み、分かれていた島々が一つになっていた（図3-2）。

ラールワーニーはムンバイーで初めて女性用鞄を製作した先進的な工場であったという。[*12] ラールワーニーがどのタイミングで女性用鞄を製作し始めたのかは確認できなかったが、一九二五年ごろから一九四八年までのどこかで女性用鞄を製作し始めたことは確かである。[*13]

ラールワーニーが女性用鞄を製作し始めたのは、西洋に比べて時間的にそれほど差があったわけではない。なぜなら西洋において近代的な鞄が登場するのは、二〇世紀に入って婦人参政権論者が登場するようになってからであるからだ［トーマス 二〇〇九：一九三］。シュナウンは女性がハンドバッグを持つのは新しい自立のしるしであり、自由意志でどこにでも行け、誰にも何もいわずに家を出ることができることを西洋において意味したと述べている［Chenoune 2005: 21］。

インドにおいてもラールワーニーが設立されたころに、女性参政権の要求が高まっていた。一九一九年には女性インド協会[*14]が女性参政権を求めた。一九一九年に制定されたインド統治法は婦人参政権を時期尚早で非現実的として認めなかったが、女性参政権を認めるか否かの判断を各州の議会に委ねた［粟屋 二〇〇三：一七九］。その結果ムンバイーでは一九二三年に女性に参政権が付与された[*15]［Panda 1995: 101］。

無論当時のインドにおいて女性が鞄を持つことの意味が、シュナウンが述べたのと同じ意味を持っていたとは限らない[*16]。また、当時のインドにおいてインド人女性が女性用鞄を購入し使用していたのかは確認できていない。しかし、当時のインドにおいて最新のデザインであった女性用鞄を生産し始めたラールワーニーは先進的な工場であっただろう。

一九二五年ごろにラールワーニーと同時期に設立されたアーティストの工場の様子について、革職人プラカーシュ・メーヘタはこう述べている。

> アーティストはチャールニー・ロードにあった。（中略）高いレベルの工場であった。（中略）とても大きな工場であった。アーティストは世界で最もすばらしい工場であった[*17]。

アーティストとラールワーニーのオーナーはチャンバールではなかったという。ラールワーニーのオーナーはシンディー[*18]であったとされる。アーティストのオーナーはイギリス人の女性であったという[*19]。チャン

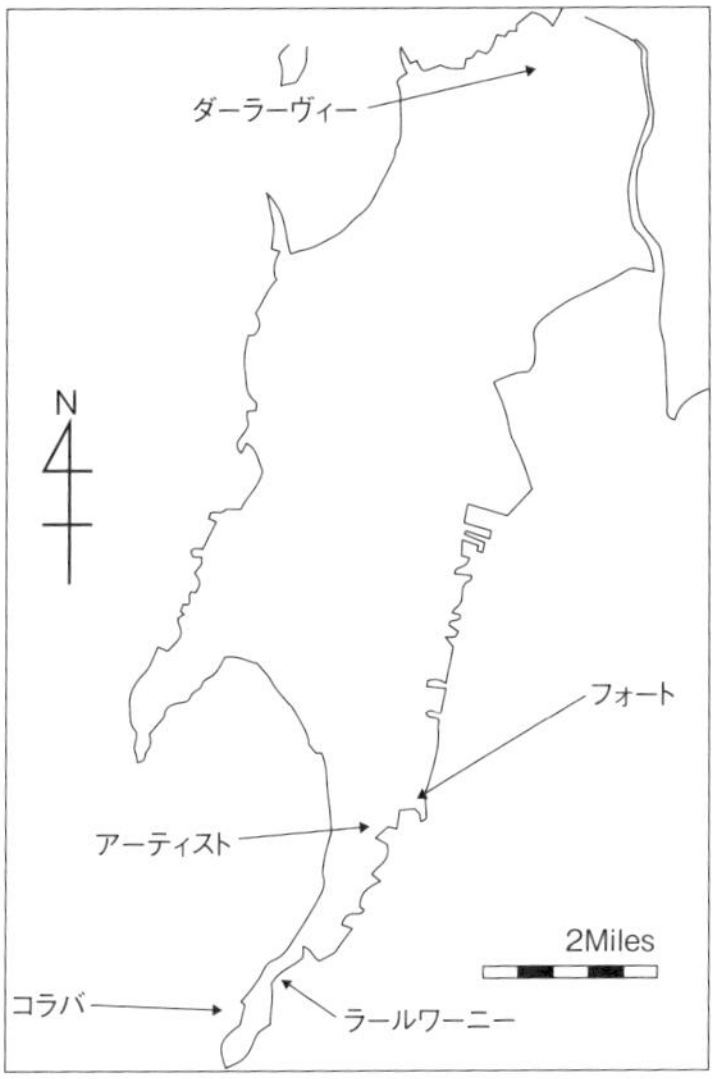

図3-2　1931年のムンバイーの地図

注）Authority of His Majesty's secretary of state for India in council 1931と現地調査のデータをもとに筆者作成。

バールは職人としてこれらの工場で働いていたという。

コラバとフォート地区にあった工場のオーナーはチャマールではない。彼らは教育と資金があった。[*20]

これらの工場は輸出業者ではなかったが、直営店を持っていたという。直営店で製品を見た英国人が製品を買い付け輸出することはあったという。イギリス植民地政府から注文をもらうこともあったらしい。

こうしてダーラーヴィーの皮なめし工場から離れたコラバ、フォート地区において家内工業の域を超えた小規模から中規模の革製品工場が成立していった。

（3）なめし産業集積地ダーラーヴィーの成立

一九四四年になると、ダーラーヴィーはムンバイー有数のスラムに変貌していた。タータ社会科学研究所のナーガラージが一九四四年に行った調査によると、当時のダーラーヴィーの人口は一万六四一四人に上っていた。一九四一年のムンバイーの人口は一四〇万人ほどであったから、ムンバイーの人口の一％ほどがダーラーヴィーに居住していたことになる。[*21]当時のダーラーヴィーは至る所に動物の原皮の匂いが充満し、信じられないほど人口が過密で、数百人が路上で寝ており、ムンバイーの最もひどいスラムであったと指摘されている［Tata Institute of Social Science n.d.: 4, 31］。

ダーラーヴィーの居住人口が増加したのは、皮革産業の規模が拡大したこととムンバイーの他地域で働く労働者の居住人口が増加したことによる。一九四四年当時、ダーラーヴィーの主な産業はなめし産業であり、皮なめし工場の数は一八に上っていた。最も多くの従業員を雇っていたのが、「西インド皮なめし工場」であり、四五〇名の従業員を雇用していた。その他の皮なめし工場は四〇名から一〇〇名の従業員を雇っていた［Tata Institute of Social

Science n.d.: 20]。

革製品産業はなめし産業ほどの従業員を抱えていなかったが、革製品産業の従業者数は増加していた。マハーラーシュトラ州出身のチャンバールとカンナダ語やマラーティー語を話すカンカーヤー[*22]合計およそ三〇名が七〇の自宅を兼ねた工房で財布を製作していた。ウッタルプラデーシュ州とビハール州から移住してきた者もいた。二つの主要な工房と九六の自宅を兼ねた工房でウッタルプラデーシュ州とビハール州から移住してきた合計およそ三五〇名がスーツケースの製作に従事していた。その他にも履物、ベルトが同じように自宅を兼ねた工房で製作されていた[*23] [Tata Institute of Social Science n.d.: 21-22]。

ダーラーヴィーにはそのほかの産業として、製造業では家族経営の製陶工房が一〇〇〜一二〇軒、製粉場が八軒、鍛冶工房が四軒存在していた。サービス業ではビーディー・パンショップ、日用雑貨店、レストラン、テーラー、理髪店、衣料品店、青果店などがあった [Tata Institute of Social Science n.d.: 5, 22]。

ダーラーヴィーは皮革産業以外の労働者が居住する地域としても拡大していた。具体的な人数は分からないが、かなりの数の労働者がダーラーヴィーに居住し、彼らがムンバイーにある紡績工場、鉄道車両工場、軍事施設、そのほかの工場で働いていたことが指摘されている [Tata Institute of Social Science n.d.: 24]。

一九四四年にはダーラーヴィーは皮革産業が盛んなスラムに変容していたといえる。ただし、一九四四年時点での皮革産業の中心はあくまでなめし産業であり、革製品産業は周辺的な位置付けであった。

3　基幹工場の設立と革製品工場の増加――インド独立後から一九七二年まで

インド独立後、ダーラーヴィーでは、なめし産業が徐々に衰退していった。しかし、その一方でダーラーヴィーは、チャンバール職人が経営する革製品工房の集積地に変容していった。こうした変容が起こった背景には、一九七〇年代にムンバイーのインフォーマルセクターが発展し、下請け関係が発達したことにあると説明されてきた［Saglio-Yatzimirsky 2013: 166-172］。しかし、下請け関係が具体的にどのようなものだったのかは明らかにされず、工房間の関係性も十分には論じられていない。そこでは中小個別の工房が着目され、ダーラーヴィーのインフォーマル皮革産業は低賃金で労働者を雇い低価格品を製作する工房の集積として捉えられてきた。

それに対して本書は一九五二〜五三年にチャンバール職人が設立したシッダーンタ・レザーをはじめとする基幹工場に着目する。基幹工場はチャンバールたちに輸出市場向けの高級品を含む革製品の製作技術の習得機会を与え、独立して自らの工房を持った職人と下請け関係を築いた。そして基幹工場を通じて、ダーラーヴィーには、チャンバール職人たちの人的ネットワークが形成されていくのである。[*24]

なお、本章で取り扱うシッダーンタ・レザーやインディアン・アートといった基幹工場の存在は管見の限り、従来の研究では明らかにされていなかった。そのためにこれら基幹工場に関するエピソードは当時基幹工場で働いていた職人ら関係者からのインタビューに基づいている。

（1）革職人の技術習得と起業

シッダーンタ・レザーは一九五二〜五三年にダーラーヴィーで設立された。ただし、この工場は二〇〇五年から二〇一〇年の間に閉鎖されている。それでもこの工場は五〇年間は操業しており、ダーラーヴィーの革製品産業の歴史と関わりが深い。この工場で働いていた職人テージャス・デサイは工場の閉鎖について次のように述べている。

シッダーンタ・レザーの閉鎖は職人たちにショックを与えた。我々はシッダーンタ・レザーで仕事を学び、働いていたのだから。職人たちは工場が閉鎖されるべきではないと感じたよ。一九五二年から多くの熟練工がそこで働いていた。[*25]

多くの熟練工が働いていたシッダーンタ・レザーとはいかなる工場であったのだろうか。設立経緯を見た後、工場で働いていた人々の特徴、工場の規模や生産していた製品の特徴を述べていく。

シッダーンタ・レザーの設立者はナラーヤン・シーテという人物であった。彼のジャーティはチャンバールであった。彼はマハーラーシュトラ州プネーのバラマティ近郊のニルヴァーンギー村の出身であり、父は農民であった。彼の教育は五学年までであった。彼は南ムンバイーのフォート、コラバ地区にあったアーティスト、ラールワーニー、ユニバーサルで仕事をしていた職人である。彼は一九四八年にダーラーヴィーに移動し、最初の四～五年間は自身の工房で一人だけで仕事をしていたが、その後一九五二～五三年にシッダーンタ・レザーを設立した。彼は腕のいい職人であったらしく、イギリス植民地政府の高官に鞄を作り代金として金や銀のメダルを受け取っていたという。

シッダーンタ・レザーで働いていた職人は皆チャンバールであったという。なぜなら当時南ムンバイーで仕事を学んだ者のうち、チャンバールはダーラーヴィーで起業し、ムスリムはナグパダ[*26]で起業していたからであるという。またシッダーンタ・レザー以前に南ムンバイーの工場で働いたあと、ダーラーヴィーで起業した者は、五年ほど働いてお金を貯めると村に帰ってしまっていたらしい[*27]。

シッダーンタ・レザーはそれまでにダーラーヴィーにあった自宅を兼ねた革製品工房とは規模の点で異なっていた。この工場で働いていた者の人数は、ある職人は一五名から二〇名と述べている。またある職人は四〇名程度と述べている。この差は職人らが働いていた時期によるものと考えられる。いずれにせよ、シッダーンタ・レザーは従来からダーラーヴィーにあった自宅を兼ねた工房に比して規模が大きく、零細規模の家内工業の域を超えていたことは確かである。

シッダーンタ・レザーは当時のインドで最先端のデザインであった女性用鞄を設立時から製作していた先進的な工場であった。なぜならば、シッダーンタ・レザーの設立者のシーテがムンバイーで女性用鞄を初めて製作したラールワーニーで働いていたからである。シーテはダーラーヴィーで初めて女性用鞄を製作した職人であった。シーテは一九四八年にダーラーヴィーの自身の工房で一人で仕事をしていたときから女性用鞄の製作を始めたが、一九五二～五三年に設立されたシッダーンタ・レザーにおいても、彼は女性用鞄の製作を続けた。つまりシーテが、南ムンバイーの工場で製作されていた最新のデザインをダーラーヴィーに持ち込んだといえる。

このように、シッダーンタ・レザーはチャンバールが経営し、持続的にチャンバール職人を輩出し続けたダーラーヴィー最初の先進的工場であり、従来は一般的であった家内工業の工房とは一線を画していた。シッダーンタ・レザーの設立はチャンバールの人々が革製品の製作技術を習得する機会が拡大したことを意味していた。

(2) 基幹工場の継承と発展

一九五七年ごろにシッダーンタ・レザーの設立者であるシーテは故郷の村に隠退した。彼が残した弟子のなかで重要なのはシャンカール・マネーとバーバン・ラオ・カラッドという職人である。前者はシーテからシッダーンタ・レザーを引き継いだ。後者は独立し、インディアン・アートという新たな基幹工場を設立した。本項ではこの二つの基幹工場に着目し、これらの工場でチャンバール職人が革製品の製作技術を習得し、発展させる機会が拡大していった様子を描写する。

シッダーンタ・レザー――弟子による革職人の輩出

一九五七年ごろにマネーに引き継がれたシッダーンタ・レザーは多くのチャンバール職人を輩出し、ダーラーヴィーで革製品の工房が増加していった。一九八〇年からマネーが経営するシッダーンダ・レザーで働いていたテージャス・デサイによれば、合計で五〇〇人から一〇〇〇人ほどの人々がシッダーンタ・レザーで仕事を学んで、自身の工房を立ち上げたという。

マネーのもとで多くのチャンバール職人が革製品の製作技術を習得し、起業することができた理由として次の二つの理由を挙げる事ができる。一つ目がマネーによる弟子の養成方法である。彼は革製品の製作技術の教え方が上手であったことに加えて、事業経営についてもアドバイスしていた。二つ目がシッダーンダ・レザーで革製品の製作技術を身につけた職人が独立しやすい環境にあったことである。シッダーンタ・レザーは独立した職人と下請け関係を結ぶことで、職人が起業しやすいようにしていた。テージャス・デサイはマネーによる弟子の養成ついて次のように述べている。

（マネーは）さほど教育がなかったが、どのように仕事を教えるべきかを知っていた。[*28] 彼の仕事の教え方はまるで魔術のようだった。[*29]

シャンカール・マネーのおかげで我々は多くのことを学んだ。彼はあまり教育がなかったが、支出をどのようにやりくりするのか、事業のコツは何であるのかを教えてくれた。[*30]

また彼は、独立していった職人たちが、下請け関係を結んでいたことについて次のように述べている。

また一人独立すると、また新しい人が入ってくるという調子だった。それはまるでレザースクールだった。君がここで二年間働いたとしよう。君が技術を十分に身に付けたら、自分でも自分の工房が持てるんじゃないかと思うだろう？　君は自分の工房を購入した後、君の工房で職人が技術を身に付ける。そうすると彼も自分の工房を持つことを考える。こうしてサイクルが続いていく。（中略）そして、独立した職人たちが仕事を回してくれるようにシッダーンタ・レザーに頼んでいた。[*31]

このインタビューからは、新たに設立された工房でまた別のチャンバールが技術を習得し起業するという起業の連鎖的プロセスが繰り返されていたことが分かる。

マネーはシーテから技術を継承するだけでなく発展させていたとも考えられる。はっきりとした時期は確認できなかったが、シッダーンタ・レザーは南ムンバイーのコラバに小売店を構える高級皮革製品の輸出入・販売業者であるラッスル・バーイー社から輸出市場向け製品の注文を受けていたそうである。同社はもともと革の販売を行う会社であったが、一九七二年から革製品の販売にも関わるようになり、製品の製作をダーラーヴィーやナグパダに外注し始めた。輸出市場向け高級革製品の製作にはより高い技術が求められた。このことはシッダーンタ・レザーで働くチャンバール職人によりレベルの高い技術習得の機会を提供したであろう。

インディアン・アート――シッダーンタ・レザーから生まれた基幹工場

シーテが残した弟子のなかでシャンカール・マネーとともに重要なのがバーバン・ラオ・カラッドである。カラッドが一九六五年ごろに設立したインディアン・アートはシッダーンタ・レザーのように多くの職人を輩出する基幹工場となった。ここからインディアン・アートがどのような工場であったのかを見ていく。その際にはカラッドとインディアン・アートの経歴、規模、様子、製作されていた製品に着目する。

カラッドの経歴とインディアン・アートの来歴については、次のことが分かっている。彼はプネーのバラマティ近郊のサンサール村で生まれ、五学年まで教育を受けたのち、一〇歳のときにダーラーヴィーにやってきた。彼は若いころからマネーとともにシッダーンタ・レザーで働き始め、マネーとは同い年であったという。彼はシッダーンタ・レザーで仕事を学んだ後、ダーラーヴィーのカラキッラにインディアン・アートという工場を一九六五年ごろに設立した。

インディアン・アートはシッダーンタ・レザーよりも規模が大きかった。この工場の従業員数はインタビューした職人によって幅があるが、五〇名から一〇〇名ほどであったという。この工場で働いていた職人はインディアン・アートがダーラーヴィーで最大級の工場だったと述べている。

インディアン・アートでは新たな機械や生産方法を導入していた。カラッドはポーランドを訪れた際にはミシンを購入し輸入したという。また彼が海外に赴いた後、彼の工場では床の上に作業台を置いて製品を作るのではなく、テーブルの上で製品を製作するようになったという。

彼は腕の良い職人であり、彼の製作技術は高品質の輸出市場向け製品の製作が可能なレベルに達していた。彼は製作技術を生かしてドイツの企業から大量の注文を受注し、事業規模を拡大していた。このことについてテージャス・デサイはこう述べている。

（カラッドは）ドイツ（の企業）にサンプルを送り一〇万個[*32]の注文を受けていた。一〇万個だよ！　彼はサンプルを作り、それをドイツ（の企業）に送っていた。彼はその際に（最初にドイツ側から送られてきた）サンプルと両方のサンプルをドイツに送っていた。（中略）彼が作ったサンプルはとても正確にできていたので、（発注者の）女性はどちらのサンプルが彼女が送ったサンプルか見分けることができなかった。彼らはとても正確にサンプルを製作したので、彼らは即座に一〇万個の注文を受けることができたんだよ。[*33]（中略）多くの者が彼らのもとで働いた後、自分の工場を設立していた。[*34]

ここからはカラッドもマネーと同じように、シーテから継承した製作技術をさらに洗練させ、より質の高い製品を製作し、多くのチャンバール職人を輩出する基幹工場を築き上げていた事が分かる。インディアン・アートはシッダーンタ・レザーから生まれた新たな基幹工場であり、チャンバールの人々が革製品の製作技術を習得し発展させる機会がさらに増加していったことが確認できる。

（3）そのほかの基幹工場と革製品工房の集積

シッダーンタ・レザーやインディアン・アートのようなチャンバールが製作技術を習得し、起業することを促した基幹工場は、ほかにもダーラーヴィーにあったと考えられる。一九七〇年ごろにはシッダーンタ・レザーと同規模の工場が八軒から一二軒ほどあったという。

こうして一九七〇年ごろからダーラーヴィーは革製品工房の集積地となっていく。テージャス・デサイは一九六五年ごろから起業する職人の数が増えていったと述べている。革職人のヴィラース・シーテも一九六五年ごろから一九七五年ごろに著しく工房が増えていったと述べている。研究者のサグリオ＝ヤツィミルスキーも一九六〇～七〇年代に下請が進んだために工場が倍増していったと指摘している［Saglio-Yatzimirsky 2013: 58-61］。

革製品工房の集積により、革製品産業はダーラーヴィーの皮革産業の中心的位置を占めるようになる。そして、なめし産業がほとんど同時期に衰退し始める。インド政府は一九六〇年代末になめし産業の規制を強化し始め、一九七一年にバンドラにあった食肉処理場がムンバイー郊外のデオナールに移転された。これを受けてダーラーヴィーの皮なめし工場が徐々に減り始めたのである。*35

ただし、この時期にチャンバール職人の起業が増えたのは災害も関係していたと思われる。一九七〇年から一九七三年にマハーラーシュトラ州では干ばつの被害が深刻であった［Brahme 1973: 2］。一九七〇年代初頭にマハーラーシュトラ州では干ばつと洪水が発生し、多くの者がダーラーヴィーに移住してきたようである［Saglio-Yatzimirsky 2013: 60-61］。インディアン・アートで働いた経験のあるニール・ラオも一九七二年か一九七三年にバラマティからダーラーヴィーに移住してきている。彼は当時村で干ばつが起きたと述べていた。つまり、干ばつが原因でダーラーヴィーに移住したチャンバールが基幹工場で就業し、革製品の製作技術を身に付け起業していったと考えられる。

（4）基幹工場からの人的ネットワークの発展

チャンバールの人々が工房に弟子入りし起業に至る過程に着目する。より具体的には、シッダーンタ・レザーやインディアン・アートで仕事をしていたビーム・ラオ・カンブレーとニール・ラオの事例を取り上げる。表3-1と表3-2がカンブレーとニール・ラオの起業に至るまでの経緯をまとめたものである。就業した順番と、就業した工場名、就業した工場での職階を記している。

表3-1　ビーム・ラオ・カンブレーの起業経緯

就業順	工場名	職階
1	シッダーンタ・レザー	見習い
2	アーシャ・レザー	親方
3	不明	共同工房主
4	Sレザー	工房主

注）現地調査をもとに筆者作成。

表3-2　ニール・ラオの起業経緯

就業順	工場名	職階
1	インディアン・アート	見習い
2	アーシャ・レザー	半熟練工→熟練工
3	Sレザー	親方
4	Nレザー	親方
5	R社	親方
6	Cレザー	工房主→親方

注）現地調査をもとに筆者作成。

表3-1、3-2に記載された工場の規模と製作技術について説明しておく。カンブレーが就業した三番目の工場に関しては詳細が分からず、従業員数と、どういう品質の革製品を製作していたのかが確認できなかった。他の工場の従業員数に関しては、最も従業員数が少なかったのがニール・ラオが設立した工房で従業員は自身と息子の二人だけであり、最も従業員が多かったのはインディアン・アートの五〇名から一〇〇名であった。その他の工場は従業員が一二名から五〇名ほどの中規模の工場であった。工場の製作技術に関しては、カンブレーが就業した三番目の工場を除いて、すべて輸出市場向けの革製品も製作していた。そのためにカンブレーが就業した三番目の工場を除いては、どの工場も製作技術レベルは高かった。

表3-1と表3-2を見てまず分かるのは、彼らはシッダンタ・レザーやインディアン・アートという基幹工場で仕事を学び始めたが、基幹工場で働いた後、すぐに起業した

わけではないということである。カンブレーは自身の工房を持つまでに三つの工場で働き、ニール・ラオは自身の工場を持つまでに五つの工場で働いている。

彼らが就業したこれらの工場の特徴を指摘したい。その特徴とは多くの工場は基幹工場から派生していった工場であるということである。シッダーンタ・レザーとインディアン・アートはすでに指摘したように基幹工場である。アーシャ・レザーの工房主はシッダーンタ・レザーで仕事を学び起業した職人から仕事を学んだという。カンブレーと共同工房主になったのはアーシャ・レザーで仕事を学んでいた職人である。Nレザーの工房主は、アーシャ・レザーで働いていた経験を持つ。Sレザーはカンブレーが設立した工房であり、Cレザーはニール・ラオが設立した工房である。ただし、R社はダーラーヴィーから離れたビンディ・バザールにあった工場で基幹工場にルーツを持たない。つまりチャンバール職人たちは起業までに主に基幹工場から生まれた人的ネットワークのなかで就業経験を積んでいったのである。

次にカンブレーとニール・ラオは自身の工房の設立に至るまでに、見習い、半熟練工、熟練工、親方、共同工房主といった異なる職階を経験している事が分かる。職階が異なれば当然、職人に求められる技術レベルは異なる。例えば熟練工になれば縫製の技術や仕上げの技術が求められ、親方になればサンプルの作成や型紙の作成技術が求められる。

このように、チャンバール職人たちは基幹工場から生まれた人的ネットワークのなかで工場を移動しながら技術を習熟させていき、最終的に起業し自分たちの工房を設立していったといえる。

4　革製品の流通経路の変容——一九七三年から二〇二〇年まで

本節では一九七三年以降のダーラーヴィーにおける皮革産業の変容を取り上げる。この時代の変遷で着目されるのは、ダーラーヴィーが革製品の製造業だけではなく、卸売・小売業（ショールーム）も集積する場になっていったことである。

サグリオ＝ヤツィミルスキー［二〇一三：一九九］は、二〇〇〇年ごろの調査でショールームが四〇〜五〇軒存在していることを指摘しているが、それが歴史的にどうやって形成されてきたのかは言及していない。柳澤［二〇一四：二五六］が指摘しているように、一般にインドのインフォーマルセクターでは職人は製品を独力で流通に乗せる力がなく、製品の流通に関しては商人に頼らざるをえない。一九七〇年以前のダーラーヴィーでも、チャンバール職人たちは自分たちの販売経路を持たなかったために、製品の買い手である商人に対して従属的な地位に置かれていた。ところが、二〇二四年には革製品を扱う卸売・小売店が一〇六軒ダーラーヴィーに立ち並んでおり、*36 チャンバールはより直接的に流通経路にアクセスすることができるようになっている。これはいかに可能になったのだろうか。

この変容の端緒は、チャンバール職人たちが同業組合であるリグマを一九七三年に結成したことにあった。リグマによる革製品の流通改革は、革製品の輸出と直営店の設置から始まった。この流通改革によって、ダーラーヴィーは革製品の卸売・小売業の集積地にも変容していったのである。*37

（1）リグマ設立経緯

リグマは一九七三年にチャンバール職人のバーバン・ラオ・カラッドが設立した。*38 彼は前述したように、基幹工場の一つであったインディアン・アートの設立者でもあった。さらに彼はダーラーヴィーでチャンバールが初めて設立した基幹工場のシッダーンタ・レザーで製作技術を身につけた腕の良い職人でもあった。

リグマの設立目的は、チャンバール職人たちが彼ら自身の流通経路を開拓することにあった。シッダーンタ・レザーやインディアン・アートといった基幹工場を通じて、一九六〇年ごろから一九七五年ごろの間に多くのチャンバール職人たちが起業していった。しかしリグマが設立された一九七三年の時点ではダーラーヴィーの皮革産業には皮なめし工場と革製品の工場しかなく、革製品を販売する店舗は皆無であった。

リグマ設立時点でのダーラーヴィーのチャンバール職人が製品を販売するルートは次の四つであった。一つ目がムンバイーの輸出業者の下請けである。二つ目がフォート地区マスジッド駅西にあるビンディ・バザールから製品を買い付けにきていたムスリム卸売商人に対する販売である。三つ目が南ムンバイーのコラバ地区にある高級ブティックへの販売であった。四つ目がムンバイーの他産業からの受注であった。[*39]

この四つの販売ルートを見て分かるように、チャンバール職人たちの自主的な流通経路はリグマが設立された一九七三年の時点では存在しなかった。そのために、チャンバール職人たちは製品の買い手に対して価格交渉力を持たない従属的な地位に置かれていた。

リグマはチャンバール職人たちが自主的な流通経路を確保するために設立され、リグマを通じた革製品の輸出とリグマの直営店を通じた革製品の販売が試みられた。リグマ設立以前は革製品の輸出はムンバイーの輸出業者が独占し、革製品の卸売・小売はビンディ・バザールのムスリム商人が独占していた。これら独占にリグマを通じてチャンバール職人たちが対抗しようとしたわけである。

以上がリグマの主な設立経緯であるが、リグマの設立には政治家の力添えもあった可能性がある。リグマの設立には当時インド国民会議派に所属していた有力政治家のシャラド・パヴァールが関わっていたと述べる職人もいた。


(カラッド)はシャラド・パヴァールと良い関係を持っていた。かつてパヴァールは彼の家にきて夕食をともにしていた。彼は政治的関係性を持っていたんだよ。(中略)当時彼は革製品のための組織を結成することを決めた。それがリグマだ。[*40]

シャラド・パヴァールはマハーラーシュトラ州出身であり、後に州政府の大臣職を歴任した。彼がリグマに実際どの程度関わっていたのかは定かではない。しかしインドでは製品を直接輸出するには許認可が必要であり、経済自由化政策が実施される以前のインドでは、この許認可の取得は非常に困難であった。カラッドが彼の後見をいかにして得たのかは分からないが、この政治的コネクションによって、許認可取得が可能になったことはほぼ間違いないだろう。

（2）リグマを通じた革製品の輸出

職人たちがリグマを通じて直接輸出を行おうとした背景には、リグマが設立されたころにムンバイーからの仕上げ済み革と革加工品の輸出が増加していたことが考えられる。インド政府は一九七三年からより付加価値の高い仕上げ済み革・革加工品の輸出を奨励した。一方で未仕上げ済みの革には輸出枠が設定され、輸出の際には課税するようになった。そのために、インドからの仕上げ済みの革と革加工品の輸出額が増加していった［Sinha and Sinha 1991: 112］。

ムンバイーからの仕上げ済み革と革加工品の輸出も当然増加していたであろう。ダーラーヴィーのチャンバール職人たちもこの輸出の増加に気付いていたと考えられる。輸出の下請けの仕事を受注していない職人でも、輸出市場向け製品を生産する工場で働いている者、輸出の下請けを行う工場で働く者や、ダーラーヴィーに買い付けにくる商人から輸出が増加していることは聞いていたであろう。

このなかで、チャンバール職人たちは自分たちで革製品を輸出する道を模索し始め、リグマ設立に至ったと考えられる。リグマ設立のころにチャンバール職人が個人で革製品を輸出することが困難だったことは、一九七〇年ごろからダーラーヴィーから革製品を買い付けて、海外に輸出する事業を始めたオンカル・マダンのインタビューが参考になる*41。

昔ムンバイーで一九七〇年ごろから質の高いテキスタイルの生産が盛んになった。そのときにやってきたバイヤーが革もほしがった*42。しかし彼らはスラムには行きたがらず、言葉も分からないから自分がいわばエージェントとして、スラムの人と交渉して彼らに販売した。スラムの人々は教育を受けていなかったから、書類仕事ができず、そのためにそれを私がやっていた。[*43]

ではリグマはどのようにして革製品の輸出経路を開拓したのだろうか。海外に販路を開拓するのならば、海外の企業に何らかの形で接触する必要がある。リグマ会長のカラッドは彼が当時所属していた皮革輸出協会[*44]からの協力を得たそうである。皮革輸出協会の職員が彼をドイツに連れて行き、彼にドイツの企業を紹介したという。こうして彼はドイツの企業から注文を獲得し、一九七八年ごろから革製品をドイツに輸出するようになったという。こんにちリグマの副会長を務めるハルシャ・カプールはリグマによる革製品の輸出の試みについて次のように述べている。

リグマはチャンバールの人々が外部の市場を獲得するために設立した。なぜなら彼らは元々外部の市場に製品を供給していたからである（つまりここでは、チャンバールの人々は下請けや商人を通じて製品を供給していたという意味）。だから職人たちはバーバン・ラオ・カラッドを外国に送った。多くの仕事が外国からやってきた。そしてそれらの仕事はメンバーに分配された。リグマはチャンバールの人々が彼らの製品を海外市場に送るために設立されたのである。[*45]

カラッドはその後も毎年外国を訪れていた。彼はドイツだけでなく他のヨーロッパ諸国からも注文を獲得するようになった。彼は一九九八年ごろからドイツのインターナショナル・レザー・フェアに二度参加したという。

リグマを通じてダーラーヴィーのチャンバールは独自の流通経路を開拓し、海外に革製品を輸出する経路を生み出すことには成功した。しかし、リグマを通じての革製品の輸出はリグマに所属する職人全員を被益するものではなく、受益者は一部のリグマのメンバーに限られていたようである。革職人のS氏は、仕事が分配されていたのが、常にリグマの一握りの五名ほどのメンバーに限られていただけでなく、分配されていた仕事は革製品の一工程であり、製品の最終的な仕上げはカラッドの工場であるインディアン・アートで行われていたとも述べている。つまりリグマを通じてチャンバール職人が製品をダーラーヴィーから海外に輸出する経路は確かに生まれたが、その経路に革製品を供給できたのはインディアン・アートとそこからの下請け先の五つほどの工場に限られていたのである。

（３）リグマ直営店の設立と革製品の販売集積地化

リグマが流通経路改革として一九八四年に行ったもう一つの重要な方策は革製品を販売する直営店をダーラーヴィーに設置することであった。直営店の設置目的は、ビンディ・バザールから製品を買い付けにきていたムスリム卸売商人に対して置かれていた価格交渉力を持たない従属的地位からの脱却であった。直営店の成功を受けて、多くのショールームがダーラーヴィーに立ち並ぶようになり、ダーラーヴィーは革製品販売の集積地にも変容していった。

ムスリム卸売商人への従属的地位からの脱却

リグマは革製品の直営店を一九八四年にダーラーヴィーのサイオン・バンドラ・リンクロードに面した場所に設置した。直営店で販売されていた製品はリグマのメンバーが製作したものであった。ムスリム卸売商人から製品を買い叩かれていたチャンバール職人の取り分を増加させることがリグマの直営店の役割であった。

ビンディ・バザールは古くからムスリムが多く居住する地域であり、卸売市場があった。これら卸売商人は、グジャラーティ[*46]・ムスリムであるボーラー・ムスリム、コージャ・ムスリムの者が多かったようである。[*47] ビンディ・バザールの卸売市場にはグジャラート、ナーグプルや他の地域からきた小規模な商人が製品を買い付けていたそうである。[*48]

リグマの直営店が設立された当時の状況についてヴィラース・シーテは次のように述べている。

一九八四年から一九八五年[*49]に私たちは私たちの職人たちを支援することを決めた。（中略）。（例えば、当時）生産者は店舗に製品を二五ルピーで売ったら、さらにそのなかから一ルピー手数料を取られていた。（中略）そして職人からその製品を買い取った商人は四五ルピーか五〇ルピーで販売していた。とすれば、職人はどれくらい利益を得たのだろうか？　だから私たちは職人から三〇ルピーで製品を買い取り、それを四〇ルピーで売ることにした。これが製品を販売するシステムであった。[*50]

このように、卸売商人の買い取り価格と販売価格よりも、リグマは高い買い取り価格と安い販売価格を提示することで、チャンバール職人の新たな販売経路を確保しようとした。直営店は設立後、随分盛況であったらしい。ヴィラース・シーテは当時の盛況ぶりを以下のように述べている。

直営店を開設後、紙媒体の広告を打ち大規模なプロモーションをした。さまざまなコミュニティーの者、顧客、商人がやってくるようになった。その結果売り上げが増えた。当時はその直営店がダーラーヴィーにあった唯一の店舗であった。リグマのメンバーがリグマに製品を提供していた。オフィス鞄、旅行用鞄、女性用財布、女性用鞄、男性用鞄、ベルト、財布、レザージャケットやそのほかの製品の売り上げが増加していった。[*51]

ヴィラース・シーテによれば、ムンバイー市内だけでなく、プネーをはじめとするムンバイー市外からも卸売・小売商人がリグマの直営店に革製品を買い付けに来始めたという。プネー以外にどの地域から買い付けにきていたのかははっきりしないが、少なくとも直営店設置以前にビンディ・バザールに革製品を買い付けにきていたグジャラートやナーグプルの商人も直営店を訪れていたであろう。

リグマの直営店の成功を受けて、ビンディ・バザールのムスリム卸売商人がダーラーヴィーのチャンバール職人たちから製品を買い付ける価格も上昇したという。つまり、リグマの直営店の設置によってチャンバール職人たちは新たな革製品の流通経路の獲得に成功し、ビンディ・バザールのムスリム卸売商人に対して価格交渉力を持たない従属的地位から脱却したのであった。

革製品卸売・小売業集積地へ

このリグマによる直営店の成功は、ダーラーヴィーでのショールームの増加につながっていった。最初はリグマのメンバーであるアパージー・シークレーが彼自身で店舗を設立することを思いついた。実際に彼が開設した店舗の売り上げも好調であった。そしてそれを見たほかのチャンバールも自身の店舗を設立していった。一九九〇年ごろにはダーラーヴィーのサイオン・バンドラ・リンクロードに立ち並ぶショールームの数は一二～一五ほどに増加していたという。つまり一九九〇年ごろのダーラーヴィーにはチャンバールが支配下に置く小規模な卸売・小売業の集積地が誕生し、チャンバールの自主的な流通経路が拡大していたのである。

一九九二年から一九九三年にかけて生じたムンバイー暴動[*52]はダーラーヴィーのショールームをさらに増加させることにつながっていった。このムンバイー暴動の被害を受けて、ビンディ・バザールにある卸売店のなかには閉鎖されてしまった店もあったという。その後一九九四年ごろからダーラーヴィーのサイオン・バンドラ・リンクロードにビンディ・バザールで卸売店を営んでいたムスリム卸売商人が移動してきたという。ダーラーヴィーに移動してきたムスリム卸売商人はチャンバールからショールームの建物を賃借し、自身の事業を始めたという[*53]。

ムスリム卸売商人のダーラーヴィーへの移動はダーラーヴィーをムンバイーで最も大きい革製品の卸売・小売の集積地に変容させた。ダーラーヴィーのサイオン・バンドラ・リンクロードに立ち並ぶショールームの数は安定的に増加して行き、二〇〇〇年ごろには四〇～五〇ほどになり、二〇一〇年ごろには七〇～八〇ほどになり、二〇二〇年には一一〇店舗ほどになった（写真3-1）。

ただしムスリム卸売商人がダーラーヴィーに移動したことによってムスリム卸売商人によるチャンバール職人の支

配が復活したわけではない。現在でもダーラーヴィーのショールームの建物の所有者のほとんどはチャンバールである。ただし実際にショールームに立ち、ショールームを経営している者のうちチャンバールが占める割合は二五％ほどであるという。ショールームを経営している者の残りの七五％ほどはムスリムであり、これらムスリムはチャンバールからショールームの建物を賃借して事業を行っているという。

写真3-1　ダーラーヴィーのサイオン・バンドラ・リンクロード沿いに立ち並ぶショールーム（2019年11月17日、筆者撮影）

なお、現在のダーラーヴィーのショールームにはムンバイー市内の顧客や卸売・小売商人だけでなく、ムンバイー市外、マハーラーシュトラ州外、海外からの旅行客や卸売・小売商人が訪れている。聞き取りでは、ムンバイー市外ではプネーから卸売・小売商人がよくショールームを訪れて革製品を買い付けているという。マハーラーシュトラ州外では、デリー、ジャイプール、ゴア、バンガロール、アフメダバード、ハイデラバードなどから卸売・小売商人がショールームにやってくるようである。そのなかでも特に多いのは西インドや南インドからやってくる卸売・小売商人であるという。

また現在のダーラーヴィーのショールームは海外へ革製品を輸出する拠点にもなっている。ショールームには海外から卸売・小売商人が訪れている。海外からショールームを訪れる卸売・小売商人はケニア、ナイジェリアといったアフリカの国、ドバイ首長国連邦、サウジアラビア王国、カタールといった中東の国から訪れる者が多いという。

5　ダーラーヴィーで生産される製品の多様化——二〇〇五年ごろから現在（二〇二〇年）まで

本節では、輸出市場向けの高級品を含む多様な製品を生産する地域でダーラーヴィーがいつごろに変容し、変容の背景には何があったのかを明らかにする。その際には、生産される製品の種類と生産に関わる人々に着目する。

(1) コーポレーションギフト・業務用製品および中間層向け国内ブランド製品の生産増加

ダーラーヴィーにショールームができる以前からも、ダーラーヴィーの工房は、ムンバイー市内の企業に向けて牛乳のキャリーバッグといった業務用製品を製作・販売していた。しかし、こんにちでは業務用製品だけではなく、コーポレーションギフトと呼ばれる顧客や取引先に配る製品も生産している。さらに、コーポレーションギフト・業務用製品の注文は、ムンバイーやプネーといったマハーラーシュトラ州内の主要都市の企業に加えてグジャラート州、ゴア州の企業からも注文がきている。例えば、ムンバイーの銀行からコーポレーションギフト用の鞄、財布や手帳カバーの製作依頼がきており、ナーシクの自動車販売企業から自動車のダッシュボードに入れておく書類入れの製作依頼がきている。ただしこれらの注文は工房に直接入ることもあれば、ショールームや商人を通す場合もある。コーポレーションギフト・業務用製品の生産がいつごろから増加したのかについては、公式統計があるわけではない。ただし、本書第4章で明らかにするように、こうしたコーポレーションギフト・業務用製品を受注し、生産する工房がダーラーヴィーにおいて増加していったのは、二〇〇五〜一〇年ごろからだと考えられる。

また、ダーラーヴィーでは、中間層向けの国内ブランド製品の生産も増加している。ショッピングモールなどに出店しているB社やM社といった中間層向けに製品を製作しているファブレス企業*54から製品の製作依頼を受けている。ムンバイー市内、ムンバイー郊外には多くのショッピングモールが位置している。ファブレス企業向けに製品を生産するのがいつごろから始まったのかは定かではない。ただし、インドにおいて、ショッピングモールが増加していったのが、二〇〇〇年代後半であることを考慮すると［土屋 二〇一五：二四四］、二〇〇〇年代後半から生産は増加していったと考えられる。

なお中間層向けの国内ブランド製品はオリジナルデザインのデザイナーズブランドの製品や輸出市場向けの製品に比べると、小売価格は半分ほどの中価格帯*55製品である。またコーポレーションギフトや業務用製品の小売価格というものは存在しない。しかし、調査から得た注文主への卸値価格と製作された製品の質を考慮すると、コーポレーションギフトや業務用製品は低中価格帯の製品にほぼ該当する。

（2）オリジナルデザインの輸出市場向け高級品の開発・生産の増加

こんにち、ダーラーヴィーの工房では、オリジナルデザインの輸出市場向け高級品の開発・生産が増加している。オリジナルデザインの革製品は欧米市場に加えて、国内高級品市場にも販売されている。こうした高級品の開発・生産の背景には、比較的教育レベルの高いチャンバールが運営する工房が増加しており、それら工房に、ダーラーヴィーの外部からデザイナーが訪れるようになったことが挙げられる。無論すべての工房にデザイナーが訪れているわけではなく、デザイナーが訪れている工房は全工房の一割ほどであるという。いつごろからダーラーヴィーにおいてオリジナルデザインの輸出市場向け高級品の開発・生産が増加していったのかについての公式統計は存在しない。しかし、第4章で明らかにするように、高級品の開発に関わっている比較的教育レベルの高いチャンバールが革製品産業に参入し始めたのは、二〇〇五〜一〇年ごろからである。さらに、デザイナーが工房を訪れるようになったのは一〇年ほど前からであるという[*56]。そのために、ダーラーヴィーにおいてオリジナルデザインの輸出市場向け高級品の開発・生産が増加していったのは二〇一〇年ごろからだと考えられる。

ダーラーヴィーに比較的教育レベルの高いチャンバール工房主が増加している理由として、まず若手のチャンバール工房主の親世代が、自身の子弟に教育投資を行なったことが挙げられる。図3-3がダーラーヴィーのチャンバール工房主の教育状況である。図3-3からは専門学校卒業、カレッジ中退、カレッジ卒、修士号以上取得者のほとんどは四〇歳未満のものであることが分かる。皮革専門学校で皮革技術について学んだラガーン・スレッシュの次のインタビューからもチャンバール職人が自身の子弟に教育投資を行なっていたことが分かる。

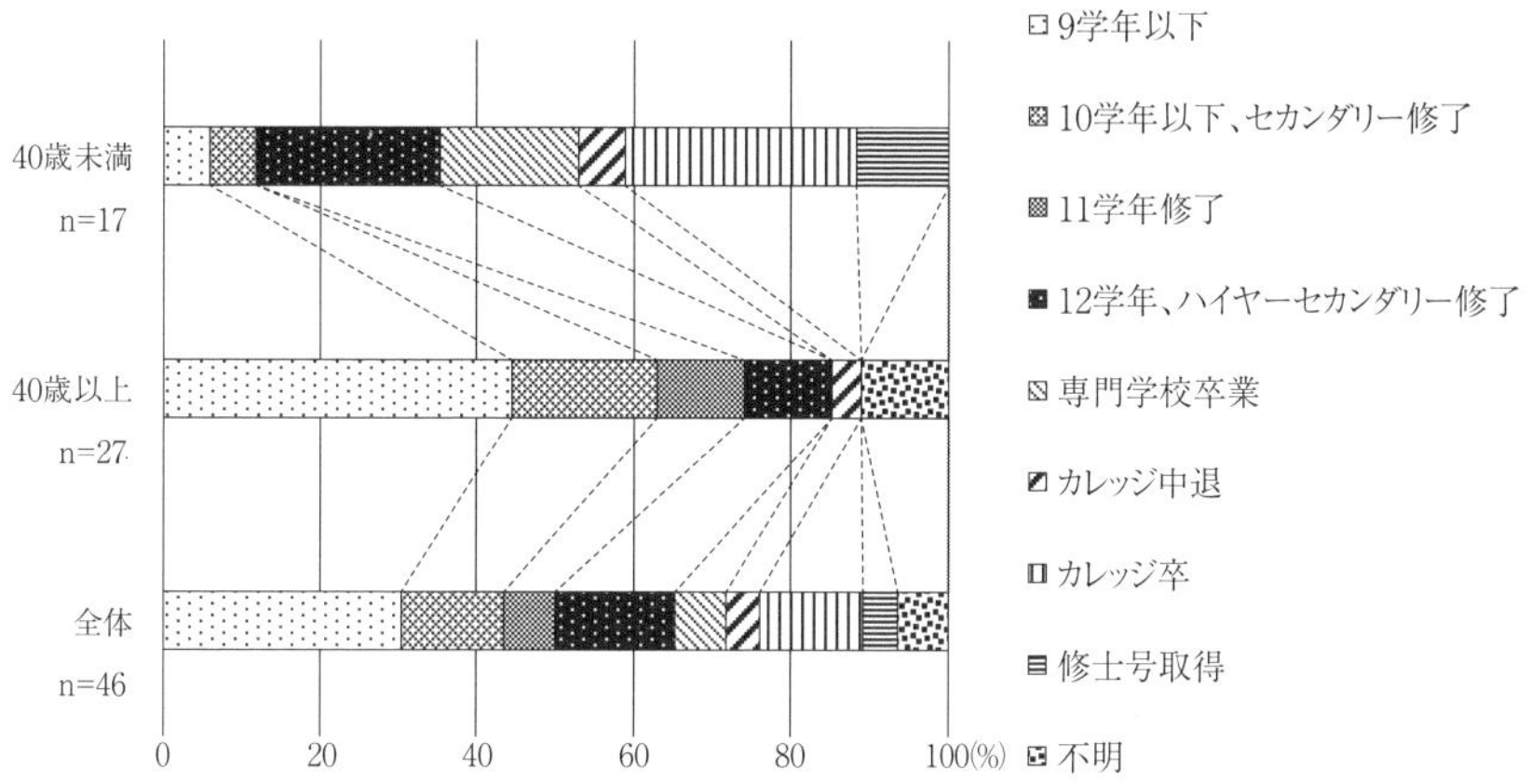

図3-3　ダーラーヴィーのチャンバール工房主の教育状況

注）現地調査をもとに筆者作成。2名は年齢が確認できなかった。

ラガーン：自分は三二歳。ゴーパル・ラオ[57]も似た年。自分たちが第一世代だ。
筆者：お父さんはあまり教育がないよね？
ラガーン：そう、父の世代の人は教育をほとんど受けていない。
筆者：四〇歳の世代は？
ラガーン：少しだけだ。
筆者：あなたの世代は？
ラガーン：かなり多い。自分より下の世代の教育はとてもいい。[58]

マハーラーシュトラ州の皮革カースト[59]と指定カーストの教育レベルは全国的に見て高いこともダーラーヴィーに比較的教育レベルの高いチャンバール工房主が増加している理由として挙げられる。表3-3がマハーラーシュトラ州の皮革カーストの教育レベル、マハーラーシュトラ州の指定カーストの教育レベル、全インドの指定カーストの教育レベル、全インドのすべての社会集団を含む教育レベルである。マハーラーシュトラ州の皮革カーストおよび指定カーストのハイヤーセカンダリー修了、カレッジ卒の割合は全インドの指定カーストのハイヤーセカンダリー、カレッジ卒に比べて一・七倍ほどある。さらにマハーラーシュトラ州の皮革カーストおよび指定カーストのハイヤーセカンダリー、カレッジ卒の割合は全インドの

表3-3　マハーラーシュトラ州の指定カーストの教育レベル

教育レベル	マハーラーシュトラ州 皮革カースト	マハーラーシュトラ州 指定カースト	全インド 指定カースト	全インド 全社会集団
非識字	27.53	30.06	43.51	36.93
識字（義務教育なし）	3.32	3.50	2.48	2.90
初等以下	13.44	14.77	12.92	12.13
初等修了	15.00	14.83	15.67	15.21
中等修了	12.36	12.42	10.92	11.06
セカンダリー修了	12.01	10.71	6.62	8.75
ハイヤーセカンダリー修了	8.41	7.66	4.45	6.44
非技術ディプロマ取得	0.07	0.03	0.04	0.09
技術ディプロマ取得	0.88	0.50	0.40	0.60
カレッジ卒以上	6.64	5.13	2.75	5.64
不明	0.36	0.40	0.23	0.25

注）2011年度インド人口調査をもとに筆者作成。

ハイヤーセカンダリー、カレッジ卒の割合に対してもほぼ遜色がないレベルに達している。

ただし、ダーラーヴィーで働くチャンバールの若者の数は減少している。ダーラーヴィーの工房で働いていたチャンバールの若者は、父が設立した工房を継いだ者か継ぐ予定の者がほとんどであった。ただし、父が皮革産業に携わっていないが、比較的教育レベルの高いチャンバールの若者が工房を設立した事例も見受けられた。この比較的教育レベルの高いチャンバールの若者は職人を雇って、高価な革製品を生産していた。一方で雇われ職人として働くチャンバールの若者はほとんど見受けられず、チャンバールの若者の革製品産業への参入は減少している。

ダーラーヴィーの工房を訪れるデザイナーは独立系のデザイナーが主で、自身でブランドを立ち上げた者たちである。彼らは自身のオンラインサイトやファッション製品を販売するイーコマースサイトで製品を販売しており、なかにはセレクトショップに製品を卸している者も見られる。[*60] ダーラーヴィーにデザイナーが訪れるのは、デザイナーをはじめとするダーラーヴィー外部の高等教育層の革製品産業関係者にとって、ムンバイーのスラムという地理的アクセスの容易さに加えて、ダーラーヴィーが手の込んだオリジナルデザインの製品を少量から生産することが可能な場として魅力的に映っているためである。[*61]

写真3-2はチャンバール職人のゴーパル・ラオに製作を依頼しているデザイナーのイラ・アーナンドが工房を訪れたときのものである。彼女はインドで商学学士を取得したのち、ファッションの専門課程を修了した。その後イギリスに留学し科学修士（Master of Science）を取得した。ゴーパル・ラオは比較的教育レベルの高いチャンバール工房主である。三二歳の男性であり、一〇学年修了後、技術専門学校を卒業し、電気技術師のディプロマ（Diploma in Electric Engineering Services）を取得している。彼は専門学校卒業後外資電気メーカーのフィリップスで修理工として働き始めたが、革職人である叔父のビーム・ラオカンブレーからの勧めもあり、父ニール・ラオの工房で働き始め、父から製作技術を学んだ。カンブレーとニール・ラオはシッダーンタ・レザーやインディアン・アートといった基幹工場で働いていた職人である。つまり、基幹工場で製作技術を習得したチャンバール職人が子弟に教育投資を行なったのである。

写真3-2　新しい鞄を話し合いながら開発するゴーパル・ラオ（右）とイラ・アーナンド（左）（2019年2月22日、ラオの工房、筆者撮影）

ゴーパル・ラオが製作している製品のほとんどはデザイナーのイラ・アーナンドと輸出業者向けである。彼がダーラーヴィーのショールームに製品を納入することはほぼ皆無である。それは彼が製作している製品が高品質の欧州市場や国内高級品市場向けの製品であり、ショールームを通じて国内や中東、アフリカに輸出・販売されている中品質の製品と異なるからである。つまり教育投資を受けた上で製作技術を習得したチャンバール職人はより付加価値の高い市場に製品を供給するようになったのである。

デザイナーはチャンバール職人と製品を共同開発している。しかしこれはダーラーヴィーに製品を買い付けにきていたムスリム商人からの注文、輸出業者や他産業からの下請け、ショールームからの注文では見受けられないことである。デザイナー以外の注文主は製品のサンプルや写真を渡すか職人に製作を任せるのみであり、生産過程には参与しなかった。そのために、デザイナーが直接工房を訪れ製品を開発することで、製品の製作方法の変容もが起きているといえる。

（3）ダーラーヴィーの名を冠したブランドの設立

ダーラーヴィー出身の起業家がダーラーヴィーの名前を冠したオリジナルデザインのブランドを設立する事例も確認できた。しかし、ダーラーヴィーはこんにちまで、ムンバイーの人々からは、否定的なイメージで見られている。*62 ダーラーヴィーの名前を冠したブランドは誰がなぜ設立したのだろうか。

まず、ダーラーヴィー外部の人々にとってダーラーヴィーが否定的なイメージで捉えられており、そのことが製品の生産地の表記、生産地をどこであると語るかにも影響していることを確認する。このことをダーラーヴィーで働く職人たちの事例とインタビューを通じて見ていく。

はじめに、ダーラーヴィーで事業を営むアミターブ・バートラの事例を取り上げる。彼は四五歳の男性で、ヒンドゥー教徒のチャンバールである。彼は自分の工房で工業用のロープを生産しているが、コーポレーションギフトや業務用製品の注文もたくさん受けており、それらはほかの工房に外注して製品を生産している。ある日、彼の工房にあった革鞄のタグを見るとハリヤーナ州グルガオンにあるM社で生産されたことになっていた。このことについて彼に尋ねてみた。

筆者：この鞄はダーラーヴィーで作ったの？
アミターブ：そう。
筆者：でもこのタグにはハリヤーナの会社で作ったと書いてあるけど。

アミタープ：このタグはハリヤーナで作って、この鞄はダーラーヴィーで作ったんだよ（笑）。[*63]

インタビューからはアミタープが製品をダーラーヴィーで生産したことをタグに記さず、ハリヤーナで生産したと虚偽の表記をしていることが分かる。この会話の後、二人でチャイを飲みに行き、その帰り道に、筆者はアミタープにインタビューに答えてくれたお礼として、日本製のボールペンを渡した。するとアミタープはタグにダーラーヴィーでなくハリヤーナと記した理由について次のように答えた。

アミタープ：革鞄にはどこの地名が書いてあった？
筆者：ハリヤーナ州のグルガオン。でもダーラーヴィーで生産したのですよね？
アミタープ：そうだ。でもダーラーヴィーはスラムだよな？　もし、その鞄がメイド・イン・ダーラーヴィーになっていると（ダーラーヴィーで作られたと知って嫌がる消費者のしぐさをして）、ノーだろう。しかしメイド・イン・ハリヤーナーになっているとよいだろう。それが彼らの心持ちだ。ダーラーヴィーはスラム地帯だという……。このペンはメイド・イン・ジャパンだ。もしこのペンがメイド・イン・ダーラーヴィーだと……。その違いさ。[*64]

このインタビューからアミタープは消費者がダーラーヴィーをスラム地帯として否定的に認識しており、製品がダーラーヴィーで生産されたことが分かると消費者は嫌がると認識していることが分かる。
次にランビールのインタビューを取り上げる。[*65]　次のインタビューは、ディワーリーが迫るある日に筆者がランビールと会話していたときのものである。会話では、ディワーリーにダーラーヴィーで生産された品をもらった場合について話していた。

筆者：（製品をプレゼントとして）もらった人は、ダーラーヴィーで作られたというのを知っているかな？
ランビール：いや、知らないだろう。例えば手帳カバーをここで作って一〇〇ルピーでも、それを大きなショールームで買ったら一〇〇〇ルピーはする。そのショールームの店員は、これは輸入品だっていうだろう。
筆者：ダーラーヴィーの道沿いのショールームならこれはダーラーヴィーで作られたというだろうか？
ランビール：四つのレベルがあるな。ラグジャリー、アッパー、ミドル、ロー。これらラグジャリーとアッパーレベルのショールームではこれがダーラーヴィーで作られたとはいわない。（中略）それにこれはダーラーヴィーで作られたといえば、値段も下がる。一〇〇〇ルピーのものは五〇〇ルピーに。[*66]

このインタビューからは、製品がダーラーヴィーで生産されたことは隠されること、仮に製品がダーラーヴィーで生産されたことが分かると値段が下がると認識していることが分かる。ランビールは言明していないが、ダーラーヴィーの外部の人々がダーラーヴィーを否定的に捉えているということを彼は認識しているといえる。

無論、ダーラーヴィーの職人たちは、ダーラーヴィーが否定的に捉えられていることを快く思っていない。プラカーシュ・メーヘタは次のように述べている。

ダーラーヴィーは不衛生な地域であるが、ダーラーヴィーの職人は素晴らしく、彼らは世界に行く。彼らはドバイ、イギリス、ドイツに仕事をしに行く。製品も世界に輸出されている。それなのになぜダーラーヴィーはダーティーと思われているのか？　なぜダーラーヴィーの名前は悪いのか？[*67]

ダーラーヴィーの職人の腕前、製品の品質にプラカーシュ氏は誇りを持っているのだが、それが評価されていないことに不満を持っているのである。つまり、ダーラーヴィーの社会的イメージが芳しくなく、ダーラーヴィーで働く職人の尊厳が十分に守られていないと認識しているのである。

これから詳しく紹介するメイド・バイ・ダーラーヴィーブランドは、こうしたダーラーヴィーへの社会的イメージを変革することを目指している。ブランドを立ち上げたニミット・マンガルはダーラーヴィーの生まれであり、父は警察官である。ニミットはムンバイー大学で工学の学位（Bachelor of Engineering）を取得した。大学卒業後、二〇一四年から二〇一七年まではエンジニアとして働いていた。彼は起業に至った理由を次のように述べた。

ナヴィ・ムンバイーのエアコンが効いたオフィスで働いていたが、毎日九時から五時まで働くのが嫌だった。自分はここ（ダーラーヴィー）のコミュニティのことを理解しているし、自分のなかに、ダーラーヴィーの製品で自身のブランドを作るアイデアがひらめいた。ダーラーヴィーは大きな資産（asset）である。職人を使ってイノベーションを起こそうと思った。ダーラーヴィーは何でも作っている。革、衣服、陶器など。ダーラーヴィーは世界で最も職人がいる場所だ。ただし、彼らは製造するだけで、間違ったポジションを取らされている。だから自身のブランドを作ろうと思った。誰も職人を作れない。自分はエアコンの効いたオフィスで給料をもらいよい生活だった。しかし職人はいい生活ではない。ここのコミュニティは厳しい困難に直面している。経済的、社会的、精神的、個人的にね。今の収入は少ないが、いつかモールに商品をおろし、商品を輸出できるようになれば、十分稼げる。ダーラーヴィーは将来破壊されてしまう。誰も職人は生きていけない。今はＭＩＤＣエリア[68]で商品はすべて機械で生産されている。革を学ぼうとするものは、チェンナイ、イタリアに行こうとして誰もムンバイーに来ない。インド（の人々）はダーラーヴィーの革に少し注目するが、インド政府はムンバイーの外（郊外）に焦点を当ててダーラーヴィーではない。自分はダーラーヴィーに行くことができて、自分の家族はダーラーヴィーである。小売、製造、トレードらがここで利用可能だ。どうして外に行くだろうか。ダーラーヴィーはレザーのコミュニティだ。スキルは大きな資産だ。自身は職人を保護し、発展させたい[69]。

写真3-3　メイド・バイ・ダーラーヴィーのブースの様子（2019年1月18日、サミット会場、隣接するブースのスタッフ撮影）

ニミットのインタビューからは、次のことが分かる。彼はムンバイー郊外でエンジニアとして働いていたが、ダーラーヴィーの職人たちが社会・経済的に厳しい状況に置かれていると考えている。同時に、彼はダーラーヴィーとそこで働く職人のスキルを資産として捉えている。そのために、自身のブランドを立ち上げることで職人たちを保護、発展させようとしている。

ここからメイド・バイ・ダーラーヴィーブランドが具体的にどのようなものかを明らかにする。ここでは事例としてニミットが参加し、二〇一九年一月一七日から一九日にグジャラートのアフメダバードで開催されたヴィブラント・グローバルサミットを取り上げる。この展示会で彼はメイド・バイ・ダーラーヴィーのブースを出展していた。

彼はメイド・バイ・ダーラーヴィーが高級ブランドであることを示したいためか、来場者に見える箇所は徹底して高級に見えるようにしていた。彼は筆者にも手伝いにきたければきても良いと言ったが、その際にはスーツを着てくるようにと述べた。実際に写真3-3にあるように、ニミットと筆者はスーツを着て来場者に対応したが、ほかのブースの出展者のほとんどはスラックスやチノパンに襟付きのシャツといったセミフォーマルな服装がほとんどであった。ニミットはブースの中央にメイド・バイ・ダーラーヴィーのロゴを掲げ、ブース向かって右側にメイド・バイ・ダーラーヴィーのコンセプトを記したボードを掲示し、左側にはダーラーヴィーの職人をモノクロで撮った写真を掲げていた。ブランドのコンセプトは以下のように記されていた。

> メイド・バイ・ダーラーヴィーは皮革産業におけるダーラーヴィーの真のクラフトマンシップと熟練のネイティブ職人のコミュニティ発展についてのプロジェクトです。メイド・バイ・ダーラーヴィーは長期的な成長のための持続的な経済お

よび価値創造を築くために職人たちをエンパワーし結び付けるプラットフォームです。私たちのモットーは国際的ファッションの舞台で、ダーラーヴィーを高級グローバルブランドとして創造することです（筆者訳）。

ニミットはこの展示会で、ダーラーヴィーの社会的イメージを変革し、高級ブランドの産地としての認識を得ようとしていることが分かる。そして、職人たちの経済的地位向上に加えて、高級ブランドの産地で働くクラフトマンシップを持つ職人として、職人たちの尊厳獲得を試みているといえる。

6　おわりに

本章はダーラーヴィーの皮革産業の変容を、基幹工場を通じたチャンバール職人のネットワーク形成およびリグマの活動によるチャンバール職人の組織化に着目して描いてきた。より具体的には、基幹工場と基幹工場から派生していった工場がチャンバールに技術習得と起業を促す人的ネットワークを提供し、リグマの活動を通じてチャンバールが共同的に行動することで製品の販売・流通のための外部交渉力を獲得するようになった歴史を論じた。

ダーラーヴィーの皮革産業の変容は四つの時代区分から理解可能であった。一つ目の時代区分は、一九世紀半ばからインド独立までの期間である。この期間にダーラーヴィーに皮革産業が成立したが、なめし産業が中心であり、革製品産業は周辺的な位置付けであった。

二つ目の時代区分は、インド独立後から一九七二年までの期間である。この期間においてダーラーヴィーの皮革産業の中心は、なめし産業から革製品産業に移行した。この移行を可能にしたのが、一九五二～五三年に設立されたシッダーンタレザーをはじめとする基幹工場の存在であった。基幹工場はチャンバールが革製品の技術を習得することを可能にし、職人を輩出していった。そしてその基幹工場から独立していった職人が形成するネットワークがさらに新たな職人に技術向上の機会を提供し、起業が繰り返されるというサイクルがあった。ダーラーヴィーのインフォーマル革製品産業はこれら基幹工場と起業のサイクルを特徴とする都市インフォーマルセクター独自の職人輩出のシステムによって成立していたのである。

三つ目の時代区分が一九七三年から二〇〇四年までの期間である。この期間にダーラーヴィーは革製品工房の集積地だけではなく、革製品の卸売・小売の集積地にも変容した。そこには、チャンバールが保有・経営するショールームと呼ばれる卸売・小売店が位置している。こうした変容を可能にしたのが、一九七三年にチャンバール職人が自主的な流通経路を開拓するために設立した同業組合のリグマである。まずリグマは、革製品をダーラーヴィーから直接輸出することを始めた。ただし、輸出市場向け製品の仕事はリグマの一部のメンバーにしか分配されず、リグマのメンバー全員を被益するものではなかった。次にリグマは一九八四年にダーラーヴィーに直営店を設置し、その直営店にリグマのメンバーが製品を卸した。直営店は盛況であり、職人の取り分が増加し、ダーラーヴィーに革製品を買い付けにきていたムスリムの卸売り商人からの買い取り価格も上昇し、買い手に対して置かれていた従属的地位から脱却することができた。

リグマがこのように革製品の直接輸出と直営店の設置をすることができたのは、シッダーンタ・レザーをはじめとする基幹工場を通じて形成された多くのチャンバール職人の人的ネットワークを組織化できたことによると考えられる。輸出の許認可を得ることができたのは、チャンバール職人を組織化し、交渉力を獲得したことで、当時インド国民会議派に属していた有力政治家と何らかのコネクションを築くことができたからであろう。直営店を設置できたのも、ダーラーヴィーに買い付けにきていたムスリムの卸売り商人に対して不満を持っていた職人らを組織化し共同的な行動を取ることができたからである。

直営店の成功を受けてそのほかのチャンバールもショールームを増やしていき、さらにムンバイー暴動の後にビンディ・バザールからムスリム商人が移動してきたために、ダーラーヴィーはムンバイー最大の革製品の卸売・小売集積地に変容した。現在のダーラーヴィーには主に西インド・南インドの卸売・小売商人が製品の買い付けに訪れており、中東・アフリカからの卸売・小売商人も見られる。

四つ目の時代区分が二〇〇五年ごろから現在（二〇二〇年）に至るまでの期間である。この期間にダーラーヴィーで生産される製品の種類が多様化していった。二〇〇五年ごろから比較的教育レベルの高いチャンバール工房主が運営する工房が増加していった。その結果、低中価格帯では、企業向けのコーポレーションギフト・業務用製品の生産が増加し、中価格帯では、中間層向けの国内ブランド製品の生産が増加していった。さらに二〇一〇年ごろから輸出市場向けのオリジナルデザインの高級品の生産が増加していった。こうした高級品の生産過程では、デザイナーといった従来はダーラーヴィーを訪れることがなかった人々がダーラーヴィーの工房を直接訪れている。デザイナーたちは比較的教育レベルの高いチャンバール工房主と製品の共同開発を行うなど、製品の製作方法の変容をも引き起こしている。また、こんにちではダーラーヴィーの名前を冠したブランドが立ち上げられ、ダーラーヴィーの社会的イメージを変革することで、職人たちの経済的地位向上と尊厳獲得が目指されている。

〔追記〕

本章は『マハーラーシュトラ』一四号に掲載した「ダーラーヴィーの皮革産業の変容――チャンバール職人のネットワークと組織化に着目して」を加筆修正したものである。現地での追加インタビュー、追加資料の入手によって本章と『マハーラーシュトラ』に寄稿したものは一部表記や内容が異なる。その場合、本章の内容がより正確であるので、こちらを優先して参照していただきたい。

注

＊1　ただし、実際にいくつの数にムンバイーが分かれていたのかは不明である［Riding 2018: 31］。

＊2　西インド最大のコミュニティの一つ。コーリーとは漁民を意味する。ただし伝統的には漁業だけでなく、農業や煉瓦造りにも

従事してきた［Singh 1998b: 1774-1776］。

＊3　インドの産業家。綿紡績工場を経営し、イギリス軍へのテントの納品で財産を築いた［Chandavarkar 1994: 70; Wright 1975: 154］。

＊4　南インドのタミル地方の「不可触民」カーストの一つ。皮革業のほかに農業労働、村の汚物処理、太鼓を叩いての触れ回り、使い走りなどに従事してきた［辛島 二〇一二：六一九］。

＊5　スンニ派に属するムスリムコミュニティの一つである。一八一三年に東インド会社の対インド貿易の独占権が廃止された後にグジャラートからムンバイーに移住してきた。ボーラー、コージャと並ぶグジャラート・ムスリムの商業コミュニティの一つである［Engineer 1988: 41-43］。

＊6　イスマイール派に属する。ムンバイーには植民地期から定住し始めた。綿とアヘンの貿易を中国と行っていた。同じムスリムのコージャとともにムンバイーの原皮の取引を独占したのち、ボーラー・ムスリムは革製品の取引を独占し始めた［Saglio-Yatzimirsky 2013: 128］。

＊7　マルティン［一九〇三：二六］は最大の規模を誇った皮なめし工場のオーナーはチャマールのジャーティであったと述べている。ただし、ターター社会科学研究所のナーガラージは一九四四年の時点でダーラーヴィーで最大の皮なめし工場は「西インド皮なめし工場」であると述べている。そして「西インド皮なめし工場」の従業員は四五〇名にのぼり、その他は四〇名から一〇〇名ほどであったと述べている［Tata Institute of Social Science n.d.: 20］。「西インド皮なめし工場」のオーナーはムスリムであり、チャマールではない。さらに前述したように、ダーラーヴィー最初の皮なめし工場もムスリムによって設立され、従業員は一〇〇〇名に上っていた。これらのことが意味するのは、当時ダーラーヴィーにおいて一時的にチャマールの資本家が経営する皮なめし工場が存在したが、ほどなくして閉鎖するか衰退していったということである。これは何らかの理由で富を蓄えたチャマールが二〇世紀初頭から少数存在していたことを示しているとも考えられる。ただし、そもそもマルティン［一九〇三：二六］の最大の皮なめし工場のオーナーがチャマールであったという理解が間違っていた可能性もある。

＊8　ラールワーニーとアーティストという工場が南ムンバイーに存在したことは管見の限り、従来は指摘されてこなかった。従来革製品の工場として指摘されてきたのはダーラーヴィーに存在した工場のみである。この他に管見の限り従来指摘されてこなかった南ムンバイーに位置した革製品の工場として、ユニバーサル、カラリサという工場を挙げることができる。

＊9　アーティストに関しては、従業員が二〇〇名近かったと回答した職人がいた。ただし彼はアーティストで直接働いていたわけ

ではなく、一五名から二〇名と回答した職人より年齢が若く、信憑性がやや劣るため、この注に記しておく。

＊10　以下ラールワーニーとアーティストに関する情報は、ナラーヤンシーテの甥にあたるヴィラース・シーテ、シッダーンタ・レザーで働いていたテージャス・デサイ、インディアン・アートで働いていたプラカーシュ・メーヘタへの二〇一八年一〇月から二〇二〇年三月までの断続的なインタビューによる。

＊11　アーティストはバデミヤーという有名レストランが現在位置する場所にあったという。

＊12　二〇一八年一二月二八日。ヴィラース・シーテへのインタビュー。バンドラ・サイオン・リンクロード路上にて。

＊13　ラールワーニーで働いていた、ナラーヤン・シーテの甥にあたるヴィラース・シーテは、一九四〇年ごろにラールワーニーが女性用鞄を作り始めたかもしれないが、いつ女性用鞄を製作し始めたのか確かなことはよく分からないとのことである。

＊14　一九一七年にマドラスで結成された。インド女性の組織化は一八八〇年代から各言語地域の都市部で始まり、全国的なインド女性の組織化は一九一〇年代後半から一九二〇年代半ばにかけて見られた［粟屋 二〇〇三：一七八―一七九］。

＊15　ただし参政権はあくまで地方議会への選挙権であった［粟屋 二〇〇三：一七九］。

＊16　複数の文献を参照したが、一九二〇年代のインドで女性が鞄を持つことがどのような意味を持っていたのかについて記した文献を見つけられなかった。

＊17　二〇一九年一一月一三日。プラカーシュ・メーヘタへのインタビュー。氏の工房にて。

＊18　シンディーはパキスタンのインダス川下流域、シンド州に居住するシンディー語を話す人々を指す。インド・パキスタン分離独立時に、多くのヒンドゥー教徒のシンディーがインドに移住した［麻田 二〇一二：四一〇］。

＊19　アーティストのオーナーはグジャラーティーかキリスト教徒かパールシーであったと回答した職人もいたが、より信憑性の高い方を本文に記した。

＊20　二〇一九年一一月九日。リグマ副会長のハルシャ・カプールへのインタビュー。カプール氏のオフィスにて。

＊21　「一九四一年インド国勢調査」http://piketty.pse.ens.fr/files/ideologie/data/CensusIndia/CensusIndia1941/Census%20of%20India%201941.pdf（二〇二四年六月二七日閲覧）。

＊22　伝統的になめし業に携わってきたジャーティ。ドールとも呼ばれる。主にマハーラーシュトラ州、カルナータカ州、アンドラ・プラデーシュ州、グジャラート州に居住している［Sign 1998: 848］。

＊23　独立前のダーラーヴィーにあったのは一八の中大規模の皮なめし工場と一四四の零細規模の革製品の工房であった。一八の中大規模の皮なめし工場では合計一一〇〇名から二一〇〇名ほどが働き、一四四の零細規模の工房では合計六五〇名ほどが働いていた［Tata Institute of Social Science n.d.: 2］。

＊24　本節ではこれ以降、直接引用を除いてはインタビューの日時、対象者、場所の情報は逐一記述しない。紙面があまりに煩雑になるためである。本節執筆に当たっては以下の人物に二〇一八年一〇月から二〇二〇年三月にかけて断続的にインタビューを行った。ナラーヤンシーテの甥にあたるヴィラース・シーテ、シッダーンタ・レザーで働いていたテージャス・デサイ、インディアン・アートで働いていたプラカーシュ・メーヘタとニール・ラオ、リグマ副会長のハルシャ・カプール、K社のデーヴィー・シンハである。

＊25　二〇一九年二月二二日。テージャス・デサイへのインタビュー。デサイ氏の工房にて。

＊26　ダーラーヴィーから南へ一〇キロメートルほどの距離に位置する。ダーラーヴィーほどではないが、小規模の工房が点在している。革製品を製作している工房もあるが、合成皮革を使った製品を製作している工房の方が多いそうである。

＊27　あくまでこの情報はインタビューによる。シッダーンタ・レザー以前に南ムンバイーからダーラーヴィーに移動し、起業したほかの職人が継続的に事業を行なった可能性はある。しかし筆者は現地調査においてシッダーンタ・レザー以外に南ムンバイーから移動してきた職人の系譜を引く職人を見つけることはできなかった。

＊28　マネーの教育は四学年までであった。二〇一九年一一月九日。テージャス・デサイへのインタビュー。デサイ氏の工房にて。

＊29　二〇一九年一一月九日。テージャス・デサイへのインタビュー。デサイ氏の工房にて。

＊30　二〇一九年二月二二日。テージャス・デサイへのインタビュー。デサイ氏の工房にて。

＊31　二〇一九年二月二二日。テージャス・デサイへのインタビュー。デサイ氏の工房にて。

＊32　一〇万個はインドでは 1lakh と表現される。ここでは本当に一〇万個の注文を受けたというよりも、それほど大量の注文を受けたという意味であろう。

＊33　これは後述のリグマ結成後ドイツから注文を得たときのエピソードであろう。

＊34　二〇一九年一一月九日。テージャス・デサイへのインタビュー。デサイ氏の工房にて。

＊35　そして一九九三年にはダーラーヴィーでなめし事業を営むことは禁止された。そのために、ダーラーヴィーにあった皮なめし

工場は郊外に移転するか閉鎖されていった。そして二〇一〇年にはダーラーヴィーに皮なめし工場は存在しなくなった［Saglio-Yatzimirsky 2013: 164］。

＊36　厳密にいうとこれらの店のなかには靴やレザージャケットを取り扱っている店も見られる。靴に関してはほとんどがアーグラーで製造されたものであり、レザージャケットはダーラーヴィーとチェンナイで生産されたものの両方が見られる。

＊37　本節でもこれ以降直接引用を除いては、インタビューの日時、対象者、場所の情報は逐一記述しない。本節においては主にテージャス・デサイ、ヴィラース・シーテ、輸出業者のオンカル・マダン、ショールームオーナーのオマール・カーン、革製品の販売会社で働くギリック・ヤーダヴらに断続的に二〇一八年一〇月から二〇二〇年三月までインタビューを行った。

＊38　リグマの設立に関しては一九七二年設立という可能性もある。ただし、ヴィラース・シーテ、リグマ副会長のハルシャ・カプールからのインタビューを基に最も可能性が高い一九七三年を本文では採用した。

＊39　例えばシッダーンタ・レザーはダーダルにある牛乳販売店からキャリーバッグを受注していたという。

＊40　二〇一九年一一月〇九日。テージャス・デサイへのインタビュー。デサイ氏の工房にて。

＊41　オンカル・マダンはヒンドゥー教徒の男性であり、一九七〇年ごろから革製品の輸出事業を行なっている。インタビュー時（二〇一八年）にはムンバイーのフォート地区にあるビルの一室にオフィスを構えていた。彼は南アフリカで生まれたが、インド独立後にムンバイーにやってきた。彼はカレッジ在学中にボランティアでダーラーヴィーの子どもたちに勉強を教えていた。エンジニアリングの学士号を取得後は、父の不動産事業に携わっていた。彼は後にスラムの革製品の職人から革製品の販売事業を行うことを勧められ、事業を始めたという。なお彼は指定カーストではないと答えたが、ジャーティは答えられないと回答されたため、ジャーティは不明である。

＊42　このインタビューでは革という言葉が使われているが、彼は輸出事業では革製品のみを取り扱っている。そのためにこのインタビューでの革という言葉は革製品を指す。

＊43　二〇一八年一〇月一日。オンカル・マダンへのインタビューより。フォート地区にある彼の会社のオフィスにて。

＊44　皮革輸出協会はインド商工省が後援する皮革製品の輸出業者の業界団体。皮革製品の輸出振興、レザーフェアなどの各種イベント開催を行っている。皮革輸出協会のホームページでは設立は一九八四年になっているが、ショウリエのワーキングペーパーは皮革製品の輸出協会が一九七一年の時点ですでに存在していたことを指摘している［Shourie 1971: 10］。そのために、皮革製

品の輸出協会が一九八四年に組織改編などで現在の皮革輸出協会になり、カラッドが協力を得たのは現在の皮革輸出協会の前身の組織であったと考えられる。「皮革輸出協会ウェブサイト」http://leatherindia.org/（二〇二〇年一一月一八日閲覧）。

＊45　二〇一九年一一月九日。ハルシャ・カプールへのインタビュー。カプール氏の工房にて。

＊46　広義にはグジャラート州出身の者を指す。狭義にはグジャラート商人を指す。

＊47　ハルシャ・カプールによれば、一店だけチャンバールが経営する革製品の卸売店があったという。

＊48　ハルシャ・カプールはビンディ・バザールの卸売店には、グジャラート、ナーグプルに限らず全インド中、世界中から商人が製品を買い付けにきたという。実際に全インド中、世界中から商人が訪れたかは分からないが、様々な地域から商人が買い付けにきていたことは確かなようである。

＊49　サグリオ＝ヤツィミルスキーはダーラーヴィーに最初の革製品の販売店が設立されたのは一九八四年であると述べているために［Saglio-Yatzimirsky 2013: 217］、リグマの直営店設立は一九八四年と表記した。

＊50　二〇一八年一二月二六日。ヴィラース・シーテへのインタビュー。ダーラーヴィーのカラッキラにあるビルの屋上にて。

＊51　二〇一八年一二月二六日。ヴィラース・シーテへのインタビュー。ダーラーヴィーのカラッキラにあるビルの屋上にて。

＊52　一九九二年にアヨーディヤーのバーブリー・マスジッドが破壊されたことに端を発する。ムンバイーでの暴動は一九九二年一二月六日からの五日間、および一九九三年一月六日からの一五日間に起こった。ヒンドゥー、ムスリム双方に死者が出て、死者数は九〇〇人に上った［Government of Maharashtra 1998: 8-18］

＊53　ムンバイー暴動ではダーラーヴィーにおいても暴動が起き、ヒンドゥー、ムスリム双方に死傷者が出た［Saglio-Yatzimirsky 2013: 275-277］。しかし暴動後もダーラーヴィーへのムスリムの移住は続いていった。ダーラーヴィーの皮革産業においてはムスリムとチャンバールは相互に注文を出し合うこと、チャンバールのトレーダーが取引先のムスリムの工房主をバーイー（bhāi 兄弟）と呼ぶことが見受けられた。そのため、経済的領域においてはムスリムとチャンバールの間に暴力的な対立が見られるわけではない。ただし、本書の射程を超えてしまうが、ダーラーヴィーにおけるムスリムとチャンバールの関係については社会・政治的な関係性にも着目する必要がある。とりわけムンバイー市議会およびマハーラーシュトラ州政府の与党でありムスリムを敵対視するシブ・セーナの活動に十分着目して考察する必要があるであろう。

＊54　ファブレス企業とは自社内に工場などの製造設備を持たず、外部で製品を製造している企業を指す。B社とM社はムンバイー

に工場を持っておらず、ダーラーヴィーに製品の製造を依頼していたので、ファブレス企業に分類した。ただし、B社とM社はインド各地に小売店を持つために、インドのどこかに工場を持っている可能性はある。

＊55　詳細は第4章に記したが、本書では、五〇〇ルピー以下を低価格帯製品、五〇一ルピー以上一五〇〇ルピー以下を中価格帯製品、一五〇一ルピー以上を高価格帯製品としている。

＊56　デザイナーがいつごろからダーラーヴィーを訪れるようになったのかは、インタビューした人物によって回答に開きがあった。ある人物は、五年前からと答え、またある人物は六～一五年前と答えた。そのために、ここではその中間的値として一〇年前と記した。なお、インタビューは二〇二〇年に行った。

＊57　ゴーパル・ラオは電気技術の専門学校を卒業している。

＊58　二〇二〇年二月一九日。ラガーン・スレッシュへのインタビュー。スレッシュ氏が経営する革卸売店にて。

＊59　インド人口調査では、チャンバールがその他の皮革カーストと一括で調査されていることは、序章＊11参照。

＊60　例えばブラックキャンバスというムンバイーに拠点を構えるブランドを挙げることができる。「ブラックキャンバスウェブサイト」https://www.theblackcanvas.in/（二〇二〇年一一月一九日閲覧）。

＊61　フィールドで出会ったデザイナーの全員は高等教育を修了していた。

＊62　サグリオ＝ヤツィミルスキーは、ムンバイーの中間層にとってダーラーヴィーはカオス、汚物、危険を本質とする場所であるというスティグマは緩やかに取り除かれているように思われるが、ダーラーヴィーの住人はこんにちにおいても危険な人々であると認識されていると指摘している［Saglio-Yatzimirsky 2013］。

＊63　二〇一九年一月五日。アミタープ・バートラへのインタビュー。バートラ氏の工房にて。

＊64　二〇一九年一月五日。アミタープ・バートラへのインタビュー。バートラ氏の工房にて。

＊65　ランビール氏の詳細は第5章を参照のこと。

＊66　二〇一八年一一月二日。ランビール・クマールへのインタビュー。クマール氏の工房にて。

＊67　二〇一九年一月一日。プラカーシュ・メーヘタへのインタビュー。メーヘタ氏の工房にて。

＊68　マハーラーシュトラ産業開発公社（Maharashtra Industrial Development Corporation）が割り当てた工業地帯のこと。

＊69　二〇一八年八月三一日。ニミット・マンガルへのインタビュー。ランビールの工房にて。

第4章　ダーラーヴィーの工房ネットワーク

――ハブ工房を中核とする工房間関係

1　はじめに

本章ではダーラーヴィーにおける工房ネットワークがいかなるものかを分析する。より具体的には、工房ネットワークの形状がどのようになっているのか、工房間の取引関係はいかなるものか、工房間を誰が結び付けているのかを明らかにする。

ダーラーヴィーでは、工房ネットワークが存在し、工房ネットワークを通じて製品が生産されていると指摘されてきた。サグリオ＝ヤツィミルスキーは一九九三年から二〇〇一年までの調査を通じて、工房ネットワークを通じて生産されるほとんどの製品は中品質のコピーブランド品であり、オリジナルデザインの高級品はごく少量しか生産されていないと指摘していた。しかし、工房ネットワークがどのような形状であり、異なったアクターがどのように関わっているのか詳細は分からないとも指摘していた。ただし、工房ネットワークを通じた生産では、商人（ショールームや中間業者）が工賃や原材料を前払いするが、職人の取り分は極めて少ない、商人が主導的な工房関係を想定していた［Saglio-Yatzimirsky 2013: 196-202］。

しかし、こんにち工房ネットワークを通じて生産される製品は変化している。第3章で指摘したように、こんにちのダーラーヴィーではデザイナーなどからオーダーメイドの高級品の注文があり、皮革業を専門としないムンバイーの諸企業からコーポレーションギフトや業務用製品の注文がある。さらに、サグリオ＝ヤツィミルスキーが指摘するように、二〇一〇年にはダーラーヴィーでは輸出市場向けのオリジナルデザインの革製品の生産が増加している［Saglio-Yatzimirsky 2013: 222］。

つまり、ダーラーヴィーの工房ネットワークは中品質のコピー製品を安く生産するためのネットワークからオリジナルデザインの高級品を含む多様な製品を生産するためのネットワークに変容している。こうした新たな工房ネットワークはどのような形状であり、工房間の関係性はいかなるものか。

本章ではまず、ダーラーヴィーが受注しているオーダーを分析し、ダーラーヴィーがオリジナルデザインの高級品を含む多様な製品を生産する地域に変容していることを示す。次にダーラーヴィーの革製品産業の工房ネットワークを描写する。工房ネットワークの描写を通じて、工房間の結節点になる工房が存在することを示す。そして、この結節点となっている工房の特徴（規模、生産している製品の価格帯）を分析する。その後、工房間の取引データを分析し、こうした結節点となる工房をハブ工房として概念化する。そしてハブ工房が工賃や原材料の前渡しの役割を担うことで、多様な工房が工房ネットワークに参加することが可能になっていることを示す。特にハブ工房にいる高等教育を受けたチャンバールが媒介者の役割を果たし、オリジナルデザインの高級品やコーポレーションギフト・業務用製品の注文といった新たな需要を取り込み、ダーラーヴィーの諸工房を結び付けて製品を生産していることを示す。

2　ダーラーヴィーで生産される製品の変容

本節では、オリジナルデザインの高級品や、コーポレーションギフト・業務用製品といった新たな需要をダーラーヴィーの工房が取り込み、低価格帯から高価格帯の多品種の製品を少量から大量に生産するスラムにダーラーヴィーが変貌していることを指摘する。

（1）ダーラーヴィーに取り込まれる新たな需要

ダーラーヴィーの工房に発注する業者をもとに、オーダーを分類したのが表4-1である。[*1] また表4-2には、発注元に加えて、それぞれの発注元からの受注数が多い製品上位五品目を記した。表4-1と4-2はダーラーヴィーの六一軒の工房を訪れて、受注していたオーダーの情報を収集した後、分析して作成した。[*2] このうち三一軒の工房はヒンドゥー教徒が経営しており、二九軒はムスリムが経営し、一軒はキリスト教徒が経営している。表4-2のオーダーの分類の際には、製作する数量に関係なく、受注した製品種類数をもとに分類した。[*3] また図4-1にはダーラーヴィーにおける商品の流れの全体図を示した。矢印が向かう先に商品が卸されている。オーダーのデータは、序章で述べたように、複数のルートから紹介された工房主から収集したものである。収集の際には、以下の情報を調査した。製品名、受注日、納期、発注者、発注価格、発注数量、素材、原材料費、工賃、支払い条件（原材料と資金の前渡しの有無、全額が支払われるタイミング）、対象市場（輸出市場または国内市場）、外注の有無などである。また、オーダーデータはインタビュー時およびインタビュー直近二週間以内に納品されたオーダーについて収集した。

表4-1　ダーラーヴィーの工房が受注した製品の卸先

製品の発注元	オーダー数	割合（%）
ダーラーヴィーのショールーム	52	19.40
ビンディ・バザールのショールーム	32	11.94
ダーラーヴィーのトレーダー	12	4.48
ムンバイー市内の小売・卸売業者・トレーダー	22	8.21
インドその他地域の卸売業者・トレーダー	13	4.85
個人	2	0.75
企業(コーポレーションギフト・業務用製品)	70	26.12
コラバのブティック	9	3.36
輸出業者	25	9.33
ダーラーヴィーの工房	21	7.84
ダーラーヴィー外の工房	4	1.49
ファブレス企業	2	0.75
不明	4	1.49
総オーダー数	268	100.00

注）現地調査データをもとに筆者作成。

直近二週間以内のデータも収集した理由は、サンプル数を増やすためである。直近二週間としたのは、直近二週間を超えた過去のオーダーデータは工房主の記憶が曖昧であり、信憑性が低いためである。また、二〇一九年七月から九月に調査を行った五つの工房については、インタビュー時点で受注していたオーダーのみを調査している。このため、これらの五工房を分類する際には、生産量を一・二二七倍に補正したデータを用いている。なぜならば、二〇一九年一〇月以降おいて、インタビュー時直近二週間以内に納品したオーダーがインタビュー時受注していたオーダー

表4-2　ダーラーヴィーの工房が受注したオーダー数

ダーラーヴィーのショールーム向け製品	52	企業向け製品	70
オフィス用鞄	8	ホテル業務用トレー	14
男性用財布	6	メニューフォルダ	6
通学用鞄	6	オーガナイザー	6
カードケース	6	手帳カバー	4
キャスター付き鞄	5	パスポートカバー	4
ビンディ・バザールのショールーム向け製品	32	コラバのブティック向け製品	9
女性用財布	8	ベルト	3
キャスター付き鞄	5	キーホルダー	2
ベルト	3	サイドバッグ	1
女性用鞄	3	女性用鞄	2
パスポート入れ	3	オフィス用鞄	1
ダーラーヴィーのトレーダー向け製品	12	輸出業者向け製品	25
サイドバッグ	2	女性用鞄	5
男性用財布	2	男性用財布	4
オフィス用鞄	1	カードケース	2
女性用鞄	1	ペンスタンド	2
パスポートケース	1	楽器ケース	1
ネームタグ	1	キーホルダー	1
カードケース	1	ネームタグ	1
ペンケース	1	旅行用鞄	1
キャスター付き鞄	1	レザーベルト	1
その他鞄		メニューフォルダ	1
ムンバイー市内の小売・卸売業者・トレーダー代向け製品	22	フォルダ	1
男性用鞄	6	ダーラーヴィーの工房からの下請け	21
手帳カバー	2	男性用財布	5
キーホルダー	2	フォルダ	2
時計ケース	2	オフィス用鞄	2
バックパック	2	スリムバッグ	2
インドその他地域卸売業者・トレーダー向け製品	13	パスポート入れ	2
女性用鞄	4	ダーラーヴィー外の工房からの下請け	4
フォルダ	2	レザーボード	1
ベルト	1	ナイロンバッグ	1
ポーチ	1	化粧ケース	1
携帯電話カバー	1	女性用鞄	1
カードケース	1	ファブレス企業向け製品	2
男性用財布	1	男性用財布	2
女性用財布	1	不明	4
サイドバッグ	1	ネームタグ	2
個人向け製品	1	椅子修理	1
女性用鞄	1	その他	1
総オーダー数			268

注）現地調査データをもとに筆者作成。

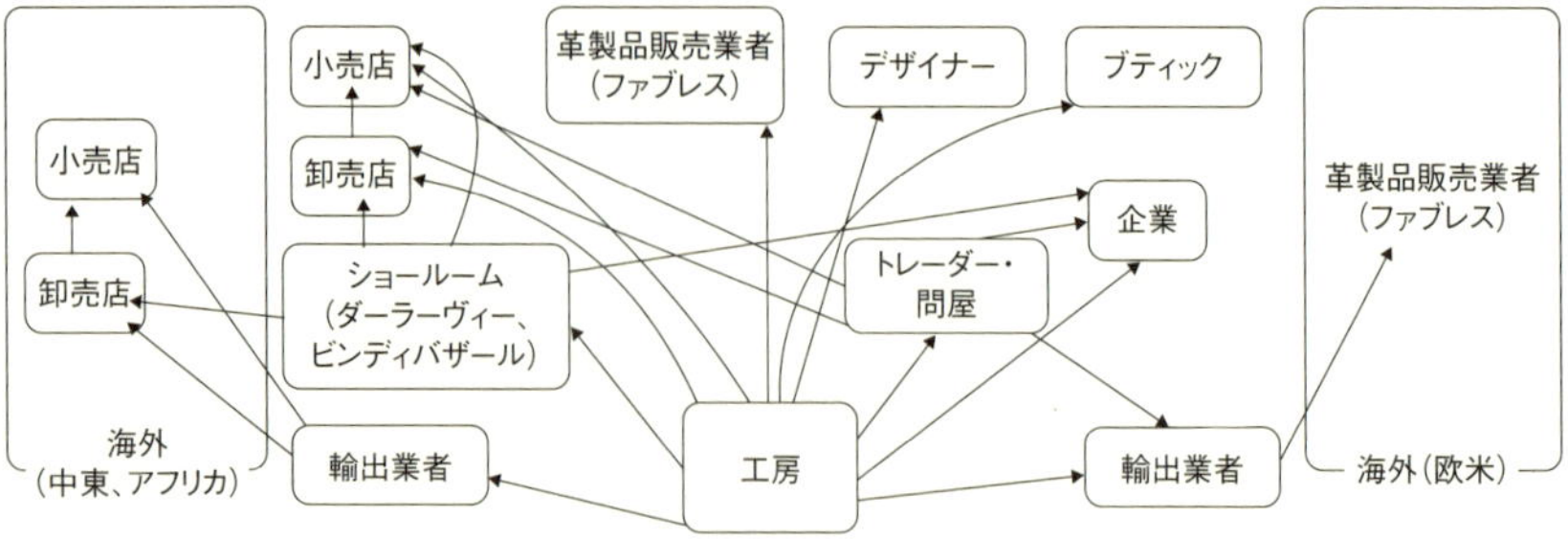

図4-1　ダーラーヴィーにおける商品の流れ

出所）現地調査より筆者作成。

に占める割合が二二・七%だったためである。

なお、七月から九月に収集したデータは雨季にあたり、オーダーが少なくなる工房がある。ただし、これら五つの工房については年間および月間の平均生産量や雨季後のオーダー状況も聞き取りを行った。その結果、七月から九月に収集したオーダーが他の時期に比べて特に少ないということはなかったことが確認されている。

表4-1からは、コーポレーションギフト・業務用製品、輸出業者向けの製品が全体のオーダーの三五%ほどを占め、ダーラーヴィーが新たな需要を大きく取り込んでいることが分かる。第3章で指摘した従来の流通経路であるダーラーヴィーのショールーム、ビンディ・バザールのショールーム、コラバのブティックは全体のオーダーの三五%ほどである。新たな流通経路が従来の流通経路に匹敵する規模になっているといえよう。

輸出業者向け製品は、輸出業者からデザインが送られてくるケースと輸出業者と工房主が協働でデザインを開発するケースがある。今日のダーラーヴィーではデザイナーや小規模の起業家が工房を直接訪れ、工房主と製品の仕様について話し合う光景が見られる*4。

国内向け高級品に関しては、ムンバイーだけでなく、ムンバイー外の業者からも注文がきていた。これら高級品はファッション向け製品であり、鞄、財布、カードケース、キーホルダーらが主な製品であった。

コーポレーションギフトの注文は、企業が贈答用に用いる製品の注文である。

注文はムンバイー、プネーなどのマハーラーシュトラ州内の企業からがほとんどである。インドの商慣習には、自社のロゴを入れた財布やカードケースなどの製品を取引先や顧客、従業員に配るというものがある。インドではギフト市場が急成長を続けており、二〇一九年度に一・一九億ドルだった市場が二〇二五年度には一・五九億ドルに達すると推測されている。[*5] 特にディワーリー[*6]のシーズンには大量のコーポレーションギフトがダーラーヴィーで生産されている。例えば財布であると、ＩＣＩＣＩ銀行から注文がきていた。そのほかにもタバコ会社から革製のシガレットケースの注文がきていた。

業務用製品では、マハーラーシュトラ州内の企業に加えて、ゴアやアフマダーバードの企業からも注文がきていた。業務用製品だと例えば車のダッシュボードに入れておく書類入れが、ホンダの車を取り扱う自動車販売店から注文が入っていた。他にも欧州資本の自動車企業に納品する、同社のロゴが入った鞄の注文がきていた。これらの会社からは注文が定期的に入ってきており、筆者は滞在中にこれら製品の箱詰めを何度も手伝った。業務用製品は他にもファーストフード店のデリバリーバッグ、メニューフォルダ、リモコン入れなどが生産されていた。メニューフォルダやリモコン入れは外資系ホテルやインド資本の高級ホテルからも注文があり、これらの製品も定期的に注文が入ってきていた。またムンバイーにある高級時計の小売店から時計を収納するケースの注文もきていた。

なお以上のように業務用製品の会社から直接注文がくるケースもあれば、中間業者を通すケースもある。デザインの打ち合わせは工房主が会社か中間業者のもとを訪れて担当者と打ち合わせをするケースもあれば、会社か中間業者の担当者が直接工房を訪れるケースもある。デザインはサンプルが担当者から工房に渡されるか、サンプルの写真や動画がスマートフォンを通じて工房主に送られてくるケースもある。実際に筆者が工房を訪れているときに中間業者がやってきていた。彼は大手銀行からの初めての注文であり、この後も定期的に注文を取りたいために、腕が良いと評判のこの工房を選んだという。工房は紹介を通じて知ったという。希望するデザインの動画を見せ、工房主に用途や素材について話し、サンプル製作を依頼していた。

ダーラーヴィーにコーポレーションギフトや業務用製品の注文が多くくるのは、ダーラーヴィーがムンバイーに位置していることが関係していると考えられる。ムンバイーはインド屈指の経済都市であり、多くの企業が本社ビルを構えている。[*7] さらに近隣都市のプネーには自動車産業が集積している。インドで最も大きいコーポレーションギフトの展示会であるギフテックスはムンバイーで毎年開催されている。[*8] 二〇一九年の八月に筆者はダーラーヴィーの工房主に誘われて、ギフテックスの会場に赴いた。会場にはブースを出展しているダーラーヴィーの他の工房主も見受けられた。

近年はバンドラ・クルラ・コンプレックスと呼ばれる商業地区の開発が進んでいる。その地区には高層ビルが立ち並び省庁や有名企業のオフィスの集積が進んでいる。この商業地区はダーラーヴィーからリキシャーで一〇分ほどの距離にある。この商業地区に位置する企業からもダーラーヴィーの工房は製品のオーダーを受注していた。つまり、ダーラーヴィーの工房はムンバイーのスラムという地理的特性を最大限に活かし、コーポレーションギフトや業務用製品といった新たな需要を取り込んでいるのである。

(2) ダーラーヴィーで生産される製品の価格帯、生産量

図4-2はダーラーヴィーの工房が受注した一オーダー当たりの製品の価格帯である。その際には生産数量は考慮していない。[*9] 図4-2から一オーダー当たりの価格帯は五〇〇ルピー以下と五〇一ルピー以上のグループに大別できることが分かる。五〇〇ルピー以下の製品のオーダーが全体の五八・二四%を占め、廉価な製品のオーダーが約半数を占めている。一方で五〇一ルピーから一五〇〇ルピーの中価格帯の製品のオーダーが全体の二一・七五%を占め、一五〇一ルピーから四五〇〇ルピーの高価格帯の製品のオーダーが全体の二〇・〇%を占めている。[*10] つまりダーラーヴィーにおいては廉価品が多く生産されている一方で、中価格帯から高価格帯の製品も並行して一定数生産されているのである。

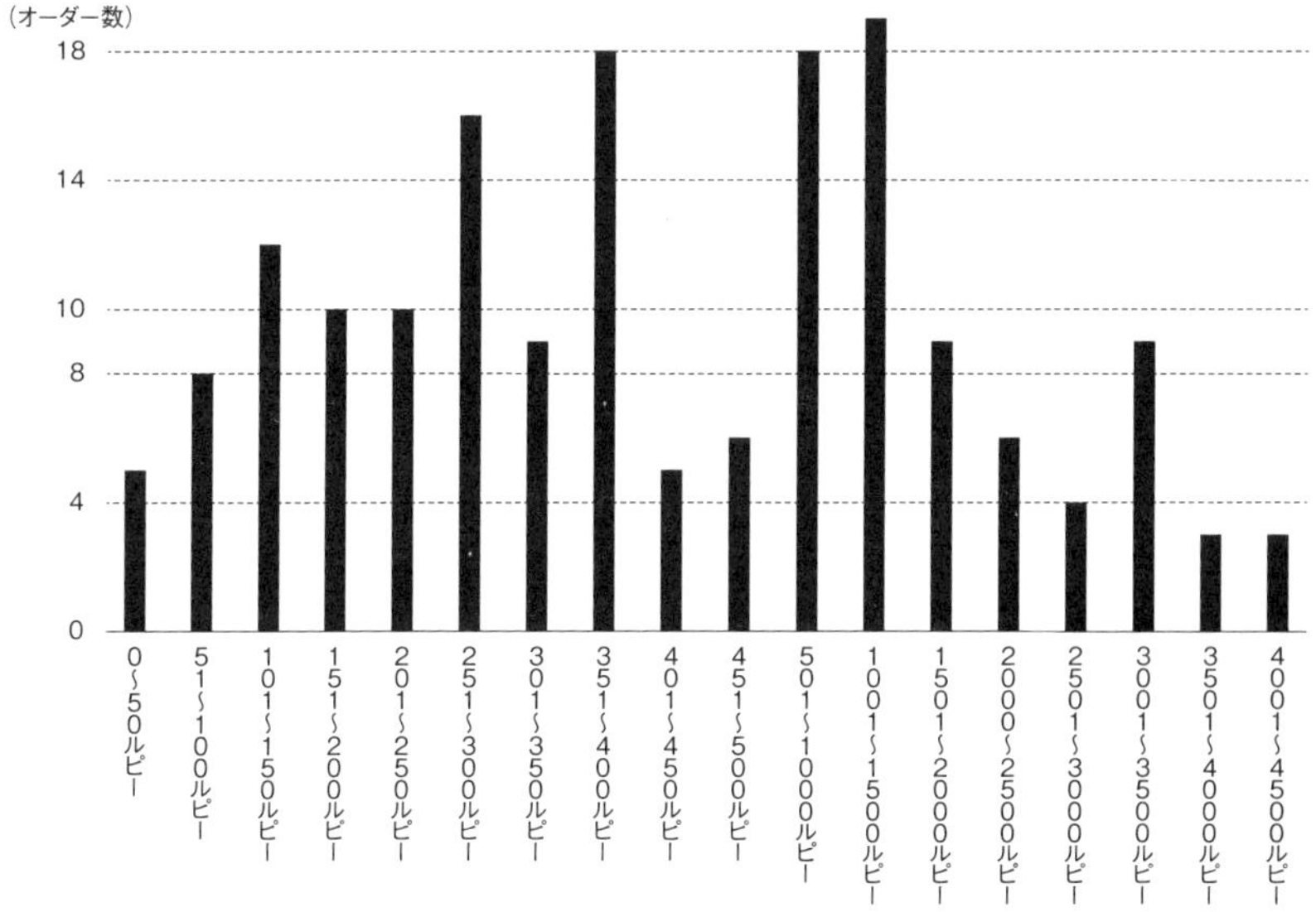

図4-2　ダーラーヴィーの工房が受注した1オーダー当たりの製品の価格帯

注1）現地調査データをもとに筆者作成。

注2）受注価格が500ルピーまでは50ルピー刻み、501ルピーから5000ルピーまでは500ルピー刻み。

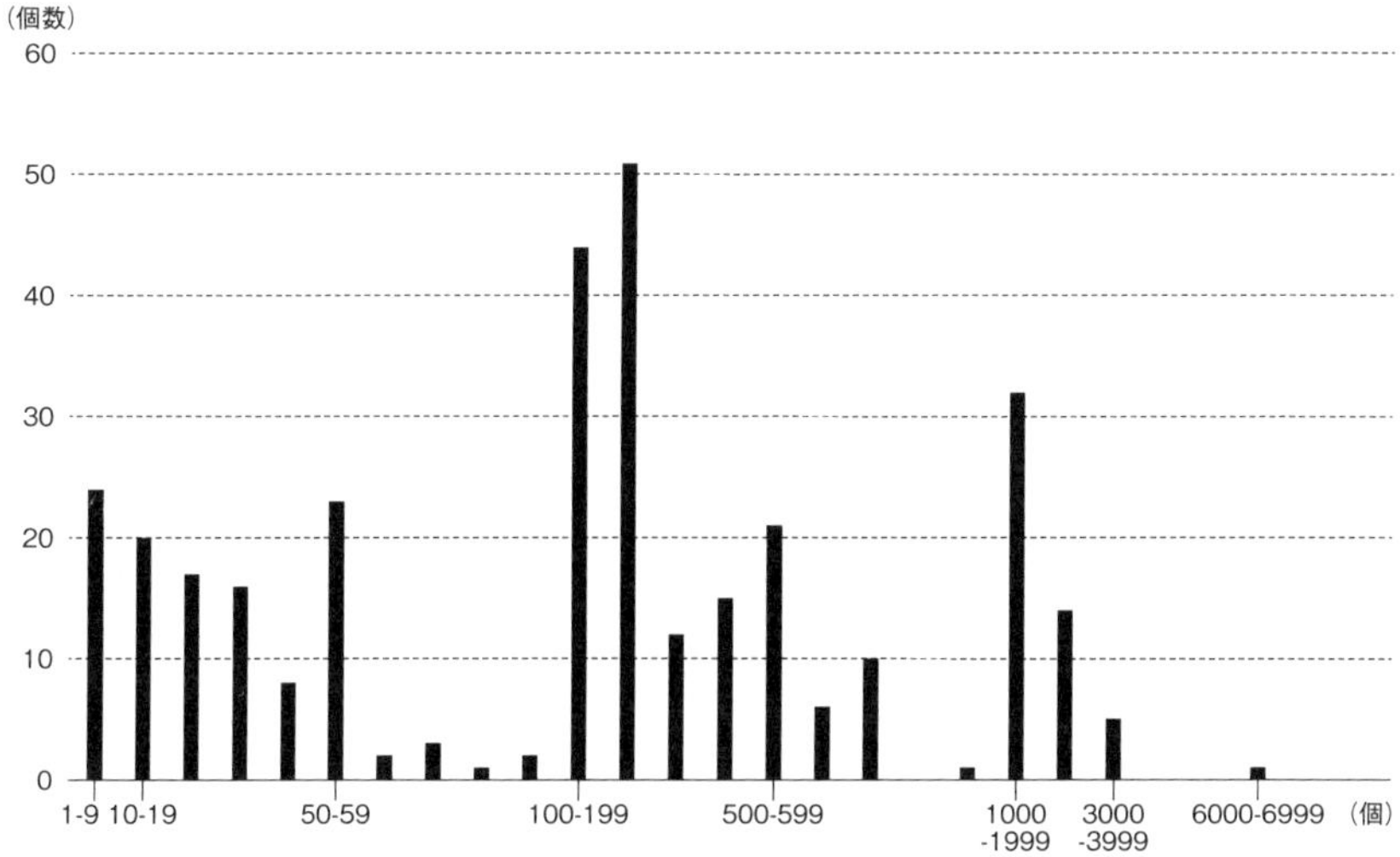

図4-3　ダーラーヴィーの工房が受注した1オーダー当たりの製品の生産量

注1）現地調査データより筆者作成。

注2）生産量が100個までは10個刻み、101個から1000個までは100個刻み、1001個から10000個までは1000個刻み。

図4-3はダーラーヴィーの工房が受注したオーダーの生産量を示している。図4-2から大まかにいって、最も注文が入る生産量は三つのグループから成り立っていることが分かる。一つ目が、九九個以下の少量オーダーのグループであり、全オーダーの三五・三七%を占める。二つ目が、一〇〇個から九九九個の中量オーダーのグループであり、全オーダーの四八・七八%を占める。三つ目が、一〇〇〇個から六九九九個までの大量オーダーのグループであり全オーダーの一五・八五%を占める。つまりダーラーヴィーの工房には少量から大量のオーダーが満遍なくきていることが分かる。

3　工房ネットワーク

本節ではダーラーヴィーの工房ネットワークの描写と分析を行う。まず、ダーラーヴィーの工房がどのようなネットワークを構築しているのかを描写する。その上で、ダーラーヴィーの工房ネットワークのなかには、諸工房の結節点となるハブ工房が存在することを指摘する。さらに受注したオーダーの製品の価格と製品の生産量をもとに工房を分類する。その後分類した工房の特徴を事例を取り上げながら分析する。本書の重要な指摘は、コーポレーションギフト・業務用製品を生産しているグループ、輸出向けの高級品を生産しているグループが存在していることである。

ネットワークを描写する際にはグラフ視覚化ソフトであるGephiを使用した。ネットワークを描写する際にはダーラーヴィーの六一の工房を訪れて収集したデータを基にした。収集したデータの内容は筆者が工房を訪れた時点で工房が受注していたオーダーのデータである。[*11]

図4-4がダーラーヴィーの工房ネットワークである。ネットワークの辺は受注関係が存在していることを示している。ネットワークの矢印が出ている側が発注元であり、辺の矢印が入っている側が受注元である。ノードの大きさは出ていく辺と入ってくる辺の本数に比例している。例えば、二社から受注し、三工房に下請けに出した場合、合計

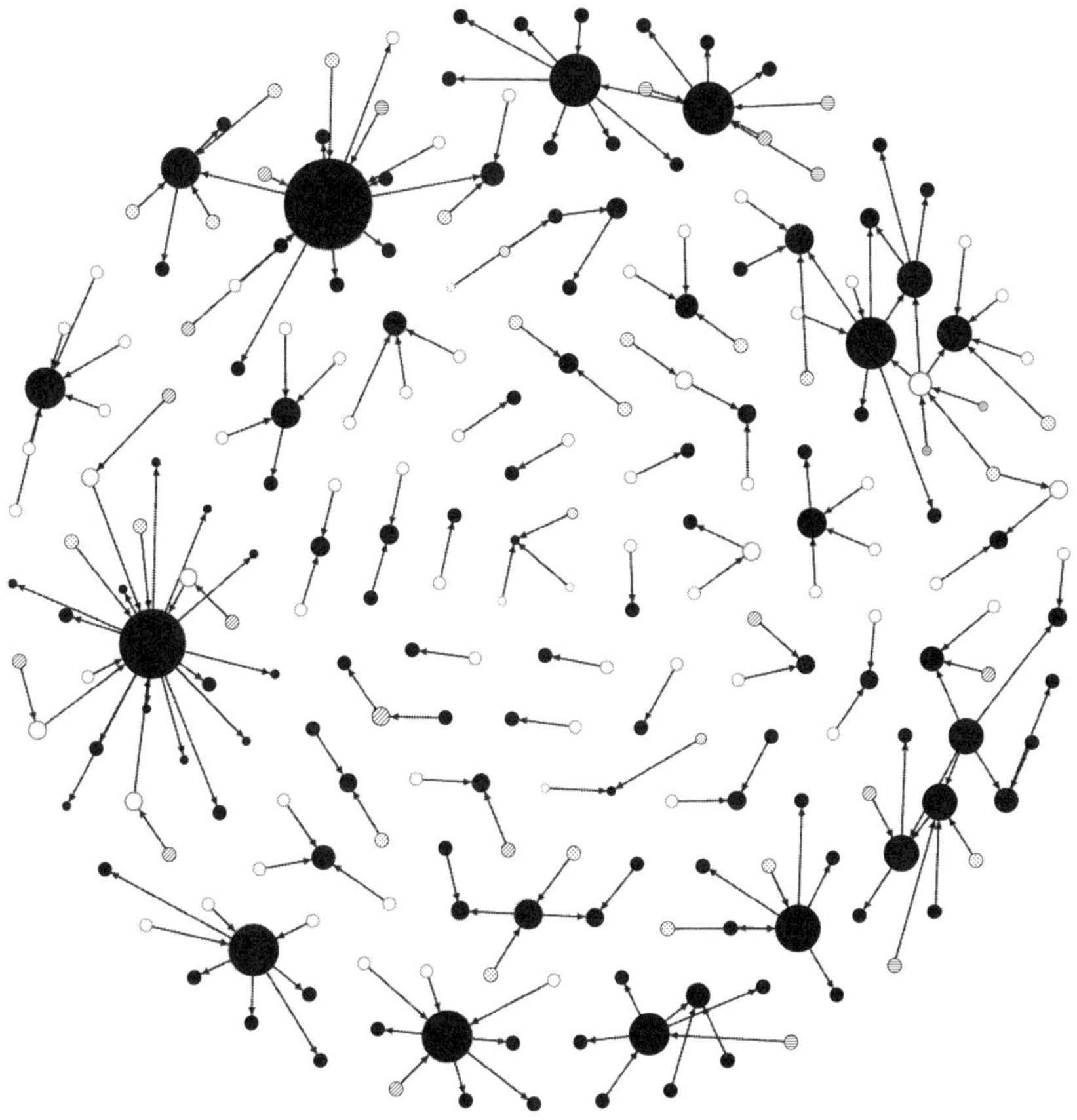

図4-4　ダーラーヴィーの工房ネットワーク

注）現地調査データより筆者作成。

の辺の出入本数は五である。一方で一社から受注し、すべて自分の工房で製作し、下請けに出さない場合の出入本数は一である。出入本数が五の工房は出入本数が一の工房よりも五倍ノードを大きく描写している。

ノードの色はノードの属性を示している。黒色は工房であることを示し、白色は卸売・小売業であることを示し、水玉は革製品産業に直接関係のない会社を示し、斜線は個人を示し、横線は不明を示している。*12

（1）ハブ工房の存在

図4-4からまず分かるのは、ダーラーヴィーの工

房には受注関係の結節点になる工房が存在しているということである。複数の卸売・小売業者や工房から注文を受け、それを複数の工房に外注する工房が見受けられる。結節点となる工房の存在はダーラーヴィーには小規模の工房が均質的に分散しているわけではないこと、商人らが注文を出した工房を排他的に管理しているわけではないことを示している。

さらに結節点となる工房は外注先の工房を独占的に支配していない。結節点となる工房から注文を受けている工房のなかには、それ以外の工房からもオーダーを受注しているケースが図4-4から確認できる。

（2）ダーラーヴィーの工房の分類

ここからダーラーヴィーの工房ネットワークを構成する諸工房の分類を行う。工房の分類の際には受注したオーダーの価格の加重平均値と総生産量に着目した。[*13] 分類には階層的クラスター分析の手法を用いた。[*14] ただしここでは実際にその工房で生産された製品のオーダーのみを取り扱っている。[*15]

表4-3　各グループの加重平均価格と総生産量の平均値

グループ名	平均価格	平均生産量	該当件数
グループ1	81.84	21400.00	2
グループ2	152.24	4693.90	5
グループ3	208.36	857.35	30
グループ4	1428.17	127.76	17

注）クラスター分析の結果をもとに筆者作成。

分析結果から工房は四つのグループに分類できることが分かった（図4-5）。図4-6がそれぞれの工房が受注したオーダーの単価の加重平均値と総生産量をプロットしたものである。プロットの際には記号によって四つのグループのどれに所属するのかも記した。さらに各グループの加重平均価格と総生産量の平均値および該当工房数を表4-3に示した。なお、七件の工房はオーダーの価格情報を一部回答しなかったため、分類していない。

図と表から各グループの特徴は次のようにいえる。グループ一は低価格帯製品を極めて大量に生産するグループである。グループ二は低価格帯の製品を大量に生産するグループである。グループ三は低中価格帯製品を少量から中量生産するグループである。グループ四は中高価格帯の製品を少量生産するグループである。[*16]

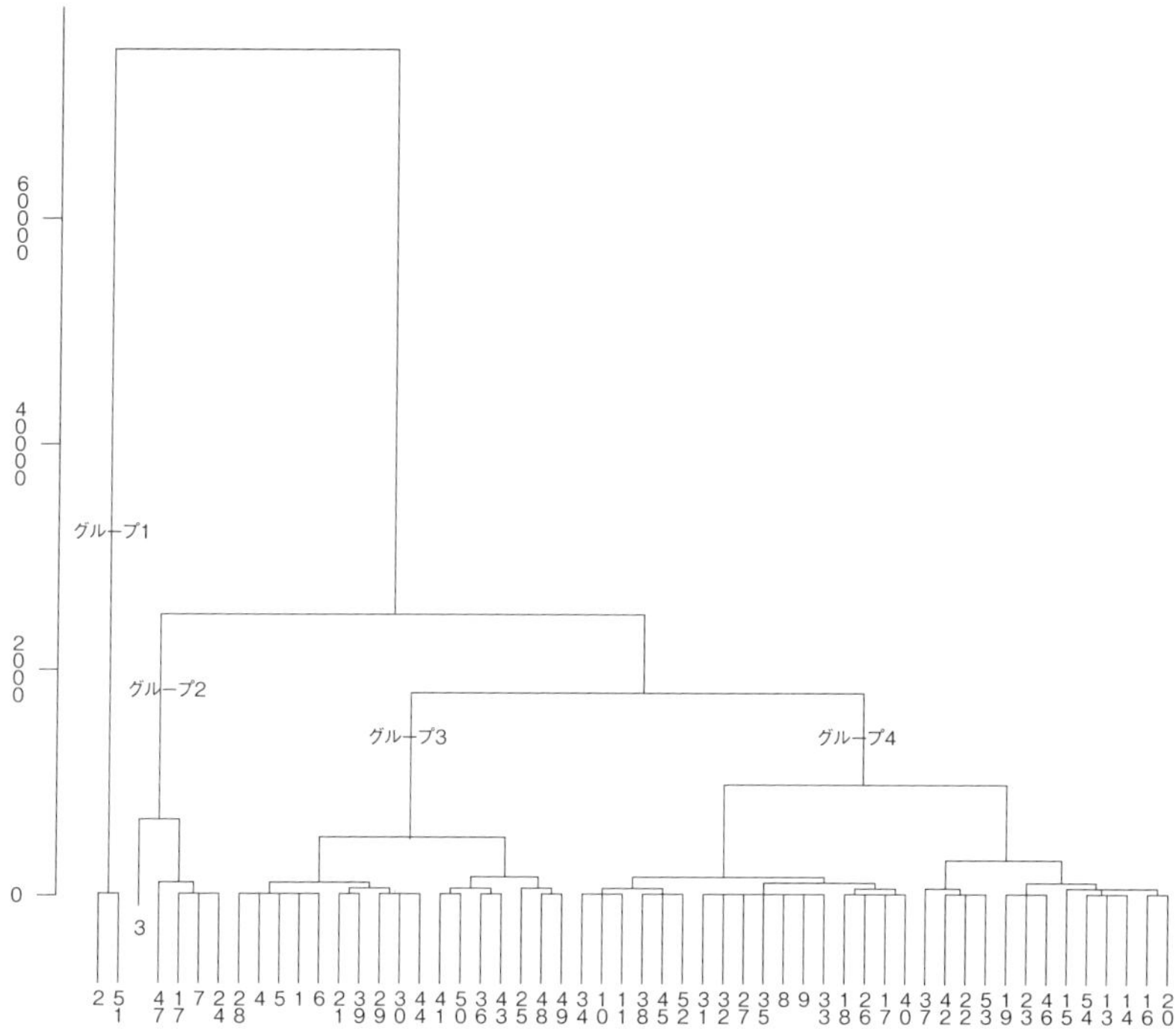

図4-5　ダーラーヴィーの工房のデンドグラム（樹形図）

注）現地調査データを計量分析ソフト EZR で分析した。

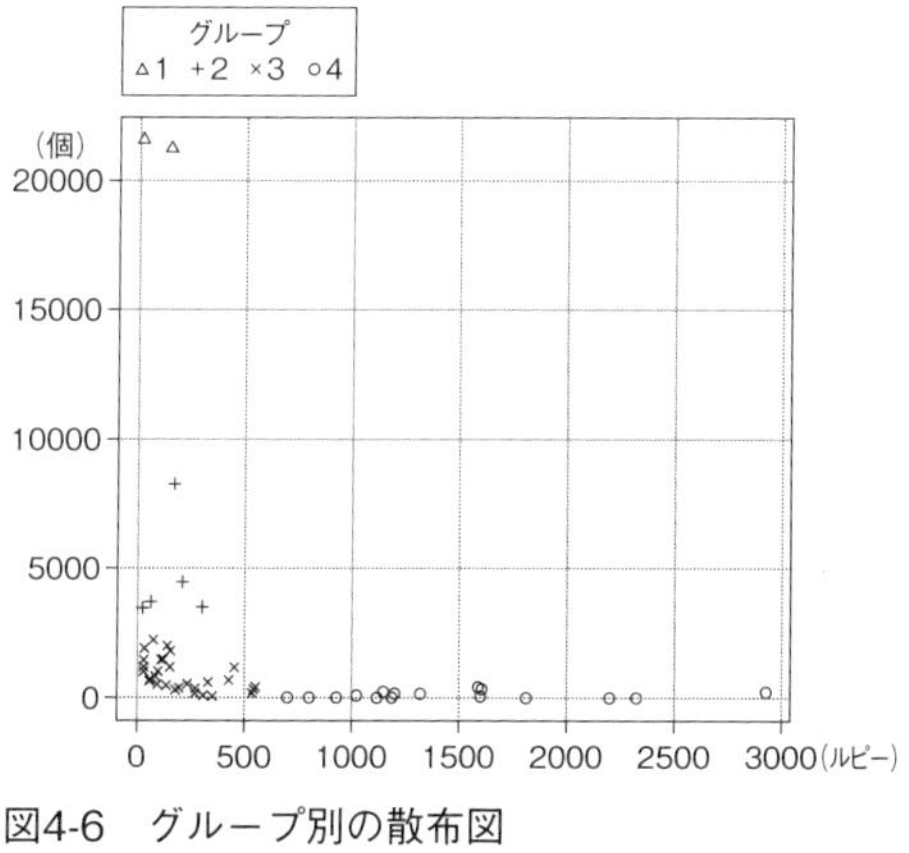

図4-6　グループ別の散布図

注）クラスター分析の結果をもとに計量分析ソフト EZR で筆者作成。

ここからグループごとに工房の様子を紹介していく。グループ一に分類される工房としてヤシールの工房を取り上げる。彼の工房は一五名の職人が働いておりダーラーヴィーでは最も規模の大きい工房の一つである。インタビューした四人の職人はビハール州かジャールカンド州の出身であった。職人の多くは工房に住み込んでいる。

表4-4　ヤシールが受注したオーダー

製品名	主素材	単価（ルピー）	数量	発注者	原材料の受け渡し	輸出向け 国内向け	外注
手帳	厚紙	100	10,000	ムンバイーの文房具企業	厚紙は企業から	国内向け	×
旅行用カバン	合成皮革	230	6,000	ムンバイー市内のトレーダー	全て自前で購入	国内向け	×
フォルダ	合成皮革	175	3,000	ムンバイー市内のトレーダー	全て自前で購入	国内向け	×
パスポートケース	合成皮革	130	500	ダーラーヴィーのトレーダー	全て自前で購入	国内向け	×
ポーチ	合成皮革	5	1500	ダーラーヴィーのトレーダー	全て自前で購入	輸出向け	×
ペンケース	合成皮革	60	200	ダーラーヴィーのトレーダー	全て自前で購入	輸出向け	×

工房は賃貸で、月二万ルピーの家賃であるという。

ヤシールは四二歳の男性でムスリムのシェイクコミュニティに属する。ビハール州のシヴァーン近郊の農村出身である。父は農業労働者であったが、土地は持っていなかったという。ヤシールは四学年まで学んだあと、農業労働者として働いていたが、一二歳のころ、ダーラーヴィーに出てきて革製品工房で働き始めた。最初の工房は紹介を通じて知り、同じ村出身の人が経営する工房であったという。そこで二年間働き、その後二つの工房で一年ほど働いたのち、自分の工房を立ち上げた。起業の資金はすべて働いて貯めたお金で賄ったという。

表4-4がヤシールが受注したオーダーの一覧である。単価は一番高いもので二三〇ルピーであり、一番安いものになると工賃のみであるとはいえ五ルピーまで下がる。輸出市場向け製品も生産しているが、単価はそれぞれ五ルピーと六〇ルピーであり、輸出市場向けの高価な製品を生産しているわけではない。受注量で見ると最も少ないもので二〇〇個、最も多いものでは一万個に及ぶ。素材は合成皮革と厚紙で革は使用していない。注文はすべてムンバイー市内の企業やトレーダーからである。

この工房は、インド北東州の農村出身で教育レベルがさほど高くないムスリムがダーラーヴィーに出てきて、仕事を学んだのち独立して、同じく北東州出身の農村出身のムスリムを雇用して、国内向けに低価格帯の製品を大量に生産している工房といえるだろう。この工房は先行研究で指摘さ

表4-5　デーヴが受注したオーダー

製品名	主素材	単価（ルピー）	数量	発注者	原材料の受け渡し	輸出向け 国内向け	外注
フォルダ	合成皮革	100	5000	中東の企業	全て自前で購入	輸出向け	○
パスポートケース	合成皮革	210	400	ビンディ・バザールの卸売業者	全て自前で購入	国内向け	×
カードケース	革	250	200	ダーラーヴィーのトレーダー	全て自前で購入	輸出向け	×
男性用財布	革	300	300	ダーラーヴィーのショールーム	全て自前で購入	国内向け	×
キーホルダー	革	70	3000	ダーラーヴィーのショールーム	全て自前で購入	国内向け	×
オーガナイザー	革	375	400	ダーラーヴィーのショールーム	全て自前で購入	国内向け	×
ネームタグ	革	85	500	ダーラーヴィーのショールーム	全て自前で購入	国内向け	×
フォルダ	革	550	1000	ダーラーヴィーのショールーム	全て自前で購入	国内向け	×

れてきた典型的な工房［Saglio-Yatzimirsky 2013: 168-171, 196-198］といえるだろう。

グループ二に分類される工房として、デーヴの工房が挙げられる。彼の工房では八名ほどの労働者が働いており、広さは二一平方メートルほどである。二台のミシンが備えつけられている。工房の家賃は月額六〇〇〇ルピーほどであるという。労働者は皆ウッタルプラデーシュ州の出身で、ラクナウ、カンプール、バリプールなどからきているという。

デーヴは五九歳の男性で、ヒンドゥーのパンジャービーでありカンナのコミュニティに属する。ウッタルプラデーシュ州のヴァラナシの出身である。父は現在のパキスタンのラホール出身で服のセールスマンであったという。デーヴは一〇学年を修了したのち、二三歳のころ、ムンバイーに出てきた。七～八年間ムンバイーで服の小売店を営んだあと、革製品の工房を設立したという。設立の資金はすべて自身の貯金からだという。

表４-５がデーヴが受注したオーダーの一部である。単価は一番高いもので五五〇ルピーになり、一番安いものでも七〇ルピーはする。国内向けの製品が主であるが、輸出市場向け製品も生産している。ただし、単価はそれぞれ一〇〇ルピー、二五〇ルピーとそれほど高くない。輸出先は中東であり、欧米の高級品市場に卸している

わけではなく、中東の中価格帯市場に卸していると考えられる。素材で見ると合成皮革に加えて革も使用している。注文は中東の企業から直接受注しているケース、ビンディ・バザールから受注しているケース、ダーラーヴィーのトレーダーやショールームから受注しているケースと幅広い。

デーヴの工房はチャンバールやムスリムが国内向けに低価格品を大量に生産する工房とは異なり、他カーストが海外の低中価格帯市場をもターゲットに大量に製品を生産している工房といえる。なお、グループ二ではチャンバールやムスリムが国内向の低中価格帯市場に大量に製品を卸している工房も含まれ、デーヴの工房がグループ二で一般的とまではいえない。ただし、デーヴの工房の事例はダーラーヴィーの零細工房は規模や生産方法を変えなくとも、他カーストが参入することで、海外の中価格帯市場をターゲットにしうることを示唆している。

グループ三に分類される工房として、ヤーシュの工房が挙げられる。彼の工房では六名の職人が働いており、広さは二一平方メートルほどである。工房は自己所有であるため、家賃はかからない。労働者のうち二名はマハーラーシュトラ州の出身で、四名はビハール州の出身であるという。

ヤーシュは三二歳の男性で、ヒンドゥー教徒のチャンバールである。彼はダーラーヴィーの生まれと育ちである。祖父がマハーラーシュトラ州のサタラから、一九四五年から五〇年ごろに移住し、一九七〇年に事業を始めたという。父も事業を引き継ぎ、ヤーシュは三代目にあたる。ヤーシュは一二学年修了後、父の工房で働き始めた。

表4-6がヤーシュが受注したオーダーの一部である。単価は高いもので三八〇ルピーだが、一番安いものでも九〇ルピーはする。素材では、合成皮革が主だが、革を使う製品も受注している。彼の工房の特徴はすべてのオーダーが業務用製品・コーポレーションギフトであることだ。オーダーのうち一件は企業から直接受注し、残りはトレーダーを通じて受注している。納品先の企業の業種は多岐に渡り、銀行、製薬、ホテルなどである。

この工房は廉価品を国内の卸売業者に販売する従来指摘されてきた工房とは大きく異なる。ダーラーヴィーで生まれ育った三代目の若手のチャンバールが、企業向けに業務用製品・コーポレーションギフトを生産し、新たな流通経

表4-6　ヤーシュが受注したオーダー

製品名	主素材	単価（ルピー）	数量	発注者	原材料の受け渡し	輸出向け国内向け
オーガナイザー	合成皮革	90	7000	B社(SBI銀行のコーポレーションギフト)	合成皮革は企業から	国内向け
ティーコースター	合成皮革	350	30	商人A（インベストテック社のコーポレーションギフト）	全て自前で購入	国内向け
フォトフレーム	合成皮革、中質繊維板	210	90	商人B（製薬会社のコーポレーションギフト）	全て自前で購入	国内向け
オーガナイザー	合成皮革	380	200	商人B（製薬会社のコーポレーションギフト）	全て自前で購入	国内向け
ホテルメニューカード	革	240	90	商人C（ホテルで使用する業務用製品）	全て自前で購入	国内向け

表4-7　プラニットが受注したオーダー

製品名	主素材	単価（ルピー）	数量	発注者	原材料の受け渡し	輸出向け国内向け	外注
鞄	レザー	2800	30	輸出業者S	全て自前で購入	輸出向け	×
オフィス用鞄	レザー	3820	15	輸出業者S	全て自前で購入	国内向け	×
デザイナーズバッグ	キャンバスとゴム	600	5	デザイナーS	全てデザイナーから	輸出向け	×
財布	レザー	180	100	輸出業者S	全て自前で購入	国内向け	○

路を開拓していることが見てとれる。なお、この新たな流通経路を開拓している工房主の特徴については、本章第4節第2項で詳しく論じる。

グループ四に分類される工房としてプラニットの工房を挙げることができる。プラニットの工房では六人の職人が働いており、全員が熟練工であるという。一名を除いては工房の外に部屋を借りて家族や友人と住んでいる。工房に住み込んでいる職人がビハール州出身であるが、その他の職人は皆マハーラーシュトラ州出身のヒンドゥー教徒のチャンバールである。

プラニットは三三歳の男性で、ヒンドゥー教徒のチャンバールである。彼はダーラーヴィーの生まれであるが、教育は父の故郷であるマハーラーシュトラ州のアスティ村で受けた。一〇学年を修了後、ダーラーヴィーで父が経営する工房で働き始めた。工房は父が一九八七年に始めた。父は一九七四年にアスティ村からダーラーヴィーに出てきた。父は元々村で農業労働者として働いていたが、村で旱魃があり、一九七四年にムンバイーに出てきた。ガットコーパルにある工房で一二年働き、その後ダーラーヴィーの工房で二年働いたのち自身の工房を立ち上げたという。

表4-7がプラニットが受注したオーダーの一覧である。単価は高いものではオフィス用鞄の三八二〇ルピーに及ぶ。一番低いものだと財布の一八〇ルピーだが、これは他工房に外注し、自身の工房では生産しない。デザイナーズバッグの単価は六〇〇ルピーだが、これは工賃のみ（原材料はデザイナーから前渡しされている）の価格である。輸出市場向けの鞄は二八〇〇ルピーにおよび、プラニットの工房で生産している製品は品質と価格が高いものばかりである。数量で見ると、自工房で生産するものに関しては多くても三〇個と少量生産を行っていることが分かる。素材に関してもデザイナーズバッグを除いては革を使用している。発注元は輸出業者かデザイナーであり、タイプ一から三で見られたダーラーヴィーのトレーダーやショールームは見られない。この工房は輸出業者向けに高価な革製品を生産しており、従来の先行研究では見落とされてきた工房である。ヒンドゥー教徒のチャンバールが代を経て、製品の高度化が生じたと考えられる。特に労働者が一名を除いてヒンドゥー教徒のチャンバールで占められており、チャンバールが伝統的に継承してきた知識・技術が高品質な製品に結実しているといえよう。こうした高価な輸出市場向け製品を生産する工房の出現背景は、本章第4節第3項、高価な製品のイノベーションは第6章で論じる。

4　工房間の関係性

ここから工房間の関係性を分析していく。より具体的には、次の三点を明らかにする。一つ目が、工房間の結節点となる工房はいかなる取引関係を諸工房と結んでいるのかである。二つ目が、結節点となる工房やオリジナルデザインの高級品やコーポレーションギフト・業務用製品といった新たな需要を取り込む工房はいかなる人物によって運営

表4-8　外注における原材料と資金の前渡し

外注条件	件数	割合（%）
卸売・小売業者→工房（原材料と工賃ともに前渡し）	17	5.99
卸売・小売業者→工房（原材料か工賃のいずれか前渡し）	94	33.10
卸売・小売業者→工房（原材料と工賃のいずれも前渡しなし）	67	23.59
卸売・小売業者→工房→工房 （原材料と工賃のいずれかを工房が負担して、別の工房に外注）	72	25.35
工房→工房（発注元から受け取った原材料と工賃を外注先に渡す）	8	2.82
不明	26	9.15
合計	284	100.00

注）現地調査をもとに筆者作成。

されているのかである。三つ目が、こうした新たな需要を取りこむ工房はダーラーヴィーにおいていつごろから見られるようになったのかである。

（1）結節点となる工房の取引関係

結節点となる工房が諸工房と取り結ぶ取引関係を原材料と資金の前渡しという点から考えてみたい。原材料と資金の前渡しに着目するのは、問屋制度に関する研究において、発注元と外注先との関係を捉える上で重要な条件として着目されてきたからである。

表4-8において、着目するべきは、原材料や工賃を前渡しする注文の全体に占める割合がそれほど多くないということである。卸売・小売業者から原材料と工賃をともに事前に受け取る注文は全体の約六%であり、卸売・小売業者から原材料か工賃のいずれかを事前に受け取る注文は全体の約三三%であり、両者を合わせても四〇%に満たない。

一方で、卸売・小売業者から原材料と工賃のいずれも前渡しを受けていない注文の割合は二四%ほどにのぼる。これらの注文を受注する工房は、卸売・小売業者から独立した立場にあるといえる。[*17] そのために、ダーラーヴィーにおいては、卸売・小売業者が問屋制度を通じて、外注先工房を支配するということが広範に見受けられるわけではない（このことは本書第3章で明らかにした、チャンバール職人がムスリム商人に対抗して独自の販売経路を開拓していった経緯と整合的である）。

さらに重要なのは、卸売・小売業者に代わって、工房が原材料と工賃を外注先

表4-9　ハブ工房一覧

工房主名	年齢	事業世代	宗教	コミュニティ	教育レベル
デーヴ・アプテ	59	1代目	ヒンドゥー	カンナ	10学年修了
ルドラ・アフルワリア	23	1代目	ヒンドゥー	カルワール	学士号取得
ランビール・クマール	34	2代目	ヒンドゥー	チャンバール	大学中退・技術ディプロマ取得
サマルタ・カパディア	33	2代目	ヒンドゥー	チャンバール	技術ディプロマ取得
ヤーシュ・カダム	32	3代目	ヒンドゥー	チャンバール	12学年修了
スーリヤ・チョプラ	33	2代目	ヒンドゥー	チャンバール	12学年修了
シヴァイ・クルカルニ	31	2代目	ヒンドゥー	チャンバール	12学年修了
ローハン・アグワネ	34	3代目	ヒンドゥー	チャンバール	修士号取得
ゴーパル・ラオ	32	2代目	ヒンドゥー	チャンバール	技術ディプロマ取得
プラニット・ヴァルマ	33	2代目	ヒンドゥー	チャンバール	10学年修了
カリッド・シェイク	34	1代目	イスラーム	シェイク	4学年修了
カビール・アリー	42	2代目	イスラーム	アンサーリー	12学年修了
シャキール・アザド	28	2代目	イスラーム	シッディーキー	学士号取得

注）現地調査をもとに筆者作成。

に前渡しを行う注文が見られることである。*[18] こうした注文は全体の約二五％を占めている。一方で、卸売・小売業者から前渡しされた原材料や工賃を外注先に渡し、受注額と発注額の差額で利益を上げる中抜き的な取引を行なっている注文は全体の三％ほどであった。

つまり、ダーラーヴィーにおいて、結節点となる工房のほとんどは、外注先に対して中抜き的な関係を取り結んでいるのではなく、原材料や工賃を前渡しすることで、資本力のない工房がネットワークに入れるようにしているといえる。本章ではこうした工房をハブ工房として概念化する。ハブ工房の存在は、ダーラーヴィーの工房ネットワークが、卸売・小売業者が原材料や工賃の前渡しによって主導し、コストを節約するためのものであったとする構造から変容を遂げていることを意味している。

(2) ハブ工房主の特徴

では、こうした卸売・小売業者に代わって原材料と工賃の前渡しを行うハブ工房はどのような人々によって運営されているのだろうか。表4-9がハブ工房主の一覧である。

ハブ工房の工房主の特徴として一定の教育水準*[19]を持った二、三代目で若手（二〇代、三〇代）のヒンドゥー教徒のチャンバールが多く見られることである。このことはダーラーヴィーの職人（とりわけチャンバール）の間で資本蓄積と教育投資が行われ、それを引き継いだ者がハブ工房を運営していることを意味している。

ハブ工房の一代目の事業主については、革製品事業を通じて蓄積した資金を通じてハブ工房になったというより、何らかの形で資金を調達してきたものがなっていると考えられる。デーヴ・アプテ氏はダーラーヴィーで革製品工房を始める前は、ムンバイーの別の場所で服の小売店を営んでおり、そのときに貯めた資金で革製品工房を始めたという。ルドラ・アフルワリア氏は大学を卒業後、事業資金をすべて父親に出してもらい起業したという。*20

（3）新たな需要を取りこむ工房主の特徴

ダーラーヴィーの工房のなかでも、オリジナルデザインの輸出市場向け高級品、コーポレーションギフトや業務用製品といった新たな需要を取りこむのはどのような工房主なのか。そして、それら新たな需要を取りこむ工房はダーラーヴィーにいつごろから見られるようになったのだろうか。

まず、コーポレーションギフト・業務用製品のオーダーを受注している工房を分析していく。コーポレーションギフト・業務用製品のオーダーを受注している工房の一覧が表4-10である。受注している工房主にはヒンドゥー教徒とムスリムの両方が見られたコーポレーションギフト・業務用製品を生産している工房は合計で一五軒確認でき、そのうち九軒がヒンドゥー教徒が経営する工房であり、六軒がムスリムが経営する工房であった。コーポレーションギフト・業務用製品のオーダーは全部で七〇件確認できた。

このコーポレーションギフト・業務用製品のオーダーを受注している件数は、ヒンドゥー教徒が経営する工房が圧倒的に多い。表4-11から見て分かるように、ヒンドゥー教徒が経営する工房の受注数が五七件、ムスリムが経営する工房の受注数が一三件とヒンドゥー教徒が経営する工房の方がコーポレーションギフト・業務用製品を受注する割合が極めて大きい。特にディプロマ取得以上の比較的教育レベルが高い人々が経営する工房では、ヒンドゥー教徒が経営する工房は四一件受注していた。またコーポレーションギフト・業務用製品を二件受注していたサマルタ・カパディア氏は一〇学年修了だが、彼の妻は弁護士で、一九九五年から二〇〇七年までは輸出市場向け製品しか生産していなかったという。彼の妻が輸出に必要な書類仕事を行っていた。一方、コーポレーションギフト・業務用製品を受注しムスリムが経営する工房のなかにディプロマ以上の教育レベルを持つ者は見られなかった[*21]（表4-11）。つまり、比較的教育レベルの高いヒンドゥー教徒のチャンバールがよりコーポレーションギフト・業務用製品を受注していることが分かる。[*22]そして、これら比較的教育レベルの高いヒンドゥー教徒のチャンバールのほとんどは、表4-10から見て分かるように、二、三代目の若手（二〇代、三〇代）である。

なお、コーポレーションギフトや業務用製品の受注の背景には教育レベルの上昇だけでなく、ダーラーヴィーで生まれ育ちそこで培われた関係性も影響している。比較的教育レベルの高い工房主のランビールはあるとき、バンドラ・クルラ・コンプレックスにある企業からオーダーを受注していた。この注文は同じくバンドラ・クルラ・コンプレックスの別の企業で働いている友人の紹介で獲得することができたという。彼は会計士（Chartered Accountant）で、月収は三〇万ルピーであるという。彼はヒンドゥー教徒のチャンバールで、ダーラーヴィーで生まれ育ち、子どものころからの友人で、大学も同じであったという。

次にオリジナルデザインの輸出市場向け高級品を生産している工房は、どのような人物によって運営されているのかを分析していく。表4-12には、輸出市場向けの高級品を生産している工房を抽出した。

オリジナルデザインの輸出市場向け高級品を生産している工房主は比較的教育レベルが高く二、三代目の若手のヒンドゥー教徒のチャンバールの若者が多いことが分かる。[*23]なお、表4-12に記載された若手のチャンバールの工房主は全員ダーラーヴィーの生まれである。つまり、父親世代から教育を投資受けて、教育レベルが上昇したのである。[*24]

比較的教育レベルの高い二代目のチャンバールが輸出市場向けの高級品を生産し始めていると述べたが、このような高度化がどのように起きたのかをハルディック氏の工房を事例に考えたい。

表4-10　コーポレーションギフト・業務用製品を受注した工房主のプロフィール

工房主名	年齢	事業世代	出身州	宗教	コミュニティ	教育レベル	参入年
シヴァイ・クルカニ	31	2代目	マハーラーシュトラ州	ヒンドゥー教	チャンバール	12学年修了	2007
ランビール・シャー	51	2代目	マハーラーシュトラ州	ヒンドゥー教	チャンバール	不明	不明
ローハン・アグワネ	34	3代目	マハーラーシュトラ州	ヒンドゥー教	チャンバール	修士号取得	2011
スーリヤ・チョプラ	33	2代目	マハーラーシュトラ州	ヒンドゥー教	チャンバール	12学年修了	2006
ヤーシュ・カダム	32	3代目	マハーラーシュトラ州	ヒンドゥー教	チャンバール	12学年修了	2006
サマルタ・カパディア	52	2代目	マハーラーシュトラ州	ヒンドゥー教	チャンバール	10学年修了	1982
ゴーパル・ラオ	32	2代目	マハーラーシュトラ州	ヒンドゥー教	チャンバール	技術ディプロマ取得	2006
プラナーヴ・ラーム	60	1代目	マハーラーシュトラ州	ヒンドゥー教	チャンバール	カレッジ中退	1980
ランビール・クマール	34	2代目	マハーラーシュトラ州	ヒンドゥー教	チャンバール	カレッジ中退・技術ディプロマ取得	2006
ムハンマド・ファーキル	35	1代目	ビハール州	イスラーム	シディッキー	5学年	2009
カフィール・イード	不明	不明	不明	イスラーム	シェイク	不明	不明
カビール・アリー	42	2代目	ビハール州	イスラーム	アンサーリー	12学年修了	2006
カリッド・シェイク	34	1代目	ビハール州	イスラーム	シェイク	4学年修了	1999
ジャミール・ハビーブ	47	1代目	ビハール州	イスラーム	シェイク	12学年修了	2004
ハーキム・アクタル	42	1代目	ビハール州	イスラーム	不明	4学年修了	1999

表4-11　コーポレーションギフト・業務用製品の受注件数（単位：件数）

宗教	9学年以下	10学年修了	12学年修了	ディプロマ取得	カレッジ中退	学士号取得	修士号取得	不明	合計
ヒンドゥー教徒	0	2	10	1	9	0	30	5	57
ムスリム	6	2	2	0	0	0	0	3	13

注）現地調査をもとに筆者作成。

表4-12　オリジナルデザインの輸出市場向け高級品を生産している工房

氏名	年齢	事業世代	出身州	宗教	コミュニティ	教育レベル	参入年
アルジュン・カンブレ	62	1代目	マハーラーシュトラ州	ヒンドゥー教	チャンバール	11学年修了	2006
アザド・ハサン	45	1代目	ビハール州	イスラーム	アンサーリー	7学年修了	1997
アディティ・バートラ	31	2代目	マハーラーシュトラ州	ヒンドゥー教	チャンバール	技術ディプロマ取得	2009
ゴーパル・ラオ	32	2代目	マハーラーシュトラ州	ヒンドゥー教	チャンバール	技術ディプロマ取得	2006
プラニット・ヴァルマ	33	2代目	マハーラーシュトラ州	ヒンドゥー教	チャンバール	10学年修了	2005
ランビール・クマール	34	2代目	マハーラーシュトラ州	ヒンドゥー教	チャンバール	カレッジ中退・技術ディプロマ取得	2006
ローハン・アグワネ	34	3代目	マハーラーシュトラ州	ヒンドゥー教	チャンバール	修士号取得	2011

注1）現地調査データをもとに筆者作成。
注2）アディティ・バートラは、現在はムンバイー郊外のナヴィ・ムンバイーで工場を運営している。ただし、彼は元々ダーラーヴィーで事業を行っていた。そこに彼がイタリア人から出資を受けて、ナヴィ・ムンバイーに新たに工場を設立したのである。ただし、新たな工場は小規模のもので、従業員も15名ほどであった。工場の機械化は進んでおらず、クラフト的生産を特徴としていた。さらに、従業員は皆ダーラーヴィーで働いていた職人であった。工場の2階には、刺繍台を設けて革に刺繍を施していた。ダーラーヴィーは刺繍でも有名であるが、一般にそれらは別々の工房で行われており、彼のように一つの工房で行うのは革新的である。つまり、彼はダーラーヴィーの職人と生産スタイルを継承しつつ革新したのである。そのために、現在工場の所在地こそナヴィ・ムンバイーであるが、ダーラーヴィーの革製品工房が発展した1つの形であることは間違いないので、この一覧に加えた。

ハルディック氏は、ヒンドゥー教徒のチャンバールで、三二歳の男性である。彼は、ムンバイー市内のクルラで生まれ、現在はダーラーヴィーに住んでいる。ムンバイー大学のカレッジを卒業している。

彼は筆者が二〇一八～二〇年の期間にフィールドワークをしていた際には、国内向け製品と輸出市場向け製品をともに生産していたが、中価格帯の製品が主であり、高価格帯の製品は生産していなかった。当時は父親と彼が生産・経営を行い、三人の職人が働いていた。しかし、筆者が二〇二三年三月に再訪した際には、輸出業者から高級品の注文を受けていた。表4-13が、二〇一九年の一一月時の受注データであり、表4-14が二〇二三年三月時の受注データである。中価格帯製品の生産から輸出市場向け高級品の生産への切り替えに成功していることが分かる。

こうした高度化に成功した要因の一つは彼がダーラーヴィー外部とのつながりを積極的に構築しようとしたことであろう。彼は二〇一九年ごろからオリジナルデザインの自社ブランド製品を作ろうと考え

表4-13　ハルディックのオーダー状況（2019年11月時）

製品名	本生産・サンプル	主素材	単価 Rs	数量	発注者	原材料の受け渡し	代金の前払い
男性用財布	本生産	革	650	400	ドバイの企業から注文を受けた輸出業者	全て自前で購入	50%
マネークリップ	本生産	革	480	80	ローカル企業	全て自前で購入	50%
ベルト	サンプル	革	505	10	ドバイの企業から注文を受けた輸出業者	輸出業者から	100%

表4-14　ハルディックのオーダー状況（2023年3月時）

製品名	本生産・サンプル	主素材	単価 Rs	数量	発注者	原材料の受け渡し	支払い
女性用鞄1	本生産	革	5400	20	輸出業者の依頼を受けた中間業者	革は中間業者から	50%（ただし、革の代金を差し引く）
女性用鞄2	本生産	革	5000	20	輸出業者の依頼を受けた中間業者	革は中間業者から	50%（ただし、革の代金を差し引く）
ウィスキーボックス	サンプル	革	8000	1	輸出業者	全て自前で購入	50%
旅行用鞄	サンプル	ナイロン	2400	1	輸出業者	全て自前で購入	50%
ショルダーバッグ	サンプル	ナイロン	1500	1	輸出業者	全て自前で購入	50%
女性用鞄3	サンプル	革	4500	1	輸出業者	全て自前で購入	50%

始めていた。筆者に対して、自社のロゴを作成してくれと頼んできたこともあった。二〇二〇年の春ごろには、有名デザイナーのもとを訪ねて、自社の鞄のデザインを依頼していた。もっとも、このデザイナーに依頼した鞄は、コロナウィルス蔓延によって製品化はされなかった。また二〇二三年に筆者が工房を訪れた際には、インド政府繊維省が発行する職人身分証明書（Artisan Identity Card）を取得していた。彼によれば、この身分証を取得すると様々な政府のスキームを利用することができるために取得したという。*25 彼は繊維省の重役にある人物と関係性を構築しており、筆者の前でその人物にビデオコールし、筆者を友人であり、日本からきた革製品産業の研究者であると紹介していた。後日、筆者に繊維省の重役にインタビューを取りたいのなら連れて行ってやると述べていた。

こうしてダーラーヴィー外部への働きかけが可能になったのは、二代目の教育レベルの上昇だけでなく、工房の運営に関わる人数の増加も影響しているであろう。彼の場合父親はもっぱら工房内の運営に携わっており、ダーラーヴィー外部の業者へ積極的に働きかけている様子は見られなかった。無論彼の父親がダーラーヴィー外部に働きかける意味を理解していなかったというよりも、自身は工房での生産管理以上のことに手が回らなかったのであろう。彼の父親が目の前の注文を捌くことに注力する一方で、彼は新たな新製品の開発や新たな流通経路の獲得といったイノベーションに労力を割いている。実際、彼は工房にいても、自ら革包丁を持って生産に関わっていることもあるるが、常に生産に関わっているわけではなく、工房におらずダーラーヴィー外部に出払っていることもよく見られた。彼の父親はバイクに乗れないが、彼はバイクに乗ってムンバイー中を移動している。また二〇一八年ごろからは彼の弟も事業に関わるようになっており、このことも彼がダーラーヴィー外部のアクターに働きかけることを容易にしていると考えられる。

ここまでの分析で、コーポレーションギフト・業務用製品および輸出市場向けの高級品の注文を受注する工房主には、二、三代目の若手で比較的教育レベルの高いヒンドゥー教徒のチャンバールが多く見られることが分かった。さらに、これら若手のチャンバールのほとんどは、ハブ工房を運営している。このことは、そもそもハブ工房を運営できる工房は子弟に教育投資を行うことが可能なことを意味しているであろう。ただし、それに加えて、新たな需要（コーポレーションギフト・業務用製品および輸出市場向けの高級品）を取りこむには、ダーラーヴィー外部の教育機関に通い、ダーラーヴィー外部との結び付きを作ることが重要であったことも示唆している。あるいは、教育投資を受けた若手のチャンバールが大都市ムンバイーのスラムという地理的特徴からくる新たな需要を取り込むことにビジネスチャンスを見出し、事業を引き継いだともいえる。

最後に、これらコーポレーションギフト・業務用製品および輸出市場向けの高級品を生産する工房はいつごろからダーラーヴィーにおいて見られるようになったのかを見ていく。図4-7には、コーポレーションギフト・業務用製品および輸出市場向けの高級品を生産する工房主の事業参入年を記した。そして図4-8には、コーポレーションギフト・業務用製品および高級品を主に生産するヒンドゥー教徒のチャンバール工房主の参入年を記した。

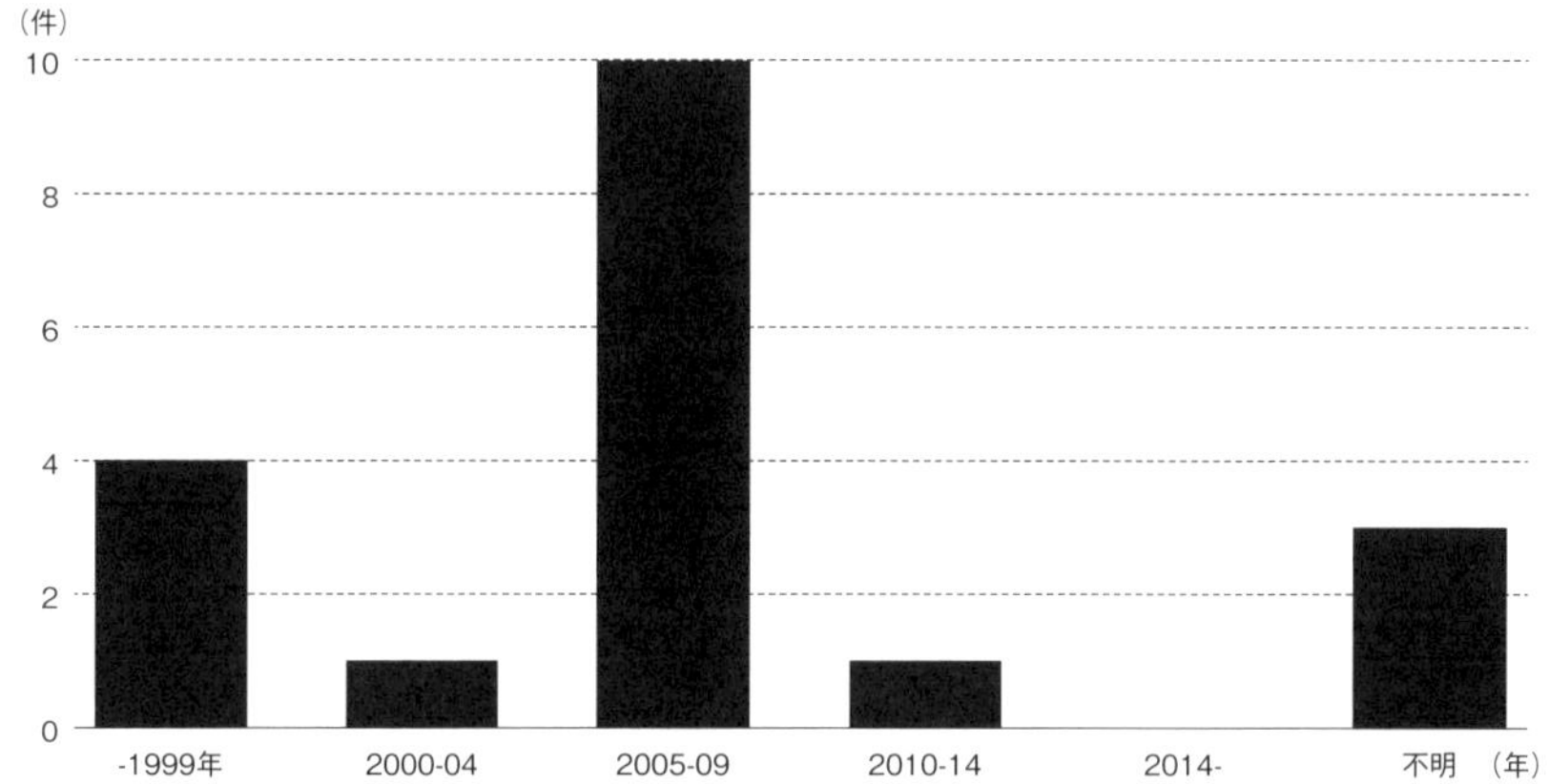

図4-7　コーポレーションギフト・業務用製品及び高級品を生産する工房主の参入年

注）現地調査をもとに筆者作成。

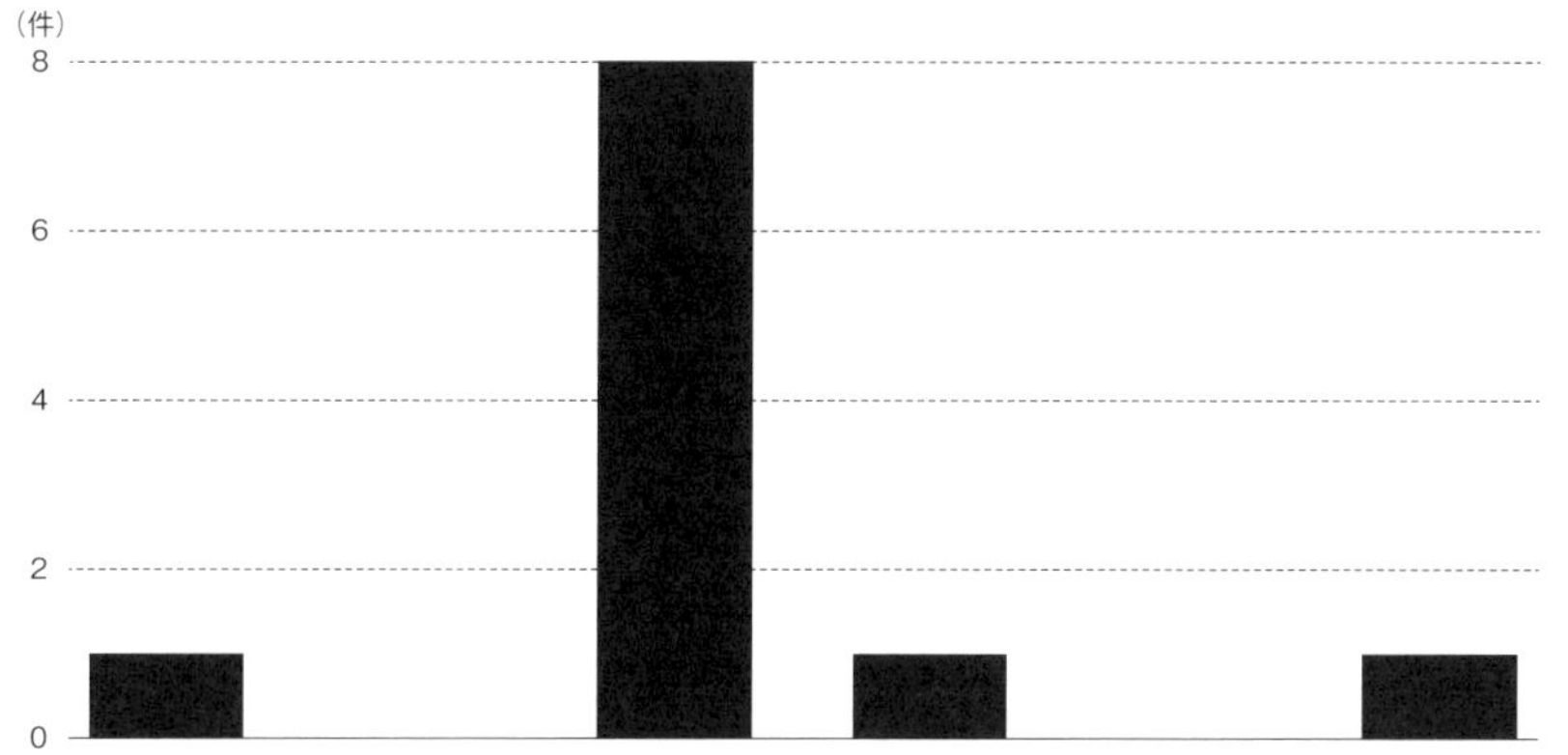

図4-8　コーポレーションギフト・業務用製品及び高級品を生産するチャンバール工房主の参入年

注）現地調査をもとに筆者作成。

まずコーポレーションギフト・業務用製品および高級品を生産している工房主は、二〇〇五～一〇年ごろから事業活動に参加していることが分かる。次に、これら二〇〇〇年代後半から事業活動に参加した工房主のほとんどは、ヒンドゥー教徒のチャンバールが占めていることが分かる。つまり、二〇〇〇年代後半から教育投資を受けたヒンドゥー教徒のチャンバールが事業活動に参加し始め、コーポレーションギフト・業務用製品およびオリジナルデザインの輸出市場向け高級品を生産し始めたと考えられる。なお、第3章で指摘したように、デザイナーがダーラーヴィーに訪れ始めた時期を考慮すると、高級品の生産に関しては、二〇一〇年ごろから始まったと考えられる。

ここまでのデータと分析より、比較的教育レベルの高いチャンバールが媒介者の役割を果たし外部から新たな製品需要を獲得し、ダーラーヴィーの工房ネットワークを通じてそれら製品を生産しているといえる。[*26]

（4）工房の種類とハブ工房

ここから、四つの工房タイプがいかにハブ工房であることと関係しているのかを分析していく。

図4-9がダーラーヴィーの工房のネットワークのそれぞれの工房に工房のタイプを反映させたものである。黒丸がグループ一、白丸がグループ二、水玉がグループ三、斜線がグループ四、灰色の丸が不明を示している。見て分かるように、ハブ工房にはグループ三とグループ四の工房が多い。

表4-15は各グループごとのハブ工房と非ハブ工房の数を表したものである。ハブ工房はググループ三とグループ四に占める割合が非ハブ工房よりもやや多いことが分かる。

これらの結果から、工房ネットワークを利用した生産においてハブとなる工房は、価格帯としては低価格帯から高価格帯まで幅広く対応しているが、生産量は少量から中量にとどまっている。つまり、ダーラーヴィーの工房ネットワークにおいて中心的な役割を果たすのは、大量生産を行う工房ではなく、むしろ少量から中量の生産を行う工房であるといえる。

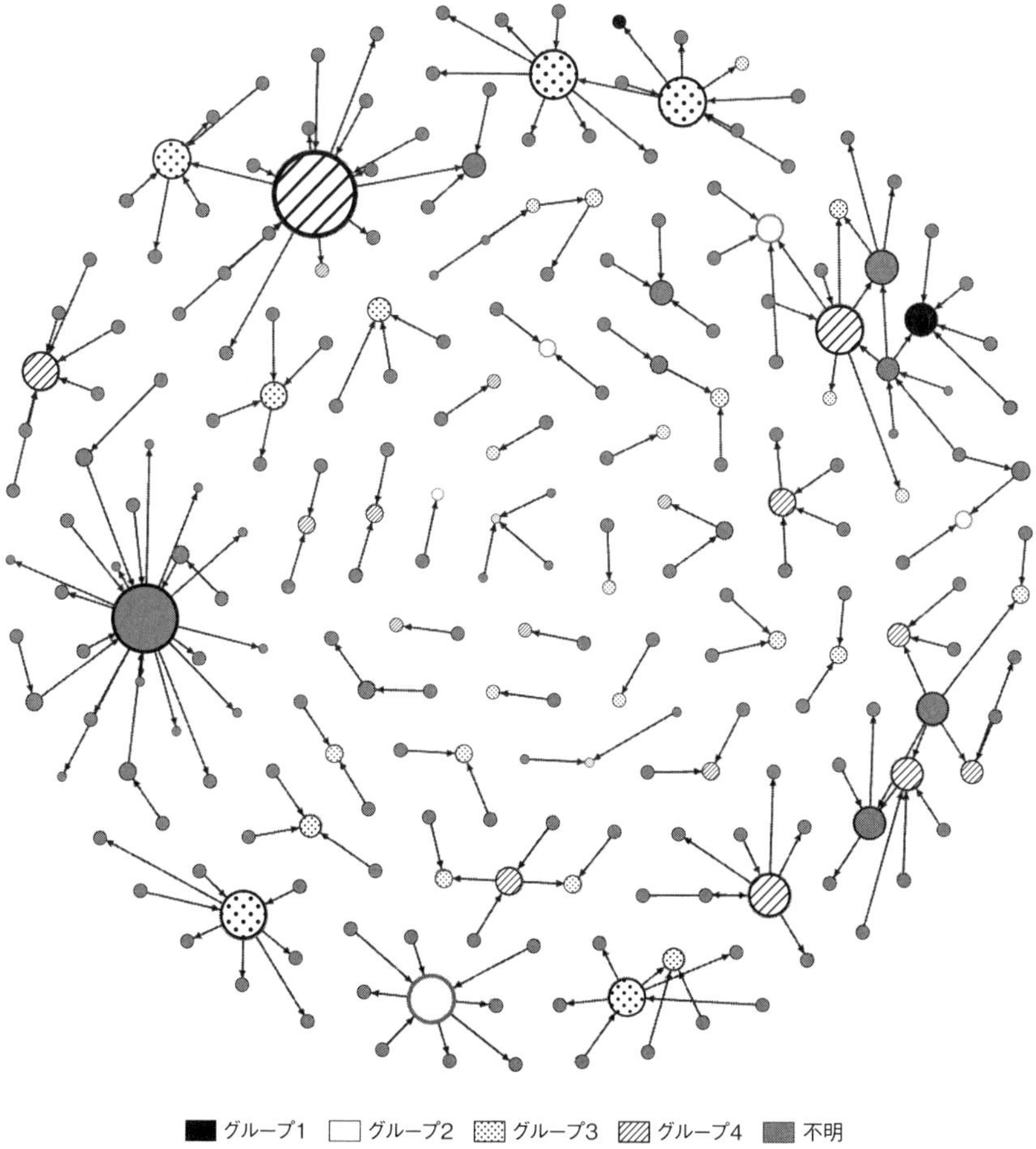

図4-9　ダーラーヴィーの工房タイプとネットワーク

注）現地調査データをもとに筆者作成。

表4-15　工房タイプとハブ工房の関係

	ハブ工房	非ハブ工房	合計
グループ1	0	2	2
グループ2	1	4	5
グループ3	8	22	30
グループ4	7	10	17
合計	16	38	54

5　工房への資金供給

前節では、外注先の工房に原材料や工賃を前貸しするハブ工房の存在を明らかにした。では、こうしたハブ工房の資金調達を可能にする金融システムはいかなるものか。インタビューによると、ダーラーヴィーの工房主は銀行からはゴールドローンを除いてほとんど資金を借りることができていないようである。ダーラーヴィーに銀行が進出し始めたのは、二〇一〇年ごろからだが、預金を集めるだけで、貸し出しはダーラーヴィー外部の人々や企業に向けてもっぱら行っているという。そのため、ハブ工房は事業を通じた資本蓄積に加えて、ビーシー（Beesi）と呼ばれる頼母子講、銀行のゴールドローン、貴金属店からの借入れ、インフォーマル金融業者からの借入れで資金を調達しているという。本節では、これら金融システムの詳細を明らかにする。

（1）頼母子講ビーシー

ダーラーヴィーの工房主へのインタビューから、複数人が使用していたのが、ビーシーと呼ばれる頼母子講である。頼母子講については、人類学、経済学の双方から研究されてきた。誤解を恐れず議論を単純化していえば、前者は金融的側面だけでなく、頼母子講を通じた人間関係、社会関係、共同性の構築に焦点を当ててきた［野元 二〇〇四、平野 二〇一五］。一方で後者は利率、貸出期間といった金融的特質を明らかにしてきた［陳 二〇一〇］。

本節では、ダーラーヴィーのビーシーの金融的側面のみを取り扱う。なぜならば、ダーラーヴィーのビーシーにおいて、人類学が明らかにしてきたような頼母子講を通じた人間関係、社会関係、共同性の構築はまったく見られなかったからである。筆者は本調査のために、友人を介して二〇二二年一一月からビーシーに参加している。一一月、一二月ともにそれぞれの会合は一〇分から一五分といった短時間で終了した。一一月に筆者が参加した際にはほとんど自己紹介が行われず、会が終われば即解散であった。一二月の会合の際は、筆者とインフォーマントが遅刻すると（それも一〇分足らず）、すでに会合は終わっていた。そのために、参加者同士で深いつながりが築かれているようには見えなかった。以下では、筆者が参加したダーラーヴィーのビーシーでの金融的条件について詳述していく。

筆者が参加したビーシーの基準額は三〇万ルピーであった。ビーシーの参加権は一種の株であり、一人で複数の株を持てる。株数だけ拠出額と受け取る回数が増える。筆者が参加したビーシーの参加者は一三名であり、そのうち一一名は一株ずつ、残り二名が二株ずつ所持していた。ここでは一株二万ルピーであった。ただし、この基準額は、あくまで筆者が参加したビーシーであり、基準額はビーシーごとに異なる。

筆者が参加したビーシーは入札式であった。基準額に対して、最大のディスカウントを申し出た参加者が落札する。入札を行わない参加者は、ビーシーを受け取れるのは最後になるが、満額受け取ることができる。参加者は、会合の終了後から三日以内に主催者に落札金額を持っている株数に応じた額を支払わなければならない。代金は現金で支払うのが原則である。

筆者が実際に参加した二〇二二年一一月のビーシーの入札を取り上げる。ここでは入札の結果六万ルピーのディスカウントで落札された。基準額からディスカウント分を差し引いた二四万ルピーが落札者に支払われる。この二四万ルピーを残りの株数（つまり一四）で割り、所有株数に応じて、代金を支払う。ここでは一株当たり一万七一四二ルピーを支払う必要がある。

次に筆者が参加したダーラーヴィーのビーシーの他の参加メンバーについて述べる。参加者は、必ずしも革製品産業や他産業の工房主に限らず、フォーマル企業のホワイトカラーなども参加している。主催者は参加者の名簿（電話番号や支払いの記録が記されている）を持っており、参加者が途中で逃げた場合、その参加者の分を支払う義務がある。一方で主催者は、一番最初に満額を受け取ることができる。筆者が参加した会の主催者はダーラーヴィーでスクリーンプリント工房を営んでいる三〇代後半くらいの男性であった。彼は iPhone を二台持っており、相当羽振りが良さそうであった。

では、主催者はビーシーの会合をどのようにうまく取り仕切っているのであろうか。つまり、参加者の間での社会関係が構築されておらず、参加者同士のモニタリング機能が働かないなかで、どのようにして参加者が途中で逃げるのを防ぎ、会を成立させているのかである。これはおそらく主催者が運営するスクリーンプリント工房の特質に由来していると考えられる。スクリーンプリント工房は、様々な工房から仕事の依頼があるために、彼はプリントを施す製品、発注量、発注元から、おおよその工房の繁盛ぶりを推測しているのではないか。そういったフォーマル銀行がアクセスできない情報にアクセスし判断できることが、返済能力の有無を見抜く力になっていると考えられる。つまりダーラーヴィーの皮革産業は零細工房が密集し、分業・協業ネットワークが形成されているが、それに伴いダーラーヴィーのインフォーマル信用市場が高度に分断化されている。しかし、そうしたネットワークの結節点にいる人物のもとには様々な情報が集まるので、ビーシーを主催できるのではないだろうか。

（2）銀行のゴールドローン

ダーラーヴィーの少数の工房主に活用されていたのが、銀行のゴールドローンである。これは金（ゴールド）を担保にお金を借りるスキームである。ここではSBI銀行の毎月返済型ゴールドローンを例に取る。[*27] 一年当たりの実行金利は九・五％である。担保の金の市場価値の七五％を貸し出す。必要書類は、身分証明書、住所証明書と顔写真である。そして金銭消費貸借契約書（DP Note and Arrangement Letter）を作成する。調査では、ある工房主が注文が多く入ったときに金の指輪を担保にお金を借りていた。

（3）貴金属店からの借入れ

ダーラーヴィーで次に見られたのが、貴金属店からの借入れであった。ダーラーヴィーには狭い路地に至るまで、至る所に貴金属店が点在している。インタビューによると、ダーラーヴィーの貴金属店は、貴金属を売るだけでなく、貴金属を担保にした金融業も営んでいるとのことであった。ここでは、ダーラーヴィーで貴金属店を営んでいるR氏のインタビューをもとに、ダーラーヴィーの貴金属店による金融業の実態を明らかにしたい。

　イヴァーン氏は三四歳のジャイナ教徒である。イヴァーン氏はラジャスターン州の生まれであるが、育ったのはダーラーヴィーである。祖父がラジャスターン州出身であり、祖父が一九七〇年代に弟や妹とともにラジャスターンで事業を始めた。祖父はもともと別の貴金属店で働いており、その後自身のビジネスを始めたのである。一九八〇年ごろに祖父がムンバイーに移動してきた。イヴァーン氏は大学在学中（最終的に経営学士号を取得）から、父が経営する店舗で仕事を始めた。現在はイヴァーン氏の個人経営であり、従業員もいない。イヴァーン氏によるとダーラーヴィーの貴金属店を営んでいる八〇％ほどがジャイナ教徒であるという。

写真4-1　貴金属店の様子（2022年11月27日、ダーラーヴィー、筆者撮影）

　イヴァーン氏の店舗では金（ゴールド）しか取り扱っておらず、金に対してのみローンを組むという（写真4-1）。金しか取り扱っていない理由は、ダーラーヴィーに住んでいる人々は労働者階級の人々であり、彼らは貴金属では金にしか興味を示さず、彼らはダイヤモンドなどを購入する気がないからだという。貸し出す金額は担保にした金の市場価格の六六〜八三％ほどである。金利に関しては、政府のガイドラインに従っているが、銀行のゴールドローンよりかはやや金利が高いそうである。というのは、お金を貸すのに、複雑な書類手続きは不要であり、身分証明書と担保の金さえ渡してくれればいいからである。実際の金利はインタビューによれば、月利で約三％である。基本的に単利であるが、貸出しが長期に渡る場合は複利になることもあるそうである。仮に返済が不能になった場合は、担保の金を売却し、売却したお金から金利を含めた返済額を差し引き、残りを借主に渡すとのことである。

（4）インフォーマル金融業者から借入れ

ここでは、インフォーマルに金融業を営むジャイ氏の事例を取り上げる。S氏は三六歳の男性である。ジャイ氏はヒンドゥー教徒のチャンバールである。一七歳のときからインフォーマル金融業を営んでいる。父は公務員であり、インフォーマル金融業を始める際にも資金援助は受けなかったという。取り立てて資本があったわけではなく、少額から始めたという。

融資のシステムとしては、担保をとり、担保の市場価値に対して、五〇％の金額を貸し出すという。金利は月利一〇％であるが、単利であり、複利でないという。担保には価値のあるもの（Valuable）ならばなんでもよく、スマートフォン、バイク、車、土地の権利書まで幅広く受け取るという。銀行からローンを得るには様々な書類が必要であるが、ジャイ氏から借りる際にはそういった書類は不要であるとのことである。金利が払えなくなると、その時点で担保として預かったものの所有権が金融業者に移転する。この際担保の物品を現金化しても、返済額を差し引いて、貸し手に返すということは行われず、担保はすべて金融業者のものになる。金利は、担保が相手に所有権が移転しない場合は年利で一二〇％になり、所有権が移転する場合は二二〇％[*28]にも及ぶ。そのために、最も金利が高いのはこのインフォーマル金融業者である。

以上ダーラヴィーの金融システムについて見てきたが、工房主はその時々の必要額と自身の資産に応じて借入先を変えていると考えられる。自身が借り手にも受け手にもなるビーシーを除くと、金利の大きさから、工房主は、銀行のゴールドローン、貴金属店からの借入れ、インフォーマル金融業者の順に借入先を考えるであろう。

6　おわりに

本章ではダーラーヴィーにおける工房ネットワークがいかなるものかを分析した。より具体的には、工房ネットワークを通じてどのような製品が生産されているのか、工房ネットワークの形状がどのようになっているのか、工房間の取引関係はいかなるものか、ハブ工房の特徴はいかなるものかを明らかにした。

本書の調査と分析の結果、現在のダーラーヴィーはオリジナルデザインの高級品、コーポレーションギフトや業務用製品といった新たな需要を取り込み、低価格帯から高価格帯までの多品種の製品が少量から大量にまで工房ネットワークを通じて生産されていることが分かった。

次に本書は、ダーラーヴィーの工房ネットワークを描写し、工房ネットワークのハブになる工房が存在していることを示した。ハブ工房が存在するということは、ダーラーヴィーには零細規模の工房が均質的に分散しているわけではないこと、商人などの発注者が発注先の工房を排他的に管理しているわけではないことを示している。ハブ工房は低価格帯から高価格帯まで幅広い製品を生産しているが、その生産量は少量から中量にとどまる。つまり、ダーラーヴィーの工房ネットワークにおいて中心的な役割を果たすのは、大量生産を行う工房ではなく、むしろ少量から中量の生産を行う工房であるといえる。

工房間の取引関係について、本書は工房間の取引データの分析を通じて、商人が主導するのではなく、ハブ工房が主導する工房関係に変容していることを明らかにした。ハブ工房のほとんどは、発注元に代わって外注先に原材料や工賃を前渡ししていた。つまりハブ工房は資本力のない工房が工房ネットワークに入れるようにしているのである。

次に本書は工房ネットワークにおいて、異なったアクターがどのように関わっているかを分析した。これに対し、本書の調査の結果、原材料や工賃を負担し、工房間を結び付けるハブ工房主には若手（二〇代、三〇代）で、二、三代目の一定の教育レベルを持ったヒンドゥー教徒のチャンバールが多く見られることが分かった。特にオリジナルデザインの高級品やコーポレーションギフト、業務用製品を生産している工房には若手で比較的教育レベルの高いヒンドゥー教徒のチャンバールが多いことが分かった。そして、これらチャンバールは二〇〇五〜一〇年ごろから事業に参加していることが分かった。

つまり、教育投資を受けたチャンバール工房主が二〇〇〇年代後半から見られるようになり、彼らは、ダーラーヴィー外部から新たな需要（オリジナルデザインの高級品やコーポレーションギフト、業務用製品）を取り込む媒介者の役割を果たし始めた。そして同時に蓄積された資本を用いて原材料と工賃の前渡しを行い、諸工房をより緻密に結び付けることで製品を生産し始めたと考えられるのである。ムンバイーのスラムに位置することで企業や商人へのアクセスが容易であり、新たな需要を取り込むビジネスチャンスが生まれた。このような状況のなか、比較的教育レベルの高い若手のチャンバールたちは他地域に流出することなく事業に参入し、工房ネットワークに変化をもたらした。

なお、ハブ工房が原材料や工賃を負担することを可能にしていたのが頼母子講、銀行によるゴールドローン、貴金属店からの借入れ、インフォーマル金融からの借入れであった。これらは銀行から長期的で多額の資金を借りるものとは異なり、短期的に少額を借りるものである。これはダーラーヴィーの工房の大規模化を阻んでいる要因ともいえようが、一方でスポット的に納期が短い注文が多々入るダーラーヴィーの革製品産業にとって、注文ごとに適切な外注先を探し生産を依頼するのには適合的なものでもあるといえよう。

注

＊1　現代インド・ムンバイーの革製品工房。

＊2　オーダーの情報は二〇一九年七月から二〇二〇年三月にかけて断続的に収集しているために、逐一インタビュー日時は記して

いない。

＊3　例えばある工房で三種類の革の鞄がそれぞれ一〇個、二〇個、三〇個オーダーがあり、二種類の革の財布のオーダーがそれぞれ一〇個ずつあったとする。この場合は鞄三、財布二という風にカウントしてある。これを六一件すべての工房において行い集計したのが表4-2である。

＊4　こうしたオリジナルデザインの製品の開発については第6章で取り扱う。

＊5　「インドギフト市場——予測と機会　二〇二五」https://www.asdreports.com/market-research-report-516822/india-gifting-market-forecast-opportunities（二〇二四年九月九日閲覧）。ただし、これは控え目な推定値である。別のレポートは、二〇一七年度のインドのギフト市場の大きさは三〇億ドルに達していたと述べている。「インドにおけるギフト市場の急激なブーム」https://www.indianretailer.com/article/whats-hot/trends/Sudden-Boom-of-Gifting-Market-in-India.a5808/（二〇二一年三月九日閲覧）。

＊6　ヒンドゥー教の祭で、毎年カールッティカ（一〇〜一一月）の新月の日に行われる。語源であるサンスクリットのディーパーヴァリー（dīwālī）は光の列を意味する。人々は祭りの日に戸口、屋根、門、塀とあらゆるところに小さな土器のランプを並べる。現代では電球やネオンも使用されている［高橋　二〇二二：五二一］。ディワーリーの期間中には買いものをする事は縁起が良いとされ、さらに企業が従業員にプレゼントを送る、兄弟・姉妹間でプレゼントを送り合うという習慣がある。

＊7　データがやや古くなるが、二〇〇五年度の時点で、ムンバイーにはインドの主要企業の一一七三社の内、三〇〇社が本社を置き、インドのなかで最も本社が置かれている［阿部　二〇一三：五］。

＊8　「ギフテックスウェブサイト」http://www.giftex.in（二〇二一年三月九日閲覧）。

＊9　例えばある工房に一五〇〇ルピーの鞄を二〇個生産するオーダーと三〇〇ルピーの財布を一〇個生産するオーダーが入っていた場合は一五〇〇ルピーのオーダーが一件と三〇〇ルピーのオーダーが一件とカウントしている。

＊10　確認できた範囲ではダーラーヴィーの工房で生産された製品の小売価格は卸売価格の二倍から四倍であった。ムンバイーの大卒の年間初任給はおよそ四〇万ルピーであり、日本の大卒年間初任給に比べて四分の一ほどである。そのために、一五〇一ルピー以上は高価格帯とした。「グラスドアウェブサイト」https://www.glassdoor.com/Salaries/mumbai-graduate-salary-SRCH_IL.0,6_IM1070_KO7,15.htm（二〇二一年三月一六日閲覧）。

＊11　オーダーでは、発注者、発注単価、発注数量、原材料の受け渡し、支払い条件などを調査した。

＊12　革製品産業に直接関係のない会社とは、例えば銀行がコーポレーションギフトの注文を出している場合などを指す。

＊13　加重平均値を用いたのは受注量の少ない製品による誤差を少なくするためである。加重平均値は次の式で求めた。$\overline{PQ}=\frac{\sum_{i=1}^{n} PiQi}{\sum_{i=1}^{n} Qi}$（Ｐは製品の単価、Ｑは発注量を示す）。

＊14　クラスター分析とはデータをいくつかのかたまり（クラスター）に分けることである。クラスターとは類似性の高いデータ群を意味する。データ同士の距離が近いほど類似性が高いと理解される。クラスター内のデータ群の距離が近いほどクラスターのまとまりがよく、クラスター間の距離が遠いほど、クラスター同士が綺麗に分かれていることを意味する［加藤・羽室・矢田二〇〇八：一三四―一三九］。ここではデータ同士の距離はユークリッド距離によって計算し、クラスターを分けていく際に必要なクラスター内距離とクラスター間距離はウォード法によって計算した。

＊15　その理由は以下の通りである。例えば一〇〇ルピーの合成皮革の財布一〇〇〇個のオーダーと三〇〇〇ルピーの革の鞄二〇個のオーダーがあり前者をすべて下請けに回したケースがあったとする。この場合下請けに回したオーダーを含めるとこの工房が生産する製品の加重平均単価は大幅に低くなってしまう。第5章でより詳しく取り扱うが、工房主は自身が製作できる製品のレベルに合わせて、自工房で生産する製品と外注する製品を分けている。そのために、それぞれの工房の特徴を正確に表すのならば、外注した製品は外注先の工房の特徴を把握するデータには用いても、発注元の工房の特徴を把握するデータには用いるべきではないであろう。

＊16　なおここでは図4-1と同様に、五〇〇ルピー以下を低価格品、五〇一ルピー以上一五〇〇ルピー以下を中価格品、一五〇一ルピー以上を高価格品としている。

＊17　卸売・小売業者が工房へ外注する際に、原材料と工賃のいずれか、あるいは両方渡すのが、一般的な問屋制度に基づいた取引である。

＊18　例えば、卸売・小売業者から、原材料と工賃の前渡しを伴わないオーダーを受注した工房が、そのオーダーを別の工房に原材料と工賃の前渡しを伴う形で外注するケースを指す。

＊19　本書では一二学年修了以上を一定の教育レベルとしている。

＊20　ただし、表4-9のカリッド・シェイク氏は自身が労働者として働いているときに貯蓄した資金で起業したそうであるが、原

材料と工賃の前渡しを負担できるほどにどのように資金を貯めたのかはよく分からない。ムスリム間において資金を融通するネットワークがある可能性があるが、今回の調査では十分に明らかにすることができなかった。

＊21　ただし、大学を卒業し父の事業を引き継ぎインド国内の展示会に参加するムスリムの工房主はいた。今回インタビューした際にはコーポレーションギフト・業務用製品のオーダーは確認できなかったが、あくまでその時点で受注していなかっただけであり、別の時点では受注している可能性が十分にある。この調査結果は、ムスリムが教育レベルを上昇させコーポレーションギフト・業務用製品を受注する可能性を否定しているのではなく、相対的にそういったムスリムが少ないことを示しているのである。

＊22　ただし、表4-10にはそれほど教育レベルが高くないムスリムの工房主が存在するのも事実である。またカリッド氏はダーラーヴィーやビンディバザールのショールームだけでなく、アフマダーバードやアーグラーの卸売業者から注文を受注していた。さらにカリッド氏は修士号を習得したチャンバールのサンケット・チャンドラ氏が運営し、高級品やコーポレーションギフトをダーラーヴィーの工房に発注しているM社から注文を受注していた。そのためにカリッド氏は非常に幅広いネットワークを構築していると考えられる。ただし、アザド氏やカリッド氏が具体的にどのようなネットワークを構築し、それがムンバイーに居住するムスリム商人のネットワークとどのように関係があるのかなどは本書では明らかにすることができなかった。今後の課題としたい。

＊23　表4-12のアルジュン・カンブレーは教育レベルが一一学年までであるが、彼の息子は技術ディプロマを取得している。そして、彼はアルジュン・カンブレーとともに工房で働いていた。二〇二〇年夏ごろより、息子が工房を引き継いだ。また、表4-12のプラニット・ヴァルマは一〇学年修了であるが、デザイナーが訪れてオリジナルデザインの製品を彼の工房で生産していた。このデザイナーは学士号を保持し、ダーラーヴィーの工房でオリジナルデザインの製品を開発する仏教徒のチャンバールから紹介されたという。そのために、アルジュン・カンブレの工房とプラニットヴァルマの工房にも比較的教育レベルの高いチャンバールが関わっているのである。

＊24　表4-12にはそれほど教育レベルが高くないムスリムの工房主が存在するのも事実である。アザド氏はムンバイーの輸出業者を通じて、アメリカの会社からオーダーを受注している。アザド氏はムンバイーの輸出業者がある日の工房を訪ねてきて、オーダーを受注したと述べていたが、ムンバイーの輸出業者は何らかのネットワークを通じてアザド氏を知ったと考えるべきであろう。ただし、アザド氏が具体的にどのようなネットワークを構築し、それがムンバイーに居住するムスリム商人のネットワーク

とどのように関係があるのかなどは本書では明らかにすることができなかった。今後の課題としたい。

＊25 同省のホームページによると、職人身分証明書を作成することで、スキルトレーニング、マーケティング、金融的支援が受けられることになっている。より詳しい内容は、「インド政府繊維省ハンドクラフト開発ウェブサイト」http://handicrafts.nic.in/Artisan-Help.aspx?MID=Tg3R3dzL5d8qh2W0SyphdQ==（二〇二三年四月二一日閲覧）を参照のこと。

＊26 ただし、無論ムスリムが本質的に新たな需要を取りこむことが不可能であると述べているわけではない。ムスリムはインドの北東州の農村から出稼ぎにきた第一世代の者が多い。そのために、教育レベルが高くない者が多い。彼らが子弟に教育投資を行えば、事業を引き継いで拡大する者も出てくるであろう。ただし、出稼ぎにきているムスリムは家族が村に残っているケースが多く、子弟が教育投資を受けたとしても、父の事業を引き継がない可能性がある。また、仮に事業を引き継いでも、チャンバールと同じ様に事業を拡大するとは限らない。なお、詳しいインタビューデータは取れなかったが、大学を卒業したムスリムのとある二代目工房主にダーラーヴィーで出会うことができた。彼はサウジアラビアのジェッダに卸売店を持ち、ドバイやクウェートにも製品を輸出しているという。ただし製品の価格自体は低中価格帯であった。またドバイでの現地調査で、現地に卸売・小売店を持つダーラーヴィー出身の親子に出会った。親はビハール出身で教育レベルは七学年までであるが、息子たちは大学を卒業している。ダーラーヴィーに工場を持ち、そこで生産したものをドバイで販売しているという。ただし、販売していた製品の品質は中品質のもので、ダーラーヴィーのショールームで販売されているものと変わらなかった。ここからは、高等教育を受けたムスリムが製品の高度化ではなく、中東につながるムスリムの商人ネットワークの中に参入して事業を拡大していく可能性を見て取れる。ただし、高等教育を受けたムスリムがどのようにムスリムの商人ネットワークのなかに入っていき事業を拡大していくのかは本書の射程を超えるのでこれ以上は取り扱わないが、今後調査していきたい。

＊27 「ＳＢＩ銀行ゴールドローン」https://sbi.co.in/web/personal-banking/loans/gold-loan/personal-gold-loans（二〇二三年四月五日閲覧）。

＊28 ここでは、お金を借りて一年後に金利が払えなくなり、担保の所有権が移転したケースを想定している。

第5章　工房ネットワークを通じた多様な製品の生産

——需要に応じた分業と協業

1　はじめに

本章ではダーラーヴィーにおいてオリジナルデザインの高級品、コーポレーションギフトや業務用製品といった新たな需要を含む低価格帯から高価格帯の多様な製品が少量から大量に工房ネットワークを通じてどのように生産されているのかを明らかにする。その際にはダーラーヴィー外部の新たな需要を取り込む媒介者である比較的教育レベルの高いチャンバール、ダーラーヴィー内部の諸工房をまとめあげる媒介者の差配師*1、工房間を移動しながら働く移動型労働者に着目する。

サグリオ＝ヤツィミルスキーは工房ネットワークの存在を指摘していたものの、工房ネットワークがどのような形状であり、工房ネットワークを通じてどのように製品が生産されているのかは明らかにしていなかった。ただし、工房ネットワークは商人（ショールームや中間業者）が主導するコストを削減するためのものであり、とりわけ中間業者は品質に注意を払っていないとされていた。中間業者は過大な手数料を取り、外注先の工房に渡す革の質は極めて低く、製品の質の低下を招いていると指摘した［Saglio-Yatzimirsky 2013: 196-202］。

しかし、第4章で明らかにしたように、今日の工房ネットワークは商人が主導するものから大きく変容していた。工房ネットワークの結節点となるハブ工房が存在し、このハブ工房が発注元に代わり原材料や工賃の前渡しを行なっていた。さらには本章で詳しく論じるようにこのハブ工房が製品の品質の保証を行なっていたのである。では、かようなハブ工房はどのように工房間を結び付けながら製品を生産しているのであろうか。本章では、まずオリジナルデザインの高級品やコーポレーションギフト・業務用製品といった新たな需要を取りこむ比較的教育レベルの高いチャンバールのハブ工房の事例を取り上げて、工房ネットワークを通じた生産過程の実際を明らかにする。

ただし、調査を通じて明らかになったのは、工房を所有していない比較的教育レベルの高いチャンバールが、卸売業者（問屋）として、諸工房に外注しながら製品を生産している事例もあることだ。こうした卸売業者も、工房ネットワークを通じた製品の生産を行っている。本章で取り上げる二つ目は、こうした比較的教育レベルの高いチャンバールの卸売業者の事例である。

なお本書で明らかにしていくように、工房ネットワークを通じた生産が可能になっているのは、比較的教育レベルの高いチャンバールだけによるものではない。外注先の工房へ注文を分配し、必要な人材や材料を調えて生産を管理する差配師や、工房間を移動しながら働く自由労働者の存在らも工房ネットワークを通じた製品において重要である。本書では、比較的教育レベルの高いチャンバール、差配師、移動型労働者、家庭で内職を行う女性たちがどのように結び付くことで、工房ネットワークを通じた生産が可能になっているのかを明らかにしていく。

以下では、まず、ハブ工房の事例としてランビールの工房を取り上げる。本工房では、オリジナルデザインの高級品、コーポレーションギフトや業務用製品を生産している。ランビールの社会的出自を明らかにしたのち、ランビールがいかに工房ネットワークを通じて製品を生産しているのかを明らかにする。より具体的には、どういった製品を自身で製作し、どういった製品をどういう条件で外注するのか、外注する際に差配師、移動型労働者、家庭の女性たちとどのように関わり合いながら製品を生産しているのかである。なお、補足的にダーラーヴィーの工房ネットワークを外部から活用しドバイに製品を輸出している工房の事例も取り上げる。

次に比較的教育レベルの高いチャンバールの卸売業者の事例としてサンケットが経営するM社を取り上げる。*2 M社が受注しているのはコーポレーションギフトや業務用製品の注文が主であるが、オーナーがプネーで経営する高級皮革製品店で販売する製品も生産している。M社の概要を明らかにした後、M社がどのように工房ネットワークを通じて製品を生産しているのかを明らかにする。より具体的には、差配師の役割を果たしているM社の社員が外注先の工房や移動型労働者とどのような関係性のなかで製品を生産しているのかを明らかにする。

なお、自身でも製作技術を持つランビールの事例では、ランビールがいかに差配師や移動型労働者との関係性のなかで製品を生産しているのかに分析の力点がある。一方で工房を持たない卸売業者M社の事例では、社員で差配師の役割を果たしているギリックが外注先の工房や移動型労働者とどのような関係性のなかで製品を生産しているのかに分析の力点がある。

2　ハブ工房による工房ネットワークの活用方法

本節では比較的教育レベルの高いチャンバール職人がどのように工房ネットワークを通じて、オーダーメイドの高級品やコーポレーションギフトを含む低価格帯から高価格帯までの製品を、少量から大量にまで生産しているのかを明らかにする。ここではランビールの工房を取り上げる。ランビールの工房が工房ネットワークのどこにあるのかは、図5-1に示した。またダーラーヴィーにおける生産アクターの関係は図5-2に示した。矢印の方向は注文の方向を示す。

ランビールの工房の位置付けについて説明しておく。ランビールの工房では、次のような活動が行われている。ムンバイー市外からの原材料の調達、チェンナイのインターナショナル・レザーフェアへの参加、サンプルの開発、ダーラーヴィー外での仕事、さらに差配師や移動型労働者の活用である。

すべてのハブ工房がランビールの工房と同じ方法で製品を生産しているわけではない。しかし、多くのハブ工房が、例えばムンバイー市外からの原材料の調達や差配師・移動型労働者の活用など、いずれかの点でランビールの工房と生産方法が共通している。つまり、ランビールの工房は、ハブ工房全体の典型的なモデルというよりも、ハブ工房で実践されるさまざまな生産手法を統合的に示す事例として捉えられる。

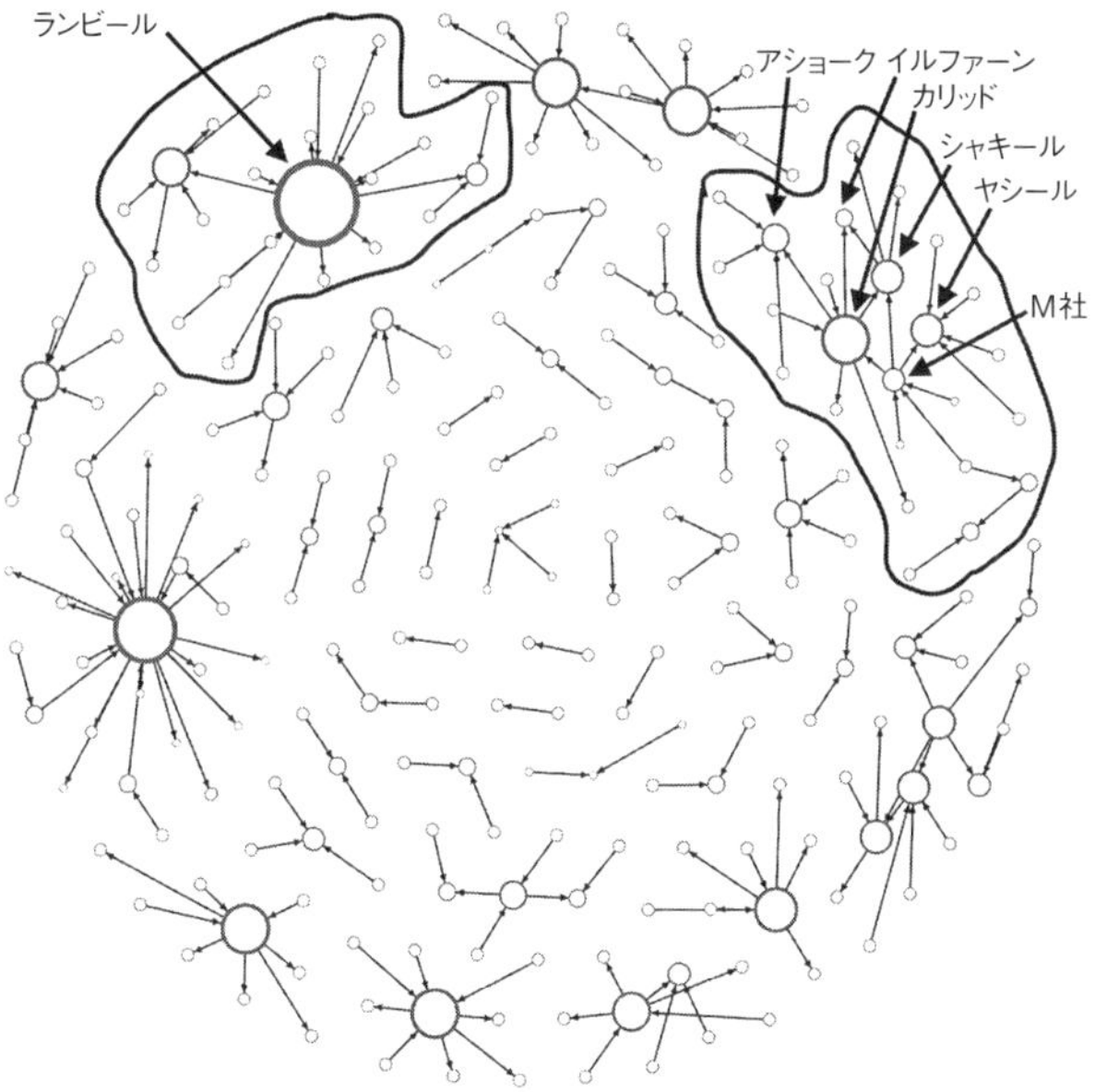

図5-1　ダーラーヴィーの工房タイプとネットワーク2

注）現地調査データをもとに筆者作成。

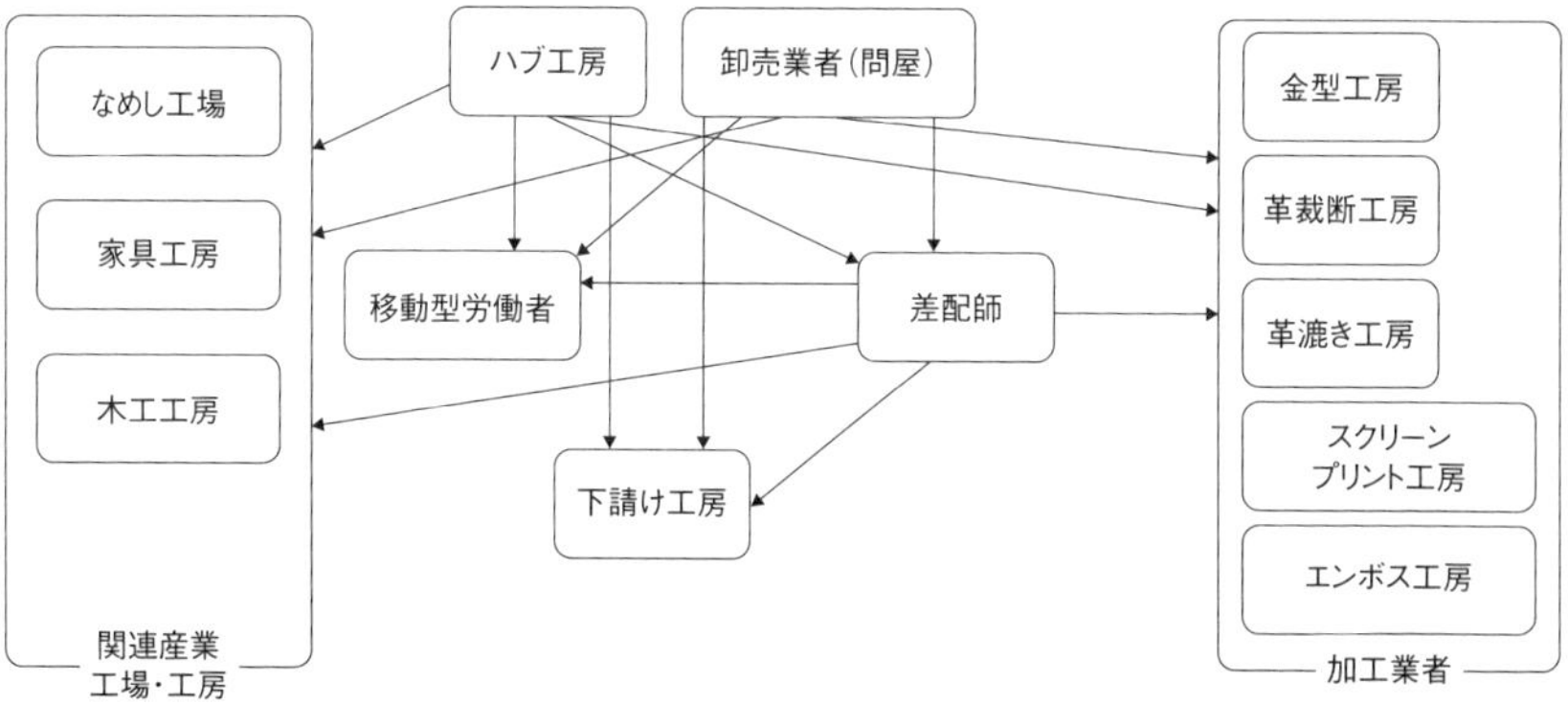

図5-2　ダーラーヴィーの生産アクター関係図

出所）現地調査データより筆者作成。

（1）工房主ランビール

工房主のランビールは三五歳のチャンバールの革職人である。彼はムンバイー大学のカレッジで商学を学んでいた。卒業後はエア・インディアに就職することが決まっていたが、彼の父が革職人になるように勧めたために、最終学年で中退し、父の工房に弟子入りした。また彼はコンピューターネットワークのディプロマ（Diploma of Computer Network）を取得している。

彼は比較的教育レベルが高いだけではなく、革製品の高い製作技術も持っている。彼が弟子入りした父のビーム・ラオ・カンブレーはダーラーヴィーでも指折りの名工であった[*3]。ダーラーヴィーで生産された革製品の輸出・販売を行なっているM社のサンケット・チャンドラはランビールの腕前はダーラーヴィーの職人のなかでもトップ三に入っていると述べていた。

ランビールの工房は一部屋のみの二五平方メートルほどの広さであり、彼のもとに従業員はいない。ただし、彼は工房を親戚のゴーパルとニールと共同で使用している。ゴーパルとニールはCという会社名で事業を行なっており、ランビールと同じ工房で働いているが、仕事はランビールとは別に行っている。

ランビールの特徴として、ダーラーヴィー外部から積極的に注文をとってくることが挙げられる。彼は毎日工房で製品を製作しているのではなく、工房の外にいることが多い。彼はダーラーヴィーの外で仕事を行うこともある。ムンバイー市内だけではなく、マハーラーシュトラ州内のプネーやナーシク、グジャラート州のアフマダバード、カルナータカ州のバンガロールから注文を取ってくることがある。発注元も、革製品を生産・販売している企業だけではなく、独立系のデザイナー、タバコ製造会社、ウイスキー製造会社、自動車販売会社、インテリアや家具を生産・販売する会社、ブティックと幅広い。彼は毎日工房にいないために、製品の生産はダーラーヴィーの別の工房に外注していることも多い。ゴーパルはランビールをまるで商人（トレーダー）だと述べていた。

表5-1　ランビールのオーダー受注・外注状況（2019年7月時）

製品名	主素材	単価(Rs)	数量	受注者	発注者	原材料の受け渡し	代金の前払い
レザーパネル	レザー	1562	6	ランビール	Kインテリア	全て会社から	無し
ワインカバー	レザー	2200	5	ランビール	S氏	全て自前で購入	90%
キーホルダー	レザー	110	50	ランビール	商人A	全て会社から	無し
男性用財布	レザー	不明	50	不明	ランビール	不明	不明
男性用財布	レザー	400	500	ランビール	商人B	全て自前で購入	50%
男性用財布	レザー	75	250	ヨゲーシュ	ランビール	全て渡す	50%
男性用財布	レザー	75	250	キショール	ランビール	全て渡す	50%
ネームタグ	レザー	125	1600	ランビール	MA社	レザーのみ会社から	無し
ネームタグ	レザー	45	1600	ヨゲーシュ、アミット、ディヴェンドラ、ハルディック、カピール、サティシュ	ランビール	全て渡す	50%

注1）現地調査データをもとに筆者作成。
注2）オーダーの一部。

（2）工房ネットワークを通じて製作する製品と自身で製作する製品

ランビールが工房ネットワークを通じて製作する製品と自身で製作する製品の違いを確認する。表5-1が二〇一九年七月時点でのランビールの工房に入っていたオーダーと外部の工房に外注したオーダーの一覧である。

表5-1から見て分かるように、レザーパネル、ワインカバーといった単価の高い製品は外注せずランビール自身で製作している。一方で男性用財布、ネームタグといった単価が低く生産量が大きい製品は外部の複数の工房に外注している。彼によると自身で製作するのはオーダーメイドの国内高級品市場向け製品と輸出市場向け製品のみであるという。つまり単価が低い製品の製作は外注している。例えば彼はナイロン生地のリュックの生産を依頼された際には、自身の工房にナイロン生地のリュックを生産している工房主を呼び出し、リュックを五日間で五〇〇個急ぎで生産することを依頼していた。そのときに筆者がランビールになぜ自分でリュックを製作しないのかと聞くと、彼は自分の労働費用は高いからだと述べていた。

外注しているのは単に単価が低い製品だけではない。彼は自身が取り扱うことができない素材を使用する製品も外注している。例えば時計を入れる木製のケースや木製ラックといった製品である。これらの製品はダーラーヴィーにある木製製品を専門に製作している工房に外注し、外注から返ってきた製品に、彼が革で加工を施して仕上げている。ただし、木製ラックについては、製品のデザイン自体はパソコンのソフトを使って彼自身で行っていた。つまり、製品を外注に出しても、デザインという技術力を要し、かつ自身でできる工程は自身で行っているのである。

（3）工房への原材料の供給と調達

ランビールは、ダーラーヴィー外部から獲得してきた注文を、単にダーラーヴィーの工房に分配しているだけではない。彼はハブ工房の特徴である原材料の前渡しと資金の融通を行なっている。表5-1の男性用財布に着目すると、原材料は発注元からは事前に受け渡されていないが、彼は自身で原材料を調達して外注先に渡している。さらに表5-1のネームタグに着目すると、代金は発注元から事前に支払われていないが、彼は代金を事前に外注先に支払っている。

製品に使用する素材の保証もランビールの仕事である。原材料が発注者から渡されない限り素材はランビールが調達してくる。発注元から素材のサンプルであるスウォッチが渡されるケースもあるが、製品の写真しか渡されない場合もある。前者の場合はスウォッチを片手に素材を扱う業者を渡り歩き、スウォッチと変わらない素材を調達してくる。後者の場合は写真や発注業者とのやり取りを通じて使用する素材を決定する。ただし、前者と後者いずれの場合にせよ、製品のサンプルを完成させたあと発注者に素材が要望に合致しているか確認していた。

ランビールの工房の特徴として、ムンバイー市内の業者に加えて、ムンバイー市外の業者からも原材料を仕入れていることが挙げられる。彼はムンバイー市内では、ダーラーヴィーとレザーサンダルの集積地があるタッカルバーパー、輸出入業者が多く事務所を構えるコラバ地区から原材料を仕入れている。ムンバイー市外では、チェンナイ・インターナショナル・レザーフェアを毎年訪れ、原材料を調達していた。

ダーラーヴィーでは九〇フィートロードに面した革問屋やバンドラ・サイオン・リンクロードに面した金具店から革や金具を調達している。タッカルバーパーでは革問屋から革を仕入れ、コラバ地区では革の輸入業社から革を買い付けている。彼はこれらの店舗に赴くこともあるが、これらの店舗のスタッフが彼の工房にまで出向いてくることもある。

ランビールが毎年参加しているチェンナイ・インターナショナル・レザーフェアに参加していたダーラーヴィーの工房主には、輸出市場向け製品も製作する比較的教育レベルの高い二〇才代、三〇才代の工房主が多く見られた。これは、チェンナイへのアクセスに費用、時間がかかり、会場で使用される言語に制限がある事によると考えられる。チェンナイはムンバイーから一三〇〇キロメートルほど離れている。飛行機ならば片道一時間三〇分ほどであるが、費用が往復六〇〇〇ルピーほどかかり、宿泊費や飲食代を含めるとかなりの出費になる。列車であれば往復の費用は一五〇〇ルピーほどに抑えられるが、片道二一時間ほどかかる。さらにチェンナイ・インターナショナル・レザーフェア会場での配布資料はすべて英語であった。

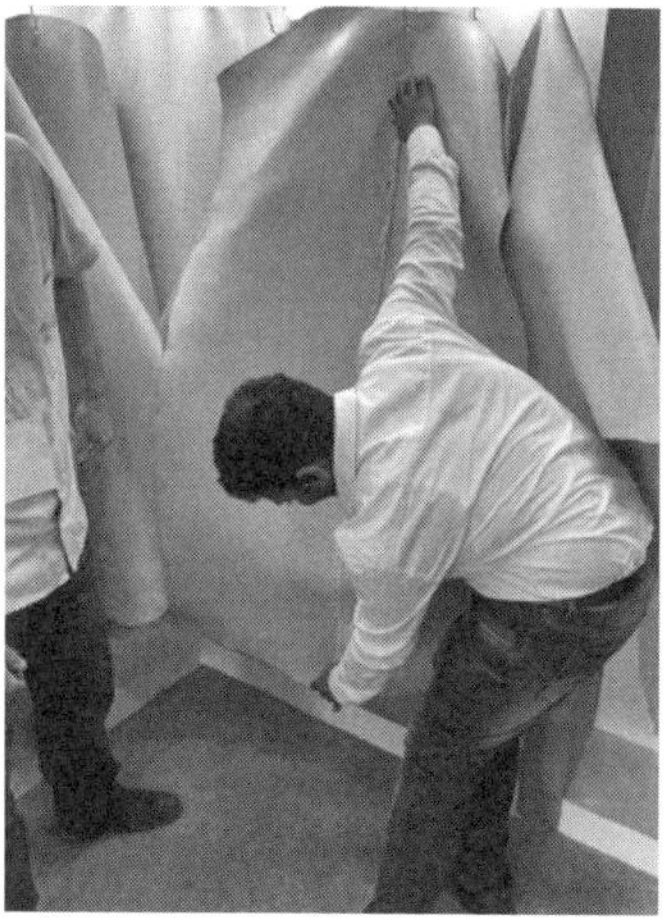

写真5-1　巻き尺で革の大きさをチェックするランビール（2024年2月1日、チェンナイ・インターナショナル・レザーフェア、筆者撮影）

チェンナイまで行くのは、最新の素材を手に入れることに加えて、カスタムメイドの高級品に使用する素材やメーカーにしか在庫がない製品を仕入れるためである。革を縫製するシンガー社の極太針をランビールは入手したかったが、ムンバイー市内ではどの店舗も置いておらず、フェアの会場でミシンメーカーに片端から極太針の在庫がないかを尋ね歩いていた。さらにオーダーメイドのデザイナーソファに使用する革は、一般的なサイズの革よりも大きいものが必要で、巻き尺を片手に条件に合う革を探していた（写真5-1）。

写真5-2　製品を受け取りにきたリャーン・チョードリー（2018年8月21日、ランビールの工房、筆者撮影）

ランビールは自身が必要とする素材や機械に加えて、ダーラーヴィーの友人の工房から頼まれた原材料や機械も探していた。彼は自身が必要とする素材として、毛皮、革、金具、ジッパー、布、ミシン、エンボスの機械などを調べていた。彼はそれに加えて、友人の工房のために、靴の内側に使用する素材やエンボスの機械を探していた。彼にはムンバイー外から原材料や機械を調達し、他の工房に供給する役割もあるといえる。

（4）ランビールが直接製作する製品

ここからランビール自身がどのような製品をどのように生産しているのかを明らかにしていく。表5-1を見て分かるように、彼が直接製作しているのは、単価の高い製品であり、それらは国内高級品市場向けの製品か輸出市場向けの製品である。彼は自身が製作する製品について次のように述べている。

> 私は革新的な製品（を製作すること）が好きだ。型通りのものではなくてね。[*4]

写真5-2はランビールに製作を依頼していたリャーンが製品を受け取りにきたときのものである。依頼主はムンバイー郊外のビワンディの生まれであり、ヒンドゥー教徒でワシュタ・カサール[*5]のジャーティである。アメリカのニューヨークにある某大学の情報技術の修士課程に在籍している。ダーラーヴィーのショールームや工房への聞き取りを通じてランビールを知り、製品のすべての製作をランビールに依頼している。良い品質で、創造的で丈夫なブランドの製品として、アメリカのイーコマースで販売しようとしていた。

ランビールはこのリャーンからの注文では、ベルトを除いてすべて自身で製作していた。なぜならばこれらの製品は技術力を要し、他の工房では製作できないからであるという。

ランビールは単価の高い仕事であれば、ダーラーヴィーの外にも仕事をしに行く。写真5-3は彼がムンバイー北西に位置するゴレガオンの四三階立てのマンションの一室へのレザーパネルの製作と設置の仕事を請けおった際のものである。依頼主はムンバイーの文房具メーカーのオーナーの息子であった。マンションはキッチン、ホールと四つの寝室からなっており、マンションの床と壁には大理石があしらわれていた。マンションの各部屋にはエアコンが完備されており、それぞれの部屋にシャワーとトイレが設置されていた。オンラインの不動産情報サイトでは同じマンションの同じ部屋数で一一三平方メートルの部屋が二九〇〇万ルピーで販売されており、かなりの高級マンションであった。ランビールによるとレザーパネル一セット一〇万三〇〇〇ルピーの値段で仕事を請け合い、四セット受注し四一万一〇〇〇ルピーの売り上げになったという。材料の革代だけで一セット五万ルピーにもなったという。

写真5-3　高級マンションの一室でレザーパネルの設置を行うランビール（2019年10月7日、ゴレガオンの高級マンションの一室、筆者撮影）

彼はレザーパネルの四セットのうち一セットは自身の工房で製作したが、残りの三セットはダーラーヴィーで家具を主に製作している工房に外注していた。彼は製作されたレザーパネルを持って依頼主のマンションに行き、彼自身が設置していた。ランビールによれば設置には技術を要するので他人に任せることはできないからであるという。彼は三日間に渡ってマンションに通いレザーパネルを設置していた。

ランビールはまた、ムンバイーに住む女性デザイナーから注文を受け、デリーにまで製品を設置に赴いていた。革をあしらったドア、テーブル、ベッドを作成していた。ドアは製作が難しいので全てランビールが作成したが、ベッドとテーブルは合わ

写真5-4　パソコンを広げながら、発注者と電話でサンプルの寸法を確認するランビール（2018年10月30日、ランビールの工房、筆者撮影）

せて三つの工房に外注したという。価格はドアが四枚で五〇万ルピー、ベッドが二台で三〇万ルピー、テーブルは一二卓で九〇万ルピーであった。ランビールは製作後デリーに製品を送り、ムンバイーで雇った二人の職人とデリーに赴き、デリーでさらに一人の職人を雇い一日で設置していた。航空券代とホテル代はデザイナーが負担したという。ランビールによると製作が難しいので、外注することはできないという。

彼はこのようにダーラーヴィーの工房の外でも仕事をしているが、彼の父は、自身の工房外での仕事はかなり少なかったという。つまり、ランビールの代になって仕事の地理的範囲を拡大しているといえる。こうした地理的範囲の拡大の背景には、取引業社との関係性の変化がある。ランビールに革を販売しているアルフィーはクリスチャンの四五歳の男性である。彼は香水を販売する会社で働いたのち、革の輸出入を手がける会社で働いていた。前者はカタールのドーハにあり、後者はムンバイーに本社があるが、ドバイに支店がある。彼は二〇一六年に独立し、ムンバイーとデリーにオフィスをおいた。革はすべてイタリアから輸入したものであるという。彼は最初は革を販売するだけであったが、現在はランビールのことをパートナーであるといい、会社のオーナーやデザイナーとのコネクションを活かして、手のかかる高級品のオーダーをランビールに紹介している。前述の高級マンションでの仕事もアルフィーの紹介である。手数料として、発注額の六％を彼が取っている。発注者の元にランビールを同行して訪れ、オーダーの詳細を詰めていく。また彼はよくランビールの工房に訪れて膝詰めでチャイを飲んで新しい注文について話している。ランビールとレストランや屋台で食事を一緒に取ることもある。

ランビールは単価がそれほど高くない製品でも、サンプルの作成は直接自身で行なっている。彼がサンプルを作成した後に、外注するのである。例えば、ナーシクにあるホンダ車の販売会社から車のダッシュボードに入れる書類入れの注文を受けた。受注単価は一七五ルピーで、主素材は合成皮革であった。彼はパソコンのデザインソフトを使用してデザインを型紙に起こし、サンプルを作成していた。サンプル作成後、彼は販売会社の担当者と電話で話し、サンプルの寸法を確認していた（写真5-4）。その後、彼は後述のヨゲーシュに製作を依頼していた。書類入れの生産数は六〇〇個であり、ダーラーヴィーにある四人の職人が働く小さな工房で一週間で製作したという。彼は製品の単価に加えて、製品の工程が要求する技術力も考慮に入れて自身の現場参与の度合いを決定しているといえる。

（5）差配師を通じた外注

ここからランビールが工房ネットワークを通じてどのように製品を生産しているのかを明らかにしていく。その際に重要な役割を果たすのが差配師である。前述したように、ランビールは単価の高い輸出製品・国内高級品市場向け製品以外は外注し、工房ネットワークを通じて生産している。ただし、彼はダーラーヴィーの外部に赴くことが多く、工房にいる時間が限られている。ダーラーヴィーの工房にいる時間が少ないということは、外注先の工房を管理する時間も少ないということである。そのために、彼は外注する際には、直接外注する場合に加えて、差配師を通じて外注する場合もある。

ランビールが直接外注する際にはサンプルを彼自身で製作するケースとそうでない場合がある。彼はサンプルを外注先に渡した後は、外注先に生産管理を任せるために、外注先の工房に出向くことはほとんどない。仮に外注先の工房で対処できない問題が起これば、彼の携帯電話に連絡がくるようになっている。

一方で差配師の仕事は工房と工房をつなぎ、製品の生産に必要な体制を整えることと、生産管理を行うことである。より具体的には、生産に必要な知識・技術を持った職人の手配、必要な原材料の手配、注文を外注先の諸工房に分配し、生産を管理し、納期までに納入することである。そのために、ランビールら発注者が外注先の工房に赴き管理することはほとんどない。

差配師がどのように外注先の工房を管理して製品を生産しているのかを、ランビールが製品の生産を依頼している

写真5-5　差配師のヨゲーシュ。製品のサンプルや完成した製品を運んでいる時もあるが手ぶらで移動していることが多い（2018年12月12日、ランビールの工房、筆者撮影）

ヨゲーシュに着目して見ていく（写真5-5）。ある日、筆者がランビールの工房にいると差配師であるヨゲーシュがやってきていた。彼はヒンドゥー教徒でドールのジャーティーである。五四歳の男性であり、マハーラーシュトラ州のソーラプールの生まれである。一九八一年から一九九一年までダーラーヴィーの皮なめし工場で働いていたが、一九九一年に独立し自分の革製品工場を設立した。しかし自身の事業がうまくいかず、一九九七年に工場を閉鎖した。一九九七年からは差配師の仕事を行っている。

ヨゲーシュは工房主から革製品の注文を取ってきて、それを彼が知るなかでの最適な工房に外注する。その際には彼が生産の管理と納品の責任を負う。デザインについては、彼がデザインの写真を渡されるか、サンプルを渡されるか、彼に一任されるかである。原材料についても、発注者が手渡す場合もあれば、彼が手配する場合もある。仕事を受けるオーダーは最低一〇〇ピースからで、一ピース当たり手数料（コミッション）として最低でも二ルピーを取る。

ただし、こういった分業は流動的で、ランビールとヨゲーシュの両者がサンプル作成に関わるケースもある。ある時、ランビールとヨゲーシュの外注先の両者がサンプルを作成していた。ランビールによると、ヨゲーシュの外注先の工房がどのように作るかチェックするためだという。一方で自分が作成しているのはクライアントに渡すサンプルだと。ヨゲーシュの外注先のサンプルのできを見て、修正点を指摘するという。ただし、サンプルの鞄は木材を使用するが、金具をつける箇所のカットは外注先の工房ではできないとヨゲーシュが訴えたので、ランビールが自ら木材をカットしていた。なお、でき上がったサンプルは鞄の留め具の付け方が間違っており、革の貼り方も甘く気泡が入っていた。ランビールはヨゲーシュに厳しい口調でどこが間違っているのか、本生産までに修正するよう伝えていた。

ランビールによれば、ヨゲーシュはランビールのレギュラーワーカーであるという。そしてランビールには、ヨゲーシュのようなレギュラーワーカーが五名から一〇名ほどいるという。ランビールになぜヨゲーシュに製作を依頼しているのかと尋ねるとランビールは次のように述べている。

彼の仕上げはとても良い。私は彼に何のテンションもなく注文を出すことができる。彼はダーラーヴィーの全ての情報を持っており、どの工場が良くて悪いのか、どの職人が良くて悪いのか、どの工場の仕上げがいいのかを知っている。*6

管理が難しい。あっちに行ったり、こっちに行ったり。しかし、ヨゲーシュは上手く管理してくれる。*7

それぞれ工房を知り合いが経営しているが、そこから仕事を納期通りに持って来させるのはとても難しい。仕事を出しても、何度もその工房に通うのは無理だ。そうすると職人は仕事の納期を守らない。ミドルマン（差配師のこと）はどうするか。毎日、（外注先の工房で職人が）何を今作っているのか、すべて私に報告してくれる。*8

ダーラーヴィーはアジア最大のスラムの一つであり、二〇〇〇にも上る革加工品の工房が存在している。路地を何度も曲がった奥に工房があることも珍しくなく、どこに工房があるのかは分かりにくい。筆者はある日ランビールの工房に訪れたヨゲーシュに「あなたはいくつくらい外注先の工房を持っているのか」と聞くと、「無制限だ！（ただし、よく外注するのは）三〇から四〇の工房だ」と答えていた。そのために、彼のようにダーラーヴィーの工房を熟知し、製品の生産の管理まで行ってくれる者は貴重なのであろう。

ヨゲーシュへのインタビューからも注文ごとに工房を使い分けていることが確認できた。二〇二〇年の三月一一日に彼が外注先を訪れた際のインタビューを示す。

注文は男性用財布を五〇〇個だ。コーポレーションギフト用のものだ。この工房にオーダーを出すのは今回が初めてだ。（中略）一個五〇ルピーでオーダーを出して、自分は一個当たり二ルピーの利益だ。一五日間で作る予定だ。ここにオーダーを出したのは工賃が安いからだ。ミニマムレートだ。最初自分に別の工場から三〇〇〇個作ってくれないかといわれたが、利益が少ないので断ろうと思っていた。しかしこの工房がどうしても仕事が必要だというので、その工場からの仕事を持ってきた。この工房の製品の仕上げは良い。*9

また同日訪れた別の工房でのインタビューが以下である。

注文は男性用財布を一〇〇個だ。一五日間で作る。製品はドバイに輸出されるそうだ。パーソナルギフトのアイテムらしい。この工房の仕上げはトップレベルだ。代金は（一個当たり）一二〇ルピーで請け負っていて、そのうち一ピース二〇ルピーを自分が取って、一〇〇ルピーを相手に渡す。五年前からこの工房と仕事している。*10

最初の工房は外注単価が五〇ルピーで自分の取り分が一ピース当たり二ルピーとかなり少ないが、発注数が五〇〇個と多い。工房を選んだ理由も工賃が安くミニマムレートであるものの、仕上げは良いことを挙げている。一方で次の工房は外注単価が一〇〇ルピーで、自分の取り分が二〇ルピーと最初の工房より多いが、発注数は一〇〇個と少ない。さらに工房の仕上げはトップクラスだと認識している。つまり、注文数が比較的多く単価と利益が小さい製品を前者の工賃が安い工房に外注し、注文数が比較的少なく単価と利益が大きい製品を後者の工賃が比較的高く仕上げのレベルも高い工房に外注しており、製品のレベルに合わせて工房を使い分けていることが分かる。

差配師には工房を繋ぐ何でも屋の側面がある。ある日、筆者がランビールの工房にいると革を持ったヨゲーシュが現れ、ランビールに革を販売しにきた。革は別の小さな工房で余っているものであったという。そこで筆者が「あなたはどういう仕事しているのか？　オーダーを工房に外注する仕事ではなかったのか」と聞くと、ヨゲーシュは「全部だ。Ａ to Ｚ！」と答えた。また彼は工房を運営していた経験があるためか、ある程度の製作技術を持っている。あるときはランビールの工房でヒシメ打ちを用いて製品にボタンを取り付けていた。

（６）工房ネットワークを支える移動型労働者

ランビールが、ダーラーヴィーの工房にいる時間が限られながらも、工房ネットワークを通じて製品を生産することが可能になっているもう一つの要因に移動型労働者の存在がある。移動型労働者は特定の工房に所属せず、仕事ごとに工房を移動していく。ダーラーヴィーで見られた移動型労働者には、革のカッティングを専門に行う者、旅行用鞄のキャスターを取り付ける者、ソファーを専門に作成する者がいた。

写真5-6　ランビールの工房で革をカットする移動型労働者（2019年7月29日、ランビールの工房、筆者撮影）

インタビューした職人のなかで、移動型労働者として働いているのは、皆ムスリムであった。そしてその内一人を除いては、ビハール州の出身であった。[*11] 移動型労働者のなかには最初から移動型労働者のチームに見習いとして参加し、移動型労働者になったケースと、最初は工場・工房で働いていて、のちに移動型労働者になったケースがある。後者の場合は、革のカッティングといった特定の工程を行う技術だけでなく、縫製、型紙作り、サンプル作りなど全工程が可能な移動型労働者も見られた。

彼らがどのように移動しながらに仕事を行なっているのか、そのことが工房間がネットワークとして製品を生産することにどのように関係しているのかを明らかにする。ここでは革のカッティングを専門に行う移動型労働者の事例を取り上げる。

雨季のある日ランビールの工房を訪れると三人の職人がいた（写真５-６）。

彼らは革のカッティングを専門に行っている。ムスタファ氏、シャムシャード氏とヴァルガット氏の三名である。この内ムスタファ氏がチームのリーダーを務めていた。彼はビハールのダルバンガ出身の三〇歳の男性のムスリムでシェイクのコミュニティである。

二〇一九年七月二六日のインタビューで、ムスタファ氏は自身の仕事の仕方について次のように述べている。

ムンバイーには五年前にきた。ダーラーヴィーだけでなくムンバイー中に仕事に行っている。仕事はチームで行っている。自分の工房は持っていない。仕事が終われば別の工房へ行く。いつも違う工房で仕事をしている。

彼はこのように工房を移動しながらチームで仕事を行なっていることが分かる。では仕事のチームはどのように構成されるのか。

仕事が多くて、急ぎのときは、他の人を呼んで一緒に仕事をする。仕事が少なくて、急ぎでないときは、一人一人別々に仕事をしている。

このインタビューからは、チームのメンバーの構成は仕事の量と期間に応じてそのつど構成されていることが分かる。では次にチームでは誰がリーダーであるか、誰が仕事を取ってくるのかといったチームのなかの役割はどのように決まるのだろうか。

自分は合計で四〇人の職人と仕事をしている。アスガルバーイーから自分に仕事がきて、自分がリヤーズとイムラーンに言った。リヤーズとイムラーンから仕事が来たらその人がヘッドになる。

このインタビュー（二〇二〇年二月一八日）からはチームにはリーダーや仕事を取ってくる係といった明確な役割分担の構造があるわけではなく、仕事を取ってきた人間がリーダーになることが分かる。ではチームのメンバー間にはどのような関係性があるのだろうか。

（去年の七月ランビールの工房で働いていたときは）ランビールから連絡があって、あとの二人に声をかけた。二日間仕事をした。今日自分は仕事がない。シャムシャードとヴァルガットは今日それぞれ別々に一人で仕事をしている。彼らは親戚であるが、兄弟ではない。村は違う。

（最近一緒にチームを組んでいた）リヤーズとイムラーンはムンバイーで知り合った。彼らは親戚でもないし、村も違う。

これら二つのインタビューからはチームの構成メンバーには血縁者がいるが、血縁者だけで構成されているわけではなく、ムンバイーに移動してきてから知り合った者もいることが分かる。さらに血縁といえども、常にともに行動しているわけではなく、仕事次第で別々に行動していることが分かる。

次に移動型労働者が工房ネットワークとどのような関係にあるのかを述べる。ランビールは表5-1にあるように、革のネームタグを受注していた。受注量は一六〇〇個とかなり多いが単価は一二五ルピーとかなり安い。そのためか、彼はネームタグの生産には直接関与せず、ネームタグに使用する革のカットは三人の移動型労働者に任せていた。そして三人がカットした革とそのほかの原材料を一人の差配師と五人の工房主に渡し、生産を外注していた。つまり、注文に応じてチームを組み替える移動型の労働者を用いることで、単に別の工房に外注するのではなく、工程間の分業を組み合わせた外注が行えるようになっていた。

（7）工房ネットワークを「外側」から支える女性

工房ネットワークを「外側」から支えているのが、ダーラーヴィーの家屋で作業を行う女性である。主に革編みものの仕事を担当している。未婚の女性から既婚の女性まで幅広く参入している。彼女らが作業を行っている場所は、自身が住んでいる家屋であり、工房ではない。しかし、彼女らは工房から注文を受けて、革のクッションカバーを編んだり、彼女らが編んだ革が工房で作成される鞄に使用されている。そのために、彼女らは工房ネットワークに組込まれており、工房ネットワークを「外側」から支えているといえる。

ここでは、ランビールが仕事を依頼しているカビタ氏を事例に取り上げ、どのように革編みものが生産されているのかを見る。彼女はダーラーヴィー生まれで五五歳になる。ヒンドゥー教徒のチャンバールである。教育は六学年までである。ランビールの父がカビタ氏の叔母の義理の弟に当たるという。彼女の父は革鞄を作る職人であった。一〇歳のときから革編みものの仕事をしている。ただし革編みものの仕事だけではなく、ベルト作り、キーホルダー作成、さらにどんな仕事でも注文が来れば（できそうな仕事であれば）引き受けるという。今は家で仕事をしているが、自身の工房を持っていた時期があり、一〇人から一五人の女性が働いていたという。

カビタ氏の仕事は注文を受けた場合、自身で作成するだけでなく、自宅の周辺に住む女性に再度外注し、生産管理を行うことである。原材料と工賃の一部を工房がカビタ氏に前渡しするため、彼女が原材料を購入することはない。彼女は外注先の女性の自宅に赴き、上手く作成できているか、すべてチェックするという。毎週土曜日にカビタ氏から外注先の女性に工賃が支払われている。このように外注する場合、カビタ氏は一ピース当たり一〇ルピー、一五ルピーといった手数料を取る。[*12]

ランビールが、カビタ氏に依頼するのは、彼女が納める製品の品質と彼女の持つネットワークを高く評価しているからである。ランビールは、二〇二三年三月にムンバイー市内のアンデーリーに住む女性に革編みものの仕事を依頼していたが、でき上がったサンプルの品質が低く、再度カビタ氏に依頼していた。またカビタ氏は仕事を依頼できるダーラーヴィーに住む女性を多く知っている。ランビール自身は仕事を依頼する際はカビタ氏のみに依頼し、直接そのほかの女性に仕事を依頼することはないという。

ここからムンバイーに本社を置くデザイナーズ家具会社Ｓ社からの注文を取り上げる。注文は靴下の形をした革編みものが二五〇個と革で編んだクッションカバーが一二〇〇個で、クリスマス用の輸出市場向け製品である。前者の卸値は五五〇ルピーであり、工賃として一ピース当たり七〇ルピーが女性に支払われ、後者の卸値は一二四〇ルピーで、工賃として一ピース当たり二〇〇ルピーが女性に支払われる。まずランビールがＳ社の担当者から連絡を受けて、Ｓ社のオフィスに向かい、製品デザインを写真でもらった。その後サンプルの途中までを彼が作成し、残りの工程と本生産をカビタ氏に依頼した。彼女がサンプルを完成させ、その後サンプルをもとに自宅周辺の女性に製作を依頼したのである。ランビールはその三日後、彼女の自宅を訪れ、カビタ氏に外注先の女性たちを呼んでもらい、四人で製作途中の革編みものの製作具合をチェックしていた（写真５–７）。ランビールは、もう少し編み目に隙間が出ないようタイトにするよう依頼していた。

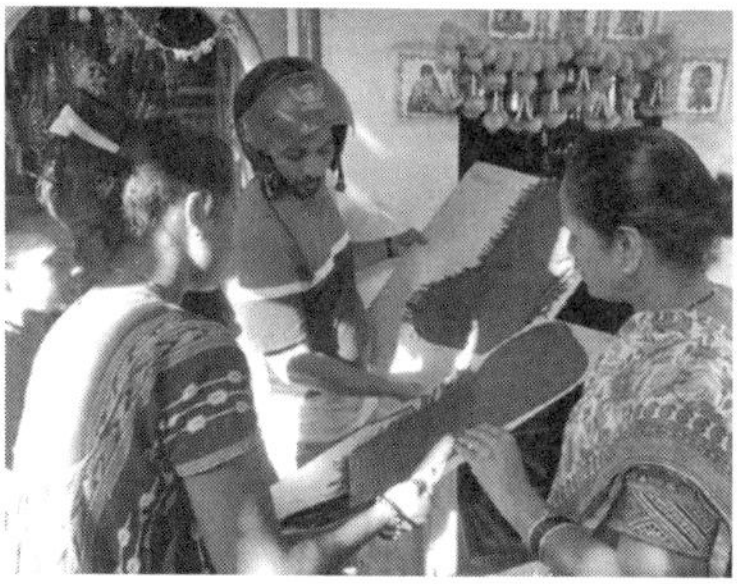

写真5-7　製作途中の革編み物の修正について話し合うランビール、G氏（右）、G氏から製作を依頼された女性たち（左）（2022年12月10日、G氏自宅前、筆者撮影）

ここまで見てきたように、ダーラーヴィーの女性は工房ネットワークに直接参入しているわけではないが、工房から注文を受けて自宅で製作を行うことで、工房ネットワークを外側から補強している。[*13] 製品も器用さが求められ手間ひまがかかる輸出市場向けの製品であり、必ずしも安価で低品質のものが生産されているわけではない。さらに工房主は女性たちを直接管理していない。工房主と家々の女性の間に、彼女らを束ねて、生産管理を行う女性の存在があり、工房主はこの媒介者の役割を果たす女性を通じて、品質、製作状況についてコミュニケーションを行い、製品の生産を行っている。

（８）海外に拡大する工房ネットワーク

ここから紹介する事例は、ダーラーヴィーの工房ネットワークを外部から利用しドバイをはじめとする中東やアフリカに販路を拡大している事例である。工場はマハーラーシュトラ州のパラマティにある工業団地に置かれているが、ダーラーヴィーの工房ネットワークを活用して革製品を生産している。

工場のオーナーのラール氏はヒンドゥー教徒のチャンバールであり、三七歳の男性である。ムンバイー北東のヴィクローリーで生まれ育った。ムンバイー大学カレッジで商学士（Bachelor of Commerce）の学位を取得後、ネルー登山学院で基礎登山コースを修了した。その後は登山関係の仕事につき、二つの会社で五～六年働き、フリーランサーとして一年働いていた。彼は自分は元来登山家であると述べていた。だが、結婚後、義理の父から皮革技術を習得し、革製品工房をナヴィ・ムンバイーで二〇一六年に立ち上げた。義理の父は公務員であったが、彼の父がダーラーヴィーで皮革工房を運営していたため、義理の父も皮革技術に習熟していた。公務員の仕事から帰ってくると工房にやってきていたという。そのためラール氏も比較的高い教育レベルとダーラーヴィーで継承されてきた皮革技術を併せ持つ人物であるといえる。

工場の広さは三二五平方メートルにおよび、四〇名ほどが働いている。そのうちほとんどが女性であるという。工場には、ミシン二九台をはじめとして、自動スクリーンプリントの機械、裁断機など種々の機械が備え付けられていた。ナヴィ・ムンバイーに工場があったころは、プラスチックの袋、ジュートの鞄から革製品まで幅広く製品を生産しており、革製品は輸出市場向け工場にも卸していた。バラマティには二〇二〇年に工場を移転した。工場の移転理由として、コストの削減を挙げていた。

工場では非皮革の鞄の生産が主で、年間五万個から一〇万個製作しているが、革製品も生産している。非皮革の鞄は国内企業に加えてドバイ、クウェート、オマーン、バーレーン、スーダンなどに輸出されている。非皮革の鞄はコットン、ジュート、ペットボトルからのリサイクル素材であり、単なるリサイクルではなくアップサイクルであるという。革製品は主にドバイに輸出されている。製品の九〇％は輸出されているという。非皮革の鞄の卸売価格は三ドルから一六ドルであり、革製品の卸売価格は二万ルピーほどである。ドバイにいる建設業者の叔父の伝手を頼りに、自身もドバイに渡り、注文を獲得してきたという。そこから徐々にビジネスネットワークを拡大していき輸出先を増やしていったという。二〇二三年の一〇月よりドバイのアジュマーンにオフィスを設置し、現地でスタッフを雇うという。

革製品については自工場ではサンプルのみ生産しており、実際の生産はダーラーヴィーやナグパダの工房に外注しているという（写真5-8）。ダーラーヴィーで工房を運営していた熟練の職人を一人雇用しており、彼がサンプルの生産を担当している。サンプル生産は職人に任せきりというわけでなく、自身に加えて、ムンバイーに住んでいる叔父の意見も聞きながら製作しているという。実際の製品の生産は製作にスキルを要するため、ここではできないという。外注条件は原材料を前渡しした上で、製品によるが前金で工賃の二五～三〇％渡し、残金は配送日に渡すという。現金、振り込み、小切手かはオーダーや相手の希望による。

写真5-8　ラール氏とドバイに輸出される革製品のサンプル（2023年8月13日、氏の工場、筆者撮影）

ラール氏の事例は、工場はダーラーヴィーの外部にありながらも、ダーラーヴィーの工房ネットワークを活用しながら高価格帯製品を生産し海外に販路を拡大することが可能であることを示している。それを可能にしているのは、比較的教育レベルの高いラール氏が海外に直接出向いて販路を開拓していることに加えて、ダーラーヴィー出身の職人を雇用し、皮革技術を併せ持つラール氏や彼の叔父と協力しながらサンプルを開発していることが挙げられる。つまりダーラーヴィーの外部にありながらも、技術力を要するサンプル開発にはチャンバールが継承してきた皮革技術を用いることで高級品の開発を実現しているのである。

3　差配師による工房分業・協業の深化

ここからは、工房を所有しない卸売業者（問屋）の比較的教育レベルの高いチャンバールがどのようにダーラーヴィーの工房ネットワークを通じて製品を生産しているのかを見ていく。その際には、事例として取り上げるM社の代表のサンケットと差配師の役割を果たしている社員のギリックに着目する。M社が工房ネットワークのどこにあるのかは、図5-1に示した。

M社の事例の位置付けについて述べる。M社はダーラーヴィーにオフィスを構えている。ただし、それはバラック屋根のチョールの一室に過ぎず、生産設備は持っていない。実際の生産は、ダーラーヴィー内の工房に委託している。M社のように工房を所有せず、製品を生産する事業者はダーラーヴィーでは一般的に見られる。

しかし、M社はそのなかでも際立っており、取り扱う製品の多様性と価格帯の幅が非常に広い。主に低価格帯から中価格帯のコーポレーションギフトや業務用製品の生産を行っているが、高価格帯の製品をプネーの高級皮革製品店に納品することや輸出することもある。オーナーのサンケットは海外に直接出向いて注文を受け、社員のギリックは差配師として原材料の仕入れから納品まで全工程に関わっている。また、工房間の協業を促進する役割も担っている。

一方で、多くのダーラーヴィーの問屋やトレーダーは、M社のような差配師的な役割を果たす社員を持っていない。通常のパターンとして、原材料とデザインを工房に渡し、サンプルを製作させて問題がなければ本生産に移行する。そして完成品をオフィスに持ち込ませる、という流れを取ることがほとんどである。このように、社員が生産現場に深く関与することは少ない。

つまり、Ｍ社の事例は工房を所有していないものの、差配師を活用した分業と協業を通じて、コーポレーションギフトや業務用製品、さらには輸出向け製品といった新たな需要を効果的に取り込んだ事例である。Ｍ社はダーラーヴィーにおいて少数派であるが、比較的教育レベルの高いチャンバールが工房ネットワークの可能性を最大限に引き出すことにビジネスチャンスを見出し、成功した事例といえる。

（１）Ｍ社の概要

Ｍ社の工房主のサンケット・チャンドラはヒンドゥー教徒のチャンバールの三八歳の男性である。ムンバイーのアンデーリーで生まれ、ムンバイー大学で物理学の修士号（Master of Physics）を取得している。大学卒業後は金融会社で四年働いた後、通信会社で四年働き、その後製薬会社で二年働いた後、父の事業に参画した。

事業の沿革と概要を見ていく。事業自体はサンケットの曽祖父が一九一七年にマテランで開始した[*14]。マテランではイギリス植民地政府に革靴や革製品を販売していた。そして父が一九七二年にムンバイーにやってきて、ダーラーヴィーで事業を始めた。

サンケットの主な役割はダーラーヴィーの外部から注文を獲得することにある。Ｍ社は主にマハーラーシュトラ州内のプネー、ムンバイーの企業に加えて、グジャラート州のアフマダーバードの企業からも受注している。製品は主に中価格帯のコーポレーションギフトや業務用製品である。さらにサンケットはたびたび海外を訪れており海外から注文を取ってくることもあれば、彼が海外から訪れたバイヤーと交渉し、革製品やレザージャケットを輸出することもある。さらに、彼自身が経営に関わるプネーの高級皮革製品店に革製品を卸すこともある。

プネーの店はマテランに残っていたサンケットの叔父が二〇〇五年にプネーに移動して設立した。この店は高級皮革製品店として有名であり、ボリウッドスターが訪れているという。さらにこの店には自社工場が併設されている。この工場では革靴とジョッキーシューズが生産されており、ともに国内市場だけではなく、フランスやイギリスにも輸出されている。[15]

サンケットが販売と交渉を担いダーラーヴィーの外から注文を獲得してくるのに対して、工房に製品を外注し、生産管理を行なっているのが社員のギリックである。つまり、彼は差配師と同じ役割を果たしている。[16] ギリックについてサンケットは次のように話している。

ギリックはオールラウンダーだ。すべてのことができる。品質のチェックもできる、在庫の管理もできる、生産も管理できる、すべてだ。[17]

彼はヒンドゥー教徒のチャンバールであり、二八歳の男性である。ダーラーヴィーの生まれであり、ダーラーヴィーのチョール[18]に両親と兄弟とともに住んでいる。彼はダーラーヴィーにあるジャズという名前のショールームで以前は働いていた。その経験を通じて製品に関する知識を身につけたという。彼はサンケットがいうように、素材（革繊維素材、金具、塗料）の手配から生産する工房と労働者の手配、素材と労働者の工房への割り振り、生産管理、品質管理、検品作業、包装資材の手配、包装作業、運搬業者の手配、出荷作業まですべてを行なっている。彼もヨゲーシュと同じように生産に関する技術を少し持っており、製品の簡単な仕上げや直しを行っている事がある。そして彼もダーラーヴィーの工房を悉皆している。

（2）外注先の概観

M社が製品を受注し、外注に出す経路を概観する。外注経路を示したのが図5-3である。見て分かるように、サンケットがダーラーヴィー外部から受注し、それをギリックが工房に外注して管理している。外注した後は、ギリックが生産を管理しているケースと外注した工房がさらに外注しているケースがある。

ギリックがゴーヴィンダとヤシールの工房に外注する際には、生産をほぼすべて任せ、生産工程に関与することはない。一方でカリッドの工房に外注する際には、彼の工房および彼からさらに外注されたシャキール、アショーク、イルファーンらの工房に頻繁に出入りし、生産工程に関与している。

ゴーヴィンダの工房にはプネーの高級皮革製品店に卸す高価な製品や輸出市場向けの製品を少量生産する場合およびコーポレーションギフトのサンプルを製作する場合に外注していた。ゴーヴィンダはダーラーヴィーのなかでも腕の良い職人の一人であり、ランビールの父であるビーム・ラオ・カンブレーが設立したSレザーで親方として働いていた。ゴーヴィンダの工房はダーラーヴィーの外れにあり、自宅の二階を工房として使用している。働いているのはゴーヴィンダのみで、個人経営の工房である。M社はダーラーヴィーのオフィスには生産設備を持っていないが、ゴーヴィンダの工房にはM社が購入したミシンなどの機械が備え付けられている。ゴーヴィンダの工房にはギリックは原材料を届けるか、完成した製品を引き取りに行くのみである。これは腕の良い職人に技術力を要する製品を外注しており、かつ発注量も少ないために、ギリックが管理する余地がほとんどなく、製品の生産を任せきっているといえる。

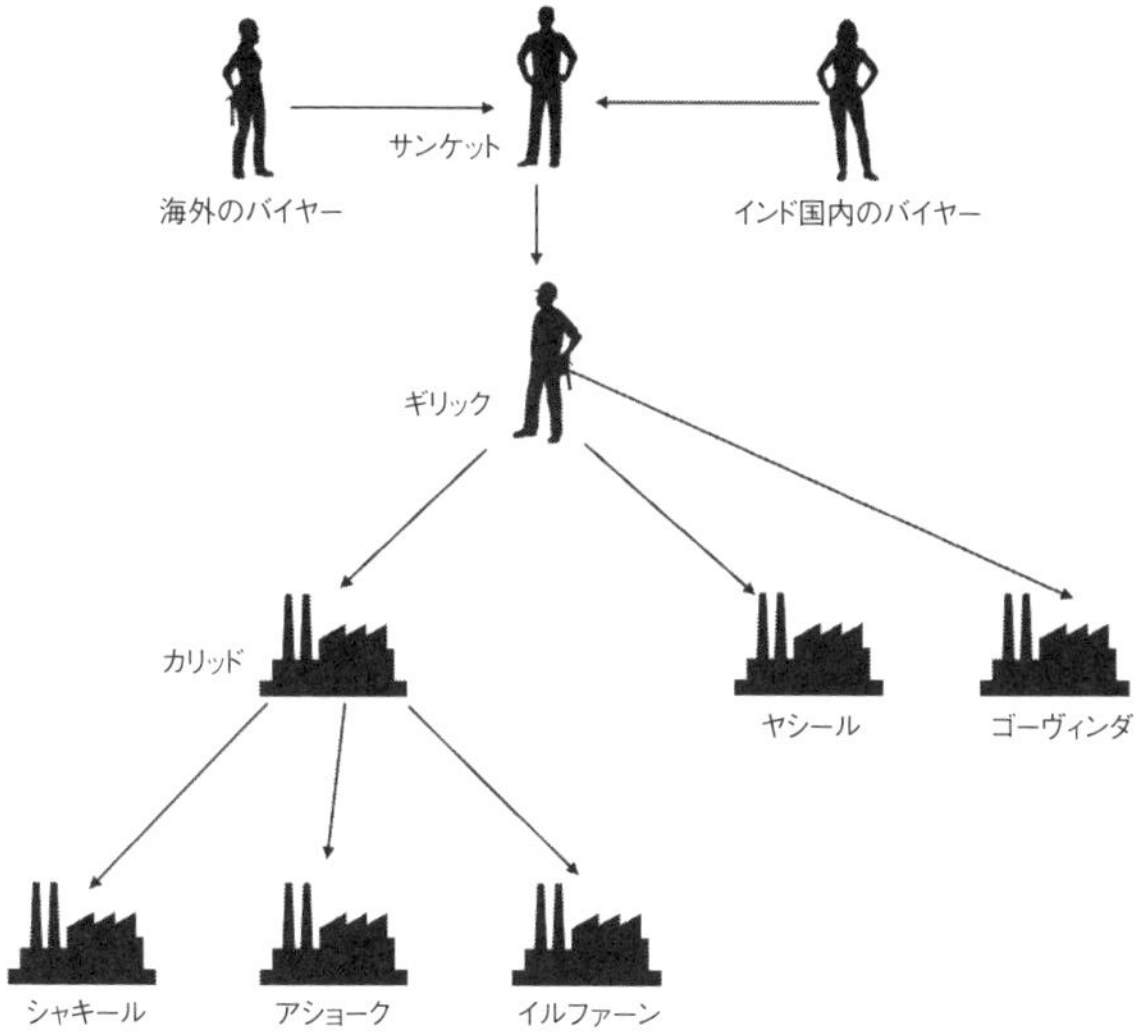

図5-3　M社の受注・外注経路

注）現地調査データをもとに筆者作成。

ヤシールの工房には大量に低価格帯のコーポレーションギフトを生産するときに外注していた。例えばギリックは二〇二〇年の一月に発注単価二九五ルピーの製品を一万個、ヤシールの工房に外注していた。ヤシールの工房は工房の分類では低価格帯の製品を極めて大量に生産する工房であり、ゴーヴィンダの工房と正反対である。ヤシールはムスリムのシェイクコミュニティの四二歳の男性である。ビハール州の出身であり、ダーラーヴィーで三つの革製品工房で働いた後に、自身の工房を設立した。ギリックはヤシールの工房には、ゴーヴィンダと同じように原材料を届けるか、完成した製品を引き取りに行くのみである。ギリックがヤシールの工房に製品の生産をほとんど任せているのは、発注しているのが低価格帯製品で技術力をそれほど要求しないことに加えて、ヤシールの工房の従業員数が一五人に上り、ダーラーヴィーで最も大きい工場の一つであることによると考えられる。

一方でギリックが生産に大きく関与しているのが、カリッドとカリッドから外注された工房である。ギリックはカリッドの工房を通じて中格帯のコーポレーションギフトや業務用製品を主に生産している。カリッドはムスリムの三四歳の男性である。ビハール州出身であり、南ムンバイーのロイヤルレザーで働いた後、独立してダーラーヴィーで自身の工房を設立した。カリッドの工房は一部屋のみで、従業員が二名しかいない。そのために、カリッドが直接生産するのは、少量の旅行用トランクと中価格帯までの鞄のサンプルのみである。*19 それら以外の製品は図5-2に示したように、カリッドは主にアショーク、イルファーンらの工房に外注している。カリッドはアショークとイルファーンとは血縁関係や地縁関係はなく、ダーラーヴィーで知り合った。

アショークはビハール州出身の三一歳の男性である。ヒンドゥー教徒でチャマールのジャーティである。デリーで最初革製品の工房で働き仕事を学び、デリーで自身の工房を設立したが事業が上手くいかなかった。その後ダーラーヴィーに移動してきて、ダーラーヴィーの工房で働いた後、再度自身の工房を立ち上げた。主に国内低中価格帯市場向けに製品を生産している。

イルファーンはビハール州出身の三〇代半ばくらいの男性である。ムスリムでアンサーリーのコミュニティである。コルカタで仕事を学び、輸出業者の下請け工場の親方を務めていたが、ダーラーヴィーに移動してきて自身の工房を設立した。主に国内中価格帯市場向けの製品を生産している。

（３）差配師による工房ネットワークを通じた生産

ここから差配師であるギリックが工房ネットワークを通じてどのように製品を生産しているのかを、ギリックが生産に大きく関与している外注先の諸工房および移動型労働者に着目して明らかにする。なおその際には、諸工房に分散する素材、情報、労働力、生産設備により着目する。

注文と労働者の配分

ここではギリックがそもそもなぜカリッドを通じて外注しているのかを、外注先の工房間の労働者の配分に着目して明らかにする。

まず注文の内容と外注先を示す。あるとき、ギリックがカリッドに鞄を外注した。鞄はゴアで開催される映画祭に使用されるもので、キャンバス生地に合成皮革を合わせたものであった。発注量は一五〇〇個であった。カリッドはそれをまずマームードの工房に外注した。ただし外注したのは鞄のキャンバス生地の内側に取り付ける布地の縫製だけであった。カリッドは布地が縫製された鞄の半製品の内、一二〇〇個を主要な外注先であるアショークの工房に外注に出し、三〇〇個を別の主要な外注先であるイルファーンの工房に外注した。

ギリックはカリッドに外注に出した後、製品の生産をカリッドに任せきってはいなかった。ギリックはカリッドとともに外注先のアショークとイルファーンの工房に通い、製品の生産の管理を行っていた。

製品の仕上げはカリッドの工房で行われていたが、製品の仕上げを行っていたのは、カリッドの工房の従業員だけではなかった（写真5-9）。イルファーンの工房から熟練工と未熟練工が一人ずつ、さらにシャキールの工房から熟練工一人がカリッドの工房にやってきて、カリッドの工房の従業員と一緒に仕上げの作業を行っていた。カリッドに

写真5-9　仕上げを行うイルファーンとシャキールの工房から訪れてきた従業員たち（2019年11月16日撮影、カリッドの工房、筆者撮影）

よれば三人を借りてきたのであり、三日間出荷の日まで一緒に作業を行うとのことであった。

作業をしていた三人のうち二人がやってきたイルファーンの工房は、製作中の製品の外注先であった。しかし、残る一人がやってきたシャキールの工房はギリックやカリッドが製品を外注するときがあるが、今回製作中の製品の外注先ではなかった。ただし、シャキールは次節以降で指摘するように、ギリックからカリッドに外注された製品に用いるジッパーを探すことに協力し、カリッドから注文を受けた際にはエンボス加工を行う工房を探すことに協力していた。つまり、シャキールはギリックやカリッドと仕事上協業関係を取り結んでいる間柄である。

この事例は、差配師であるギリックがカリッドの工房を通じて外注することで、カリッドと協業関係を築き、外注先の諸工房に分散する労働力の配分を調整して製品を生産していることを示している。

労働者の調達

ギリックがカリッドの工房に外注した事例では、カリッドが別の工房から労働者を調達していたが、労働力の調達は差配師の重要な職務でもある。特に、製品の最後の仕上げ（余分な糸のカット、検品）とパッキング（製品の袋詰めとダンボールへの詰め込み）は、製品を生産した工房の労働者だけでは足りないケースがある。なぜならば納期が迫っているなかで、製品の生産、仕上げ、パッキングを並行して行う場合、仕上げとパッキングに割ける労働者の数は限られているからだ。こうした仕上げとパッキングを担う労働者の調達は差配師が自身のつながりを使用して行なっていることを見ていく。

二〇二二年の一一月にもギリックはカリッドの工房にゴアの映画祭で使用する布製の鞄の注文を出した。カリッドは製品へのスクリーンプリント作業は自身の親戚の工房に出し、実際の生産はアショークを含む三つの工房に外注した。この三つの工房で生産された鞄の仕上げ作業とパッキングを担当したのが、ギリックである。彼はまず、パッキングに必要な労働者をカリッドの工房から二名調達したが、それでは足りなかった。そのために、カリッドの工房の隣にあるジャリールの工房で働く職人から、彼の弟であるウスマーンの電話番号を聞き出していた（写真5-10）。ウスマーンは革製品産業で働いているのではなく、普段はエレベーターの修理工として働いているが、当日は非番であった。さらにジャリールの弟のアミールにも連絡をとり、仕上げとパッキングを手伝うよう依頼していた。アミールは普段は別の工房でナイロン製の鞄を生産している。なお、この際にウスマーンとアミールへの賃金はギリックではなくカリッドが負担していた（写真5-11）。

製品の仕上げとパッキングの分業について指示を出していたのもギリックであった。パッキングはファイサルに任せて、他のメンバーは糸の処理を行っていたが、糸の処理が終わった鞄が多くなると、他の労働者に指示して、パッキングを手伝わせていた。そして糸の処理が終わった鞄が少なくなると、労働者に糸の処理に戻るよう指示を出していた。また、労働者の夜食であるパコラを自費で購入して、皆に振舞っていた。

写真5-10　パッキングを行う労働者を探して電話番号を聞き取るギリック（2022年11月17日、ダーラーヴィーのジャリールの工房、筆者撮影）

写真5-11　手伝いに来てもらったアミール（奥）とパッキングを行うギリック（左）（2022年11月17日、ダーラーヴィーの倉庫、筆者撮影）

（4）差配師による工房の探索

ここからは、ギリックが外注先の工房をどのように活用して製品を生産しているのかを、外注する工房の探索に着目して明らかにする。ここではM社が受注した納期が非常に短い注文を事例として取り上げる。一般に製品の製作と加工は外注先の工房あるいは直接受注した工房が単独で行う。しかし、本事例ではギリックのもとに急ぎの注文が入り、納期が迫っていたために、次々に外注に出され、それら外注先が協力してエンボス加工[*20]を行う工房を探索していた。

急ぎの注文は二〇二〇年一月二五日の夜に入った。コーポレーションギフト用の鞄の注文であり、発注量は五〇ピースであったが、納期はわずか二日であった。

納期があまりに短いために、外注を繰り返すことで生産可能な工房が探索されていた。ギリックはまずカリッドに外注をしたが、カリッドのもとでは納期までに製作することが不可能であった。そのために、カリッドはシャキールの工房に外注した。しかし、そのシャキールの工房でも納期までに鞄を製作することは不可能であった。そのためにシャキールは別の知り合いの工房に外注した。

鞄の製作後、鞄に施すエンボス加工を行ってくれる業者探しに、ギリック、カリッド、シャキールが関わっていた（写真5-12）。鞄には注文先の会社のロゴをエンボスする必要があった。ダーラーヴィーには革漉き、エンボス加工を行う零細規模の工房が路地裏などに数十軒点在している。しかし、夜も遅くエンボス加工をすぐに引き受けて当日中に仕上げてくれるところはなかなか見つけられなかった。そこでギリック、シャキール、カリッド、カリッドの工房の従業員らが協力してエンボス加工を行ってくれる業者を探していたのである。

彼らは、エンボス加工を行う業者を探し、エンボス加工をできるだけ早く行うよう交渉していた。シャキールは自身の工房近くのエンボス加工業者に依頼したが、早くとも一時間後であるといわれた。一時間後では納品に間に合わないために、カリッドが再度交渉し、三〇分後にエンボス加工を行うことを約束してくれた。しかし、三〇分後でも納期に間に合うかがギリギリであったために、ギリックが携帯電話で知り合いのエンボス加工工房に何件かエンボス加工の交渉を行っていた。そしてその一件が即座にエンボス加工を行うことを了承してくれたために、鞄をその業者に持って行きエンボス加工を行っていた。

ギリック、カリッド、シャキールらの協力が無ければ、納期に間に合わせるのは難しかった。エンボス加工が終わったのは、夜の一〇時一〇分であった。エンボス加工が終わっても、最後に鞄にオイルを塗り、袋に入れる作業があった。納期の午前〇時が迫っていたために、筆者もこの作業を手伝い、作業が終了したのは夜の一一時半過ぎであった。

この事例では、何度も別の所に外注されているが、そのことによって差配師が外注先の諸工房のメンバーと協業関係を築いていたことが分かる。この協業関係を通じて、工房間の労働者の調整、製品の仕上げ、革製品に加工を施す工房の探索と交渉が行われ、急な注文に応えて製品を生産することが可能になっていた。

写真5-12　エンボス加工業者を協力して探すカリッド（左）、ギリック（左から2番目）、シャキール（右）（2020年1月27日、カリッドの工房近くの路上、筆者撮影）

工房間に分散する素材・情報の活用

ここでは、ギリックがどのように製品を生産しているのかを製品に用いる素材の調達過程に着目して明らかにする。ギリックもランビールやヨゲーシュと同じように製品の品質に責任を持ち、発注者が要求する水準の素材の入手と製品の品質管理に奔走している。とりわけここで重要なのは、ギリックが他の工房間に分散する素材や情報を活用している点である。ギリックが他の工房の人々と革製品に用いるジッパーの調達を行なっている様子を見ていく。

写真を撮影した日は、ギリックとカリッドがレストランでチャイを飲んでいるところに、シャキールがやってきた日である（写真５-13）。カリッドはギリックの主要な外注先の一つである。ギリックは毎日のようにカリッドに会っている。ギリックはカリッドのことをカリッド・バーイー[*21]と呼び、このレストランに限らず、露店や工房で、一緒にチャイをよく飲んでいる。

一方でシャキールはギリックとカリッドの外注先の一つであるが、さほど高い頻度で注文を出しているわけではない。シャキールはギリックをカリッドを通じて一年前に知ったという。シャキールはムスリムのシッディーキーコミュニティの二四歳の男性である。シャキールの父はビハール出身で、ダーラーヴィーで起業した。シャキールは大学を卒業後、兄とともに父の事業に関わっている。シャキールの工房は主に国内中価格帯市場向けに製品を生産しており、ダーラーヴィーやビンディ・バザールのショールームに加えて、カーディ・イ

写真5-13　偶然出会ったギリック（右手前）とシャキール（左手前）（2019年4月13日、ダーラーヴィーのサハラホテル、筆者撮影）

ンディア[*22]などに製品を卸しているという

レストランに三人が居合わせたとき、ギリックはオフィス鞄の注文を受けてカリッドに外注していたが、鞄に用いるジッパーを探していた。そのとき、シャキールも金具の購入を考えており、ギリックとシャキールはともにビンディ・バザールにジッパーと金具を購入しに行くことになった。

シャキールがレストランにやってきたのは単なる偶然ではない。なぜならば、三人が居合わせたサハラホテルはダーラーヴィーの皮革業者がネットワークを形成する場でもあるからだ。サハラホテルはダーラーヴィーのメインロードである九〇フィートロードに面しており、サハラホテルには多くの職人、工房主、差配師が足繁く通っている。彼らはそこでチャイを飲みながら情報交換をし、また居合わせた知人、友人を通じて新たな職人、工房主、差配師らと知り合っていくのである。実際にギリックとカリッドはよくこのサハラホテルで新しく生産する製品の打ち合わせを行っていた。

ギリックは初め、マスジッド駅西にあるＹＫＫの代理店に行き、ジッパーを探したが、いい長さのものが見つからなかったために、ビンディ・バザールに向かった。ビンディ・バザールでシャキールと合流し、シャキールにジッパーを見せて、購入したいジッパーの希望を伝えて、どこで購入するべきかを相談していた（写真5-14）。そうするとシャキールは希望するジッパーがシャキールの工房にあるために、後日取りに来れば良いと伝えていた。

その後ギリックはシャキールの金具探しに協力していた。シャキールの要望を聞き、知り合いの金具店を紹介し、ともに金具店に出向いた。そこでシャキールは金具を購入していた（写真5-15）。

後日ギリックがシャキールの工房に行き、ジッパーを受け取り、それをカリッドが外注した工房に届けたのち、カリッドと再度工房を訪れた。写真5-16は外注先の親方であるアフマドのもとにギリックとカリッドが訪ねていき、ジッパーについて話しているところである。そのときの会話は次のようなものであった。

写真5-14　購入するジッパーについて相談するギリックとシャキール（2019年4月13日、ビンディ・バザールの路上、筆者撮影）

写真5-15　ギリックに紹介された店で金具を探すシャキール（2019年4月13日、ビンディ・バザールにある金具店、筆者撮影）

写真5-16　外注先の親方アフマドと製品に用いるジッパーについて話し合うギリックとカリッド（2019年4月15日、アルスラーンの工房、筆者撮影）

ギリック：ランナー[*23]がうまく動くか見てくれ。
アフマド：時々途中で詰まるんだ。
カリッド：ランナーを一つにしようか。
アフマド：ランナーを一つにするだって？　考えてみてくれ、もし鞄を一方の側だけから開くのなら、鞄の口は常に大きく開くことになる。
カリッド：見てくれ、うまくランナーが動かない。
アフマド：別のランナーをSホテルの右側にあるSショップで購入できる。
カリッド：ああ、確かにあるな。
アフマド：そこでダブルランナーをくれるようにいった方がいい。[*24]

ここでは、外注に出したカリッドだけでなく、カリッドに発注したギリックも外注先の親方アフマドと話している。つまり、単に外注先に仕事を任せるのではなく、彼らが外注先の工房に直接出向き、職人と協業することで、素材のジッパーをどのように変更するか、ジッパーをどこで購入できるのかといった情報を聞き出している。

さらにギリックとカリッドが協業で原材料の調達を行うのは、単に注文を受けたからというわけではない。彼らの間には親密な個人間の関係性があり、ギリックがカリッドに注文しないときでもカリッドがギリックの仕事を手伝うときがある。ギリックはカリッドとの仕事の関係について次のように述べている。

前回カリッドが一緒にいたのは、カリッドが外注したから。普段は発注先の人としか製品のデザインについて話さない。ただし、カリッドを通じて注文していなくても、発注先の人がどうしていいか分からず、自分も分からない場合はカリッドにきてもらう。[*25]

ここまでの素材の調達過程からは、差配師が、皮革業者のネットワークへのアクセスを可能にするレストランに赴くことで、他の工房主の協力を取り付け、また他の工房主と個人的に親密な関係性を築き協業することで、工房間に分散した素材や情報を活用し、製品の生産に結び付けていることが分かる。

半製品の運搬

差配師の重要な仕事の一つとして、半製品をある場所（倉庫、工房など）から別の工房へ届け、生産をスムーズに行うということが挙げられる。ダーラーヴィーの零細工房において製品を生産する際に、一つの場所において製品の生産工程が必ずしもすべて完結するわけではない。実際に生産する工房とその他の場所をつなぎ、半製品を移動するのも差配師の重要な仕事である。このことを事例を通じて見ていく。

ゴアの映画祭で使用する鞄を生産する際に、差配師が半製品を工房に届ける役割を果たしていた。鞄の芯材に用いる半製品は、外注先のアショークが裁断業者に依頼して、裁断していた。その裁断された半製品の芯材は、M社の倉庫に保管されていた。アショークが製品の生産に取り掛かり、芯材を必要とした際には、ギリックが倉庫に保管していた芯材をアショークの工房に移動させていた。その際に、ギリックは運送業者を呼び、小さなトラックに自ら芯材を運び入れ、ドライバーに行き先を説明していた（写真5-17）。

生産工程への参与

差配師にとって工房間の人やものの配分を行うのが重要な職務であるが、生産工程にも参与することがある。写真5-18はギリックの部下であるヴィラートがエンボス作業を行っているときのものである。ヴィラートは鞄へのエンボス作業を行う際に、ダーラーヴィーのとあるエンボス工房に依頼したが、エンボス工房は仕事が立て込んでいて、なかなかエンボス作業を行ってもらえなかった。そのために、持ち込んだ鞄に彼自らエンボス作業を行ったのである。

写真5-17　鞄に使う芯材を積み込むギリック（2022年11月5日、ダーラーヴィーの倉庫前、筆者撮影）

写真5-18　エンボス作業を行うヴィラート（2022年12月11日、ダーラーヴィーのとあるエンボス工房、筆者撮影）

自身でエンボスを行っているのであるが、無論エンボスの工賃は依頼先のエンボス工房に支払っている。彼はあくまで、仕事の依頼者であり、工賃を支払う側なのであるが、納期に間に合わせるために、工賃を支払いながら、自身がエンボス作業を行うといったことも見られるのである。

移動型労働者の活用

ここからギリックが移動型労働者をどのように活用しながら製品を生産しているのかを明らかにしていく。彼はダーラーヴィーの工房で製作できない製品の注文を受けたときは、移動型労働者を活用して製作している。M社はムンバイー東部のヴィクローリーにある化学製品を生産する企業から定期的にレザーチェアの製作依頼を受けている。ただし、毎回二脚しか注文が入らない。注文が入った際は、ギリックはレザーチェアやレザーソファを専門に製作するファイサルに外注している。

ファイサルは四四歳のムスリムの男性である。自分の工房は持っておらず、仕事道具（糸、針、金槌、はさみ、釘など）を入れたリュックを持って、毎回異なる場所で仕事をしている。

ギリックはファイサルが仕事を行えるように、他の工房に掛け合うこともある。M社のオフィスにファイサルを呼んだ際に、

写真5-19　M社に隣接する工房でレザーチェアに使用する革を縫製するファイサル（左）と工房を紹介したギリック（右）（2018年12月27日、ゴーパルの工房、筆者撮影）

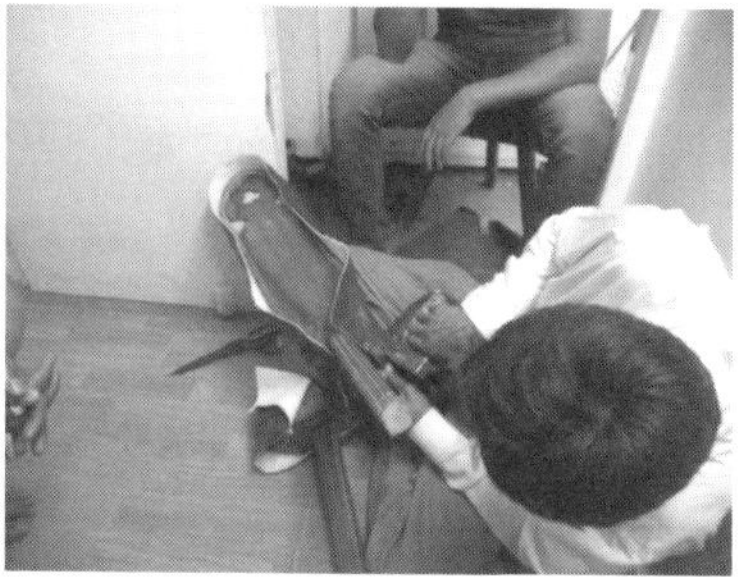

写真5-20　M社のオフィスで縫製した革を椅子に縫い付けるファイサル（2018年12月27日、M社のオフィス、筆者撮影）

ファイサルから革をミシンで縫製する必要があることを聞いた。M社のオフィスには生産設備が何もないので、ギリックは隣接するゴーパルの工房に頼みミシンの使用の許可を得ていた（写真5-19）。ギリックが見守るなかファイサルはミシンで革の縫製を行なった。その後、ファイサルとギリックはM社のオフィスに移動しファイサルは椅子に革を縫い付けていた（写真5-20）。

　ギリックはインドの他の企業からもレザーチェアの注文がきたときは、ファイサルに外注している。ファイサルが化学製品を生産する企業に納入するレザーチェアを製作した翌日には、バンドラ・クルラ・コンプレックスにあるジオ社にギリックはファイサルをレザーチェアの修理に向かわせていた。[*26]

　この事例からは、ダーラーヴィーの工房で製作することができない製品を受注した場合は、差配師が専門技術を持った移動型労働者を雇った上で、社員が他の工房の生産設備を使用できるよう仲介することで、製品の生産が可能になっていることが分かった。

4　おわりに

　本章ではダーラーヴィーにおいてオリジナルデザインの高級品、コーポレーションギフトや業務用製品といった新たな需要を含む低価格から高価格帯の多様な製品が少量から多量にまで工房ネットワークを通じてどの様に生産されているのかを明らかにした。その際には、比較的教育レベルの高いチャンバール、差配師といった媒介者、および移動型労働者に着目した。
サグリオ＝ヤツィミルスキーは工房ネットワークの存在を指摘していたものの、工房ネットワークを通じてどのように製品が生産されているのかは明らかにしていなかった。ただし、工房ネットワークは商人が主導しコストを削減するためのものであり、商人とりわけ中間業者は品質に関心がないと推測されていた。中間業者は過大な手数料を取り、外注先の工房に渡す革の質は極めて低く、製品の質の低下を招いていると指摘されてきた［Saglio-Yatzimirsky 2013: 196-202］。

これに対して本書が明らかにしたのは、比較的教育レベルの高いチャンバールと差配師が媒介者の役割を果たし諸工房間および移動型労働者を結び付け、諸工房に分散する原材料・労働力・情報・生産設備を活用していたということである。このことによって、緻密な分業と協業が行われ、多様な製品を品質を保証しながら少量から大量にまで生産することが可能になっていった。

ただし、比較的教育レベルの高いチャンバールと差配師では媒介のあり方が異なる。比較的教育レベルの高いチャンバールは、ダーラーヴィーの外部から獲得してきた需要をダーラーヴィーの工房の諸工房に発注することに重要な役割を果たしている。一方で差配師は発注された仕事を諸工房に配分するだけでなく、生産に必要な原材料・労働力・情報・生産設備を手配し、納期までに納入することに重要な役割を果たしている。

工房を持ち、製作技術を習得している比較的教育レベルの高いチャンバールは外部から受注したオーダーを発注することで、自身は製作技術を要する高級品の生産、廉価品でも技術力を要するデザイン・サンプル作成に集中していた。外注するのは製作に容易なデザインの製品や低価格帯の製品および、自工房で生産できない製品である。

工房を持たない比較的教育レベルの高いチャンバールは差配師を通じた協業をより重視していた。差配師は、諸工房を結び付け、諸工房に分散する原材料・労働力・情報・生産設備を利用し、必要に応じて外注先の工房と協業していた。協業する際には、直接的な外注関係がある工房だけではなく、直接的な外注関係にない工房からも協力を取り付けていた。こうした協業においては、工房間での労働者の移動による調整、使用する素材とその入手先に関する情報の収集と活用、製品の加工、工房の探索と加工交渉、他工房の生産設備であるミシンの使用といったことが見られた。

移動型労働者は工房間のよりきめ細かい分業を可能にしている。工房主が手配することもあれば、差配師が手配することもある。移動型労働者は革の裁断といった特定の工程だけ、あるいは革のソファー製作といった特定の製品を集中的に担っている。

注

＊1　差配師は筆者が創作した概念である。差配師は、諸工房を熟知しており、諸工房をまとめあげながら、生産に必要な原材料・労働力・情報をコーディネートし、製品の生産管理を行う。また自身も一定の製作技術を持っている。差配師という概念は、ロイ［一九九八：九〇九］の唱えるコントラクターという概念を参考にした。ロイはコントラクターを原材料を完成品にするために、原材料を紡績工場からミル、工場、卸売商人に移動するのを助ける人と定義している。ロイの定義するコントラクターはあくまで契約請負人であり、本書が対象とする差配師は、仕事に必要な原材料・労働力・情報などを差配し、生産の管理を行う違いがある。そのために、本書は差配師という概念を用いた。なお、サグリオ＝ヤツィミルスキーは、輸出業者やトレーダーと工房を結ぶダラールと呼ばれる業者の存在を指摘している。ダラールは過度な手数料を取り、工房に渡す革の品質は劣悪であり、工房を搾取する存在であると述べている。ダラールの詳しい社会的出自は述べていないが、ムンバイーの新中間層に属すると述べている。またインドにはテケダールという中間業者を示す概念がある。筆者は調査中にダラールとテケダールという言葉について工房主らに尋ねてみたが、みな解釈が異なっていた。ダラールとテケダールを何らかの中間業者を指す概念でありコントラクターや中間業者と同義であると述べるものがいた。一方でダラールは手数料を取って注文を仲介するだけの業者である一方で、テケダールは何らかの生産管理に関わる中間業者であると述べるものも見られた。さらにテケダールは出来高で働く職人を指すというものまで解釈が多岐にわたっていた。本書では、工房間を取り結ぶ人々は必ずしも過大な手数料を取っていたのではなく、

彼らが渡す原材料の品質が劣悪とはいえないこと、中間業者の概念の理解が現地では異なっていたことから、差配師という概念を用いた。

＊2 M社は一部の工房にミシンや機材を供給している。さらにサンケット氏はプネーの革靴工場のオーナーの一人でもある。そのためにM社は純粋な卸売業者ではなく、より正確にいえば問屋である。ただし本調査は生産設備を持った工房を中心に調査していたので、サンケットの様な工房を持たずに、多様な工房を結び付けて製品を生産している工房のサンプルは少ない。他にこういった比較的教育レベルの高いチャンバールはどれくらい見られるか、ムスリムや商人カーストといった他の社会集団で工房を所有せずに工房を結び付けながら製品を生産している人々と共通点、差異点などはいかなるものかといった点は今後の課題としたい。

＊3 ビームラオ・カンブレーの詳しい経歴は第3章を参照のこと。

＊4 二〇一九年三月一日。ランビールへのインタビュー。氏の工房にて。

＊5 伝統的に真鍮、銅の日用品を生産してきたジャーティ。主に都市部に居住している［Singh 1998: 1554-1559］。

＊6 二〇一八年一一月二四日。ランビールへのインタビュー。氏の工房にて。

＊7 二〇二〇年二月一八日。ランビールへのインタビュー。氏の工房にて。

＊8 二〇二二年一一月三日。ランビールへのインタビュー。氏の工房にて。

＊9 二〇二〇年三月一一日。ヨゲーシュへのインタビュー。外注先の工房にて。

＊10 二〇二〇年三月一一日。ヨゲーシュへのインタビュー。外注先の工房にて。

＊11 なぜ移動型労働者として働くほとんどの人々が、ビハール州出身のムスリムであるのかは、今回の調査では明らかにすることができなかった。マハーラーシュトラ州出身のヒンドゥー教徒のチャンバールは工房で継続的に働くのを望む傾向があるのかもしれないが、移動型労働者と出自の関係は今後の調査課題としたい。

＊12 無論これは一例であり、手数料の額は受注したオーダーの内容によって変わる。

＊13 カビタ氏は自身の工房を以前持っていたので、厳密にいえば工房ネットワークの内側に入っていた。しかし、本書の調査では彼女以外に女性が経営する工房は発見することができなかった。また労働者として工房で働いている女性も極めて少なかった。つまり、ほとんどの女性は自宅で仕事している。そのために、一般的には女性は工房ネットワークを補強しているといえるが、

カビタ氏のように事業がうまくいけば工房ネットワークの内側に入っていくことも可能である。

＊14　マテランはムンバイーから南西に八三キロメートルの距離に位置する。マテランは避暑地として有名であり、植民地期はイギリス人が避暑に訪れていた。

＊15　プネーとムンバイーには競馬場が位置しているために、ジョッキーシューズを生産している。ただし、注文自体はプネー、ムンバイー以外にもハイデラバード、バンガロールなどインド中からくるという。プネーの工場で生産されたジョッキーシューズはインドと海外のトップジョッキーに愛用されている。例として、リチャード・ヒューズ（二〇一二～一四年度イギリス最多勝ジョッキー）、ニーラジェ・ラワル（二〇一七年度バンガロールダービー、二〇一九年度プネーダービー優勝ジョッキー）を挙げることができる。

＊16　以降はギリックを前述のヨゲーシュと同じように差配師として扱う。確かにヨゲーシュは独立した差配師であり、ギリックは雇用された差配師であるという違いがある。しかし、これから見ていくように、ヨゲーシュとギリックは外注先の工房の労働力、情報、原材料を調整して生産管理を行う役割は変わらない。独立か雇用されるかの違いは、ヨゲーシュにはランビールという製作技術を持った工房主がオーダーを出すのに対して、ギリックを雇うオーナーは工房を持っていないために、よりギリックへの依存度が高いことによると考えられる。

＊17　二〇二二年一二月五日。サンケットへのインタビュー。ダーラーヴィーにある氏のオフィスにて。

＊18　便所・水場などの給排水設備を共有する貸間建築のこと［池尻・安藤・布野・山根・片岡　二〇〇六：三九］。

＊19　事業が順調であるためか、二〇二二年度に再訪したときには、従業員が五名ほどに増えていた。旅行用トランクはかなりの量を自身の工房で作成していたが、それでも多くの量を外注していた。鞄に関してはサンプル作成を除いて相変わらず外注していた。

＊20　紙・布・皮革などに浮き出しの模様をつけること。

＊21　バーイー（bhāī）はヒンディー語で兄弟を意味する。

＊22　伝統的なインドの手織綿布や手工芸品の生産・販売を支援する政府系組織。「カーディ・農村工業委員会」https://www.kvic.gov.in/kvicres/aboutkvic.php（二〇二四年六月二三日閲覧）。

＊23　ランナーはジッパーのことを意味する。

＊24　アルスラーンの革製品工房での参与観察（二〇一九年四月一五日）。
＊25　ギリックへのインタビュー（二〇一九年五月一二日、ダーラーヴィーにあるM社のオフィスにて）。
＊26　ジオ社はインド最大財閥リライアンス・インダストリーの傘下にあり、通信事業を行っている。

第6章　オリジナル高級品開発のイノベーション

——越境的な知識・技術の新たな結び付き

1　はじめに

本章ではダーラーヴィーの皮革産業において輸出市場・国内高級品市場に向けたオリジナルデザイン高級品の開発・生産を可能にするイノベーションがどのようにして起きているのかを明らかにする。その際には、イノベーションを引き起こす媒介者としてダーラーヴィーの皮革産業に従事する比較的教育レベルの高い職人・工房主に着目する。サグリオ゠ヤツィミルスキーは、一九九三年から二〇〇一年までの調査において、ダーラーヴィーで生産されている製品は国内市場向けの中級品であると指摘していた。しかし、彼は二〇〇七年から二〇一〇年までの調査を通じて、二〇一〇年ごろから輸出市場向けのオリジナルデザインの高級品の生産がダーラーヴィーにおいて見られるようになったとも指摘している。彼は輸出市場向けの製品の生産量が増加している理由として、ダーラーヴィー外部の企業による革と生産現場の厳しい管理を挙げている。しかし、彼は具体的な生産管理の方法を示していない［Saglio-Yatzimirsky 2013: 197-199, 222］。輸出市場向けのオリジナルデザイン製品の生産への変容はいかにして可能になったのだろうか。

議論を先取りする形でいうと、この変容の背景には、工房での分業・協業関係の変容があった。そして、この分業・協業関係の変容を可能にしたのが、比較的教育レベルの高い職人・工房主である。

第3章で指摘したように、一九六〇年代からビンディ・バザールで卸売業を営むムスリム商人が、チャンバール職人から製品を買い付けていた。これら商人は製品の開発過程に立ち入ることはなかった。彼らは製品のデザインは既製品のサンプルを渡すか、写真を渡すか、職人に任せるのみであった。職人は渡されたサンプルや写真をもとにサンプルを再度製作し、そのサンプルを商人に見せ、修正が要求されたら、修正したのち、本生産に入っていた[*1]。そのために、当時商人が買い付けていたほとんどの製品は擬似ブランド品や一般的なデザインの製品であったと考えられる。

一九八四年にはリグマが直営店を設置したのをきっかけに、ショールームが増加していき、チャンバール職人が製作した製品の新たな流通経路となった。ただし、これらショールームで販売されている製品のほとんどは擬似ブランド品か一般的なデザインの製品である。そのために、デザインの決定プロセスはビンディ・バザールから買い付けにきていたムスリム商人とほとんど変わらなかったであろう。

しかし、今日、手の込んだ高級品を少量生産することに魅力を感じた独立系のデザイナーや小規模の起業家たちがダーラーヴィーの工房を訪れている。彼らは概して教育レベルが高く、ほとんどの者は伝統的に皮革産業に従事してきたジャーティではない。工房では、比較的教育レベルの高い職人・工房主（特にチャンバールの人が多い）が媒介者となることで、ダーラーヴィーの革職人がこれらデザイナーや起業家たちと協働関係を築いている。この協働関係を通じて、高級品の開発と生産が行われているのである。本章ではこの一連のイノベーション過程を明らかにするためにダーラーヴィーにある五つの工房の事例を取り上げる。取り上げるのは、ランビール、ローハン、アディティ、マノージェ、ゴーパルらの工房である。第4章でダーラーヴィーの工房を分類したが、これらの工房はすべて中高価格帯の製品を少量から生産する工房のグループに分類される。また、第3章で確認したように、デザイナーが訪れている工房はダーラーヴィーの全工房のうち一割ほどである。まず、ランビール、ローハン、アディティ、マノージェらの工房を取り上げて、高級品のイノベーションの概観を示す。その次に、ゴーパルの工房の事例を通じてイノベーションの過程をより深く分析する。

本章におけるゴーパルの工房の位置付けについて説明する。ゴーパルの工房では、原材料の仕入れから製品の開発、生産、改良に至るまで、すべての工程をデザイナーと協働しながら一貫して行っている。

ただし、オリジナルデザインの輸出市場向け高価格帯製品を開発するすべての工房が、ゴーパルの工房と同じ方法で製品を開発しているわけではない。他の工房では、事例で示すように、原材料の仕入れ、開発、生産、改良といったプロセスのいずれかの段階でデザイナーや起業家と協働関係を築いている。つまり、ゴーパルの工房は、これらの工房を代表する事例というよりも、オリジナルデザインの輸出市場向け高価格帯製品を開発するプロセスにおける様々な要素を集約した事例と位置付けることができる。

本章では諸事例を分析する際に、ダーラーヴィーの工房での分業・協業関係に着目する。まず、ダーラーヴィーを訪れる独立系デザイナーや規模の小さな起業家といった従来ダーラーヴィーでは見られなかった人々を取り上げる。彼らの社会的出自を明らかにした上で、彼らがダーラーヴィーを訪れるようになった理由を明らかにする。次に工房での分業・協業関係を高級品の開発・生産段階ごと（原材料の調達、デザイン・サンプル作成、製品の改良）に見ていく。特に比較的教育レベルの高い職人・工房主がどのようにデザイナーや小規模起業家と分業・協業関係を構築しているのかを明らかにする。

2　ダーラーヴィーで高級品を開発する諸事例

（1）ランビールの工房の事例

リャーンとアニカの依頼

ランビールにオリジナルデザインの輸出市場向け革製品の製作を依頼しているリャーンとアニカの事例を取り上げる。ランビールの工房は輸出・国内高級品市場向け製品を生産している工房である。なお、ランビールは後述のゴーパルと工房を共有している。彼らが共有している工房は、一部屋のみからなる二五平方メートルほどの広さである。

ランビール、[*2]リャーン、アニカらの出自について述べる。ランビールはダーラーヴィーで生まれ育った三四歳の男性である。ランビールはヒンドゥー教徒であり、ジャーティはチャンバールである。リャーンは、ムンバイー郊外のビワンディに生まれ育った二五歳の男性である（写真6-1）。彼はヒンドゥー教徒であり、ジャーティはワシュタ・カサールである。アニカはムンバイーで生まれ育った女性であり、[*3]リャーンとは同じ高校に通っていたという。彼女はヒンドゥー教徒でありジャーティは不明であるが、リャーンとは違うジャーティであり、皮革産業に関わってきたジャーティではないという。

リャーンはランビールと同じく高い教育を受けている。彼はアメリカのニューヨークにある某大学の情報技術の修士課程に在籍している。彼はムンバイー大学で情報技術の学位（Bachelor of Science in Information Technology）を取得したのち、アメリカに留学した。

彼のビジネスパートナーであるアニカも、高い教育レベルとファッションの専門教育を受けている。彼女はムンバイー大学で経営学の学位（Bachelor of Management Studies）を取得している。さらに、専門学校でファッションデザインのディプロマ（Diploma of Fashion Design）を取得している。

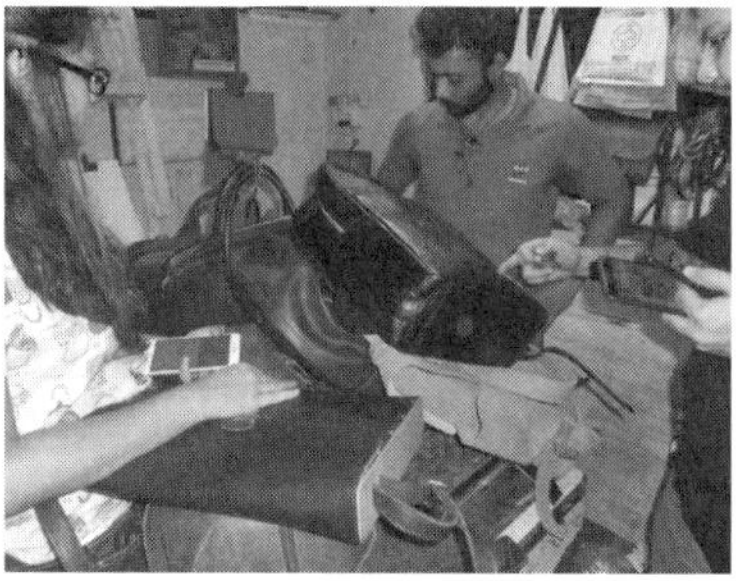

写真6-1　受け取る製品をチェックするリャーン・チョードリー（2018年8月21日、ランビールの工房、筆者撮影）

リャーンは自身が専門とするＩＴ技術を駆使して、ダーラーヴィーで生産した質の高い革製品を、アメリカのイーコマースで販売することに商機を見出した。彼は二〇一七年一二月にニューヨークで開催されていたレザーマーケットで販売されていたバッグや財布を見て、インドで生産すれば、より質の高い製品を提供できると考えたという。彼はインドの手工芸製品の品質を高く評価しているが、職人はただ作るだけになっていることが問題であると考えている。そのためにＩＴ技術と結び付け、アメリカのイーコマースなどで販売することが重要であると考えている。

彼はランビールが製作した製品をアメリカの中高価格帯市場において、良い品質で、創造的で丈夫なブランドの製品として販売しようとしていた。オフィス鞄で一二〇ドルほど、旅行用鞄を五〇〇ドルほどで販売する予定であるという。

彼はアメリカ市場に対して製品を販売するだけでなく、アメリカから起業の支援も取り付けている。彼の留学先の大学教授が、ウェブサイトの作り方といった技術的な支援に加えて、起業資金の半分を無利子で負担してくれたという。

デザインについては、リャーンとアニカが連絡を取り合いながら、デザインの大枠を決めた後、アニカがより具体的なサイズなどを詰めていくという。リャーンは普段アメリカにいるために、アニカがランビールの工房に出向いて、ランビールと話し合い、デザインを改良していったという。

ランビールがサンプルを完成させた際に、リャーンはサンプルと費用を確認するために、大学の休暇を利用して、ランビールの工房を訪れていた。リャーンはアメリカで販売されている革製品のサイズは、ランビールが製作したサンプルよりも少し小さいので、製品のサイズを小さくするように依頼していた。さらに、使用する革をすべてより質の高いイタリア製の革に変更するように依頼していた。ランビールは「革をイタリア製に変えると、例えば鞄なら三〇〇〇ルピーから五〇〇〇ルピーに変更になるが、それでもいいか」と確認していたが、リャーンは「それでも構わない」と述べていた。リャーンとランビールのやり取りからは、リャーンは製作費用を下げることよりも、製作費用が高くなってもより品質を高めることに関心があることが分かる。

この事例からは、次のことがいえる。比較的教育レベルの高いチャンバール職人・工房主が、ダーラーヴィー外部の高い教育を持つ起業家たちと協働している。ダーラーヴィー外部の高い教育レベルを持つ起業家は、海外からの資金、製品を販売する海外市場へのアクセスを有している。彼らは高品質製品の生産を可能にするダーラーヴィーのクラフト的生産方法を評価している。この協働を通じて、チャンバール職人・工房主が持つ皮革に関する知識・技術と外部の起業家たちが持つファッションの専門知識・技術が結び付いている。こうした結び付きを通じて、高価なオリジナルデザインの輸出市場向け製品が開発されている。

ムスリム女性の依頼

ランビールにオリジナルデザインの高級家具の製作を依頼しているサラの事例を取り上げる。サラは三八歳のムスリム女性で、メモン[*4]のコミュニティである。ムンバイーの生まれで、ムンバイー大学で文学士号（Bachelor of Arts）を取得している。その後ムンバイーにあるフラワーデザインの専門学校で一年間のコースを修了している。父はグジャラート州のアフマダーバードの出身で、オーストラリアと貿易を行っていたという。オーストラリアに住んでいた時期があり、サラはオーストラリアのパスポートも持っている。家具事業は結婚した夫が営んでおり、義父が六〇年ほど前に始めたという。ただし、夫は癌で他界してしまい、義父も四年前に夭折したために、事業を引き継いだという。家具作りの専門知識を持ち合わせていなかったが、フラワーデザインの専門学校で学んだ色彩に関する知識がおおいに役立ったという。

製品は現在は国内向けのみだが、将来は輸出を考えている。製品は卸売業者、小売業者、個人まで幅広く納入しており、オーダーは一ピースから受けている。値段は材料とデザインによるが、ベッドで一二万五〇〇〇ルピーから、ダイニングチェアで二万八〇〇〇ルピーから、ソファーは九〇〇〇ルピーからと高価な製品を生産している。材料はムンバイーで調達している。工場には一六人の職人が働いている。

ランビールのことは、革を使用した椅子を作る際に紹介を通じて知ったという。サラはランビールに製作を依頼している理由を次のように述べている。

筆者：どうして彼にレザーチェアの製作を依頼したのか？　あなたはおそらく多くの職人とその連絡先を知っているでしょう？

サラ：職人を考慮すると仕事にはヒエラルヒーがある。私たちは高級家具の分野である。だから私たちは彼に結び付く必要があった。仕上げ、縫製などたくさんの職人がいるが、皆が（私たちが求めるレベルの仕事を）達成できるわけではない。彼がやっているのはとても複雑な仕事だ。細かい仕事だ。私たちは木材に関しては細かい仕事をしている。彼はそれを革でやっている。こうやって木材と革で製作した製品はハイエンドのデザイナー、ハイエンドのビル、二万平方フィートあるようなハイエンドの住宅に納めている。私たちのクライアントは高額を支払う用意ができている。（中略）彼らは最も良い品質の製品を求めている。（中略）ランビールは革については、腕が良く、専門知識を持っていて、機械も持っている。私たちの職人は三〇〜三五年働いていて、経験もある。若い世代では、私のように見る目があって、知識もある。そして、（私たち）はランビールたちと会って、話し合って、（製品の）リサーチもして、どうしたら製品を製作することができるのか話し合ってから、製品を製作している。私たちは高級品市場のみをターゲットにしている。より低い市場には興味がない。（中略）高品質は絶対に必要だ。品質には妥協するつもりはない。（中略）ランビールは革の専門家だ。すべての良い要素が集まれば、結果は最高のものになる。[*5]

デザインはデザイナーに依頼して作成するか、依頼者から渡されるという。ただし、デザインをもとにランビールら職人と話し合って細部を詰めていくという。またランビールは度々サラの事務所を訪れてサラだけでなく職人とも製品の製作方法について話し合っている。写真6-2は工場を訪れたランビールが製作中のレザーチェアについて、サラと職人と話しているところである。ランビールはレザーチェアの寸法が適切かどうか話し合っていた。ランビールは以前にもカールウエストにある喫茶店でサラとこれから製作する製品の打ち合わせを行なっていた。ランビールがサラに製作したソファーとチェアーは総額四七万五〇〇〇ルピーにも及んでいた。

使用する革についてはサラから渡されることもあれば、ランビールが用意することもある。あるときサラから依頼を受けていた製品に見合った革が既存の仕入れ先からは見つからなかった。そのため彼は、チェンナイ・インターナショナル・レザーフェアを訪れた際に、手に入れたい革の特徴をブースの担当者に伝えて、条件に見合った革を探し回っていた。

デザインの打ち合わせ、職人と製品製作に関する話し合い、原材料の仕入れまで大変手がかかっていることについて、ランビールは次のように述べている。[*6]

私はチャレンジングな仕事が大好きだ。なぜならその仕事を通じて学ぶことができるからだ。（中略）知識を増やすことができる。（中略）新しくチャレンジしないと、学ぶことができないし、知識を増やすことができない。（中略）知識が限られてしまう。

（サラからの仕事は）とてもチャレンジングだ。彼女は多くの職人に製作を依頼したが、みな（製作が難しいから）断った。しかし、私は注文を受けた。チャレンジを受け入れた。私がやりますと。だから、私はこの仕事に完全に注力している。ベストを尽くすつもりだ。

この事例からは次のことがいえる。ランビールの皮革に関する専門知識・技術が家具産業から求められており、経営者や職人とのコミュニケーションを重ね製品の開発・生産に取り組んでいる。必要な原材料を遠くまで探しにいくこともあり、大変手がかかっている。ランビールはこうした手のかかる過程を仕事を学び知識を増やす過程であると認識しむしろ歓迎している。こうして比較的教育レベルの高い若手の経営者やベテランの職人が持つ家具に関する知識・技術とランビールの持つ知識・技術が結び付くことで、最高品質の家具が生産されている。

写真6-2　製作中の家具の寸法について話し合うランビール（左）、サラ（中央）、家具職人（右）（2024年1月29日、サラの工房、筆者撮影）

（2）ローハンの工房の事例

ローハンの工房はダーラーヴィーにあり、輸出市場向けの鞄やホテル向けの製品を生産している。[*7] 工房は二フロアからなっており、一階はオフィスとしてローハンとデザイナーのファーティマが使用しているが、二階は作業場になっており、革職人のルドラが製品を生産している。二階には電動ミシンが一台設置されている。

ローハン、ファーティマ、ルドラの出自を確認しておく。ローハンはダーラーヴィーで生まれ育った三四歳の男性である。彼はヒンドゥー教徒のチャンバールである。ファーティマは、ウッタル・プラデーシュ州のラクナウの生まれの二三歳の女性である。彼女の宗教はヒンドゥー教徒のバラモンである。[*8] ルドラはマハーラーシュトラ州ビール県アスティの村落部で生まれ育った四七歳の男性である。彼はヒンドゥー教徒のチャンバールである。

ローハンは非常に高い教育を受けたチャンバールの若い工房主である。彼はまずインドでホテルマネジメントの学士号を取得した。これは彼の父がホテルタージの飲食部門のスーパーバイザーであることが影響している。[*9] ローハンも学士号取得後は、ホテルタージで働き始めた。しかしその後彼はホテルタージを退職し、イギリスに渡った。イギリスではホテルマネジメントの修士号（Master of Hotel Management）と経営学の修士号（Master of Business Administration）を取得した。その後インドに帰国しダーラーヴィーで今の事業を始めた。ただし、彼は製品を製作する技術は持っていない。

ファーティマは高等教育を受けており、デザインに関する専門知識と技術を持つ。彼女は国立ファッション技術学校でレザーデザインの学士号（Bachelor of Leather Design）を取得している。在学中にはローハンの工房で六カ月のインターンシップを行なっていた。インターネットを通じてインターンの募集を知ったという。技術学校を卒業後にローハンの工房に就職した。

ルドラは、教育は五学年までである。彼は、五学年修了後ダーラーヴィーに移動してきて、兄が経営する革製品工房で働き始めた。彼は、八年働いた後に独立して自分の工房を持った。一八年の長期に渡り自分の工房を経営していたが、工房の経営がうまくいかなくなり、工房を閉鎖したときにローハンからオファーを受けたという。

ここからローハンの工房でどのように新製品が開発されていったのかを見ていく。以下のインタビューはファーティマがルドラとどのようにコミュニケーションを取り、製品の開発を行っているかについて彼女に尋ねたときのものである。

写真6-3　熟練工との話し合いで底のデザインが変更になった鞄（2019年5月8日、ローハンの工房、筆者撮影）

写真6-4　熟練工との話し合いで鞄に使用する革を2枚貼り合わせることになった（2019年5月8日、ローハンの工房、筆者撮影）

> WGSN[10]のウェブサイトを見て、今年のトレンドを確認してデザインを作る。まず自分でデザインを作った後、ローハンと議論する。彼（ルドラ）が型紙を作っているとき、私は彼らとともに座り、彼と議論する。彼は私に何が可能であるか、何が可能でないのかを教えてくれる。サイズ、寸法、縫製の位置、ジッパーの取り付け、ボタンの仕上げ、素材について議論する。[11]

ここから彼女が職人とともに現場参与し、コミュニケーションを取りながら製品のデザインを創り上げていることが分かる。次に彼女と職人との議論の結果デザインがどのように形作られていったのかを見ていく。

写真6-3に写っている鞄のデザイン作成のケースでは、当初、鞄の底を独立させ、複数の革を貼り合わせて縫製する方法で製作する予定であった。しかし、その方法では鞄がくたびれた印象になりそうだと感じ、ファーティマはどう改善すべきか悩んでいた。そこでルドラに相談したところ、一枚の革で作成できる方法を提案された。ルドラの助けを得て、デザインを一枚革に変更することが可能になったという。

次に写真6-4に写っているウエストバッグ作成のケースでは、もともとは革を一枚だけ使用する予定であった。しかし、革の裏面は一般に表面に比べて、毛羽立ちが激しく、ざらざらとしている。そのためルドラから、革を二枚貼り合わせることを提案された。革を二枚張り合わせれば、見た目もより清潔になるということであった。彼女はその提案を採用し、革を二枚貼り合わせてウエストバッグを作成していた。

このローハンの工房での事例からは、次のことがいえる。比較的教育レベルの高いチャンバール工房主が媒介者となり、ダーラーヴィーの職人とダーラーヴィー外部出身のデザイナーを結び付けることで、熟練工とデザイナーが学習を伴う相互的なコミュニケーションを取り、製品の開発を行っている。このことを通じて、チャンバール職人の持つ革に関する知識・技術とデザイナーの持つデザインの専門知識・技術が結び付き、オリジナルデザインの高級品の開発が可能になっている。

(3) アディティの工場の事例

ナヴィ・ムンバイーにあるアディティ・バートラが経営する小規模の革製品工場N社の事例を取り上げる。ナヴィ・ムンバイーにあるN社を取り上げる理由は、N社はもともとダーラーヴィーにあり、ナヴィ・ムンバイーに移転した後も生産システムにおいてダーラーヴィーとの連続性があるためである。N社は工場を移転し、大規模化や機械化を成し遂げたのではなく、むしろダーラーヴィーの生産スタイルを発展させていったのである[*12]。

N社で生産されている製品はすべてオリジナルデザインであり、イギリスに輸出されている。製品はデザインや素材によって異なるが、牛革の鞄で卸値は八〇〇〇〜九〇〇〇ルピーほどであったという。そのために、第4章の基準に沿って分類すれば、中高価格帯の製品を少量生産する工房である。

N社の工場は、ナヴィ・ムンバイーの工業地区にあるが、工場はさほど広くなく、クラフト的生産を特徴とする。工場は二フロアから成り立っており、上の階には刺繍を施す台が設置されており（写真6-5）、下の階には革製品を製作するテーブルが設置されている。部門は生産部門、包装部門、清掃部門に別れているのみである。製作はほとんど手作業で行われており、ライン分業せずに、テーブルで作業している。刺繍はビハール州出身の四人の刺繍職人が担当しており、革製品はダーラーヴィーで働いていた一〇人の革職人が担当している。刺繍職人は皆ムスリムであり、革職人たちはヒンドゥー教徒のチャンバールとムスリムで構成されているという。設置されている機械は、ミシン四台、漉き機二台、バフィング機一台、裁断機一台であり、全自動の機械は設置されていない。

N社のオーナーであるカビール・バートラと彼の息子であり実質的な経営者であるアディティの出自について確認しておく。カビールはヒンドゥー教徒のチャンバールの六一歳の男性である。パルタン[*13]の農村で生まれ育った。アディティもヒンドゥー教徒のチャンバールであり、三一歳の男性である。ダーラーヴィーで生まれ育った。

カビールはそれほど高い教育は受けていない。彼の教育は一〇学年までである。彼は、一九七三年にパルタンの村からダーラーヴィーに移動してきて、兄が経営する工房で働き始めた。製作技術を身につけた後、一九八五年にダーラーヴィーで自身の工房を立ち上げたという。

一方で息子のアディティは高い教育と皮革技術を併せて持つ人物である。彼は一二学年修了後、ムンバイーのポリテクニックで革製品のディプロマ（Diploma of Leather Goods）を取得した。その後、デリーに移動し、高級革製品の生産と販売で有名なダ・ミラノ社の生産部門で一年半働いたのち、スポーツウェア・スポーツシューズの生産・販売で有名な外資系企業のリーボック社の生産部門で二年働いた。二〇〇九年にN社がナヴィ・ムンバイーに新工場を設立する際に、N社に入り、父のもとで皮革技術に磨きをかけた。

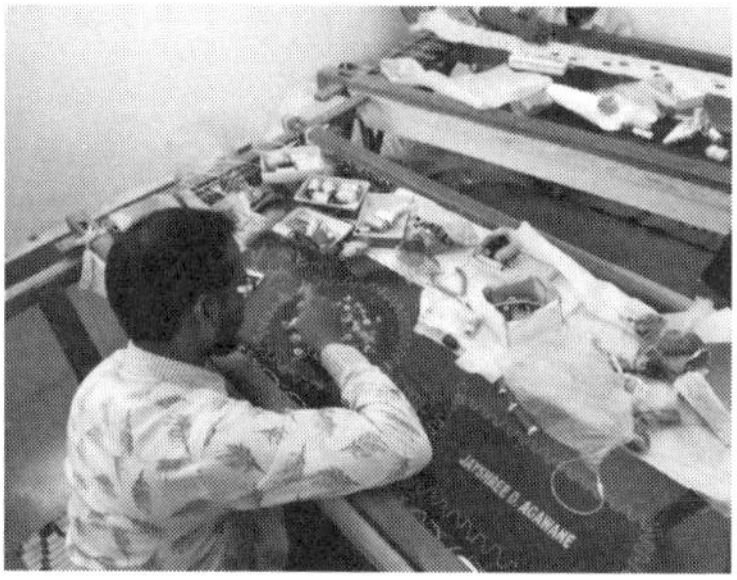

写真6-5　鞄に用いる革に刺繍を施す職人
（2018年10月25日、南ムンバイーの工房、筆者撮影）

新工場設立において特徴的なのは、イギリス在住の起業家から出資を受けたことである。彼女はヒンドゥー教徒のバラモンであるという。彼女が、イギリスでF社を設立し、N社が生産した製品をFというブランドで販売している。

N社の製品の特徴は、製品に刺繍が施されているということである。ムンバイーの刺繍は質が高く、クリスチャン・ディオールといった欧米ハイブランドのアパレル製品の刺繍が、ムンバイーのスラム工房で行われている。[*14]女性の起業家のビジネスマンが革に刺繍を施すことを希望したために、バートラ親子が刺繍台を設置することを決め、ダーラーヴィーの刺繍工房から職人を集めてきたという。

革製品工場に刺繍台を設置しているのは、筆者がインドでのフィールドワークを通じて知った工場のなかでは、この工場のみであった。京都で吉工房という名前の革靴工房を営む野島氏によると、一度穴を空けてしまうと修正が利かないので、革への刺繍は手間暇がかかるという。それゆえ、日本では革への刺繍はほとんど行われておらず、仮に行われるとしてもミシンで行うケースがほとんどであるという。[*15] そのために、革製品工場内に刺繍台を設置して、革靴に刺繍を行うのは、非常に革新的な取り組みであるといえる。

製品のデザインは、女性起業家がイタリア在住のイタリア人デザイナーに依頼している。イタリア人デザイナーからメールでデザインが送られてくるという。その上で、デザインをもとにメールや電話を通じて、アディティとデザイナーが話し合い、デザインを詰めていくという。女性起業家も年に一度はナヴィ・ムンバイーの工場を直接訪れ、製品のデザインや生産について話し合うという。製品に使用する革はイタリア産とコルカタ産のもののみである。デザイナー側が使用する革を指定するが、アディティからも革の提案を行い、最終的に使用する革を決定するという。

アディティが経営するN社の事例からは、次のことがいえる。比較的教育レベルの高いチャンバール職人が媒介者となり、革製品に手刺繍を施すことに価値を見出した海外の起業家から資金と市場を獲得している。生産においては、ダーラーヴィー外部のデザイナーと協働し、デザインとサンプルを作成している。さらに起業家の要望をもとに、工場内に刺繍台を設置し、ダーラーヴィーの刺繍職人と革職人らを協働させている。こうして、ダーラーヴィーの刺繍職人、革職人とデザイナーらの持つ知識・技術が結び付くことで、オリジナルデザインの高級品が開発されている。

（4）アルジュンの工房の事例

オリジナルデザインの輸出・国内高級品市場向けの楽器ケースを生産しているアルジュン・カンブレー親子の工房

の事例を取り上げる。彼らの工房にはB社が楽器ケースの生産を依頼している。

工房はダーラーヴィーに位置している。工房は二フロアから成り立っているが、各フロア一部屋しかなく、普段は一階のみ使用している。工房の一フロアの広さは、一五平方メートルほどである。工房内には電動ミシンと手動ミシンが一台ずつ設置されている。

アルジュン親子とB社のオーナーの出自について見ていく。アルジュンは、ヒンドゥー教徒のチャンバールで六一歳の男性である。彼はパルタンの農村で生まれたが、一四歳のときにダーラーヴィーに移動してきた。アルジュンの息子であるニレッシュもヒンドゥー教徒のチャンバールである。彼はダーラーヴィーの生まれと育ちであり、現在は三二歳である。B社のオーナーであるハルシャもダーラーヴィーの生まれと育ちである。彼はヒンドゥー教徒のマラーター[*16]であるが、父がダーラーヴィーで皮なめし工場であるB社を設立した。

アルジュンは、ダーラーヴィーの基幹工場の一つであったアーシャ・レザーにおいて製作技術を身につけた後、ランビールの父であるビームと共同で工房を立ち上げた。その後、アルジュンは自身の工房を立ち上げた。

ニレッシュは比較的高い教育と製作技術を併せ持っている。彼は電気工学のディプロマ（Diploma of Electric Engineering）を取得している。しかし、電気技師として働くよりも、革職人として働く方が面白そうだと考えて、父の工房で働き始めたという。

B社のオーナーのハルシャも高い教育レベルを持ち、さらに音楽家としての経歴も持つ。彼はムンバイー大学でリベラル・アーツの学位（Bachelor of Art）を取得した。その後、プロのドラマーとしてインド国内だけでなく、海外でも活動していた。

B社の製品の特徴は、ギターやドラムなどの楽器ケースを革で生産している点である。B社は、もともとはなめしの仕上げ工程のみを行っていた。しかし、二〇二〇年より、自社で仕上げた革を使用した、高級楽器ケースの開発と販売に乗り出した。これは、ハルシャが事業に参加する前に、プロのドラマーとして活動していたからである。音楽業界で培った人的ネットワークを通じて製品を販売している。[*17] 楽器ケースの販売価格は約一万五〇〇〇ルピーである。

デザインに関しては、B社が作成したものを、ハルシャがアルジュン親子の意見を聞きながら改良している（写真6-6）。彼は、自分は音楽家が楽器ケースに何を望むかは分かっているが、楽器ケースの製作に関しては、アルジュン親子の方が経験と知識があるという。彼は工房に頻繁に通い、デザインなどに関して意見を交換しているという。彼はダーラーヴィーの職人の技術を高く評価しており、製作している楽器ケースは手作りだからこそでき、ダーラーヴィーだけでなく、アジアでこのような楽器ケースを革の素材を用いて手作りで製作しているところはないと強調する。

写真6-6　アルジュン・カンブレーと製品の製作について話し合うハルシャ（2020年3月7日、アルジュン・カンブレーの工房、筆者撮影）

アルジュンの工房の事例からは次のことがいえる。比較的教育レベルの高いダーラーヴィーの皮なめし工場のオーナーが媒介者となり、チャンバール職人と協働することで作成した革製品を音楽関係市場という新たな市場に販売している。協働を通じて、皮なめしに関する知識・技術と革製品に関する知識・技術、音楽関係市場に関する情報らが結び付き、高付加価値のオリジナルデザインの革製品が開発されている。

3　ゴーパルの工房での事例

ここから、ゴーパルの工房の事例を取り上げていく。まず、工房主のゴーパルと彼に製品の生産を依頼しているデザイナーであり起業家のイラらが、それぞれどのような人々であり、なぜダーラーヴィーの工房を訪れるようになったのか、彼らがどのように関係性を築いてきたのかを明らかにする。その後、彼らがどのようにオリジナルデザインの高級品を開発しているのかを、開発過程に着目しながら明らかにしていく。

（1）ゴーパルの工房を訪れる人々

ゴーパルの工房は輸出・国内高級品市場向けの製品を生産している工房である。彼の工房の広さは一部屋のみで、二五平方メートルほどの広さである。工房には普通タイプのミシンに加えて、鞄などの縫製に用いる腕ミシンと呼ばれるミシンが備え付けてある。ミシンは電動製のものに加えて非電動の足踏みミシンも取り揃えている（写真6-7）。この非電動ミシンはシンガー社が一九一九年にスコットランドのクライドバンク工場で製造したものである。[*18] おそらく植民地期にインドに輸入されたものが使い続けられているのであろう。

ゴーパルはヒンドゥー教徒のチャンバールの三二歳の男性である。彼はダーラーヴィーで生まれ育った。彼は比較的高い教育レベルと製作技術を併せ持つ。彼は一〇学年終了後に電気技術のディプロマを取得している（Diploma of Electric Engineering）。彼はディプロマ取得後に外資系電機メーカーのフィリップス社で修理工として働き始めた。しかし革職人である叔父からの勧めもあり、革職人であった父に弟子入りし仕事を学んでいった。彼は現在では、ダーラーヴィーで最も腕の良い革職人の一人である。彼によく製作を依頼する差配師のギリックによれば、彼の製作料金はかなり高いとのことである。

実際に彼は質の高い仕事をしており、目に見えない細部にまでこだわって製品を製作している。例えばハンドル部分は上下に革を合わせるだけではなく、間に芯材としてレザーボードを挟み、さらに床革（漉いた際に出てくる革）を用いていた。このことで、ハンドルがしなやかにそして強くなっていた。前述の野島氏によると、高価な革製品は細部にまでこだわり、見えないところに芯材などを使っているが、

写真6-7　ゴーパルの工房内の様子（2020年1月25日、筆者撮影）

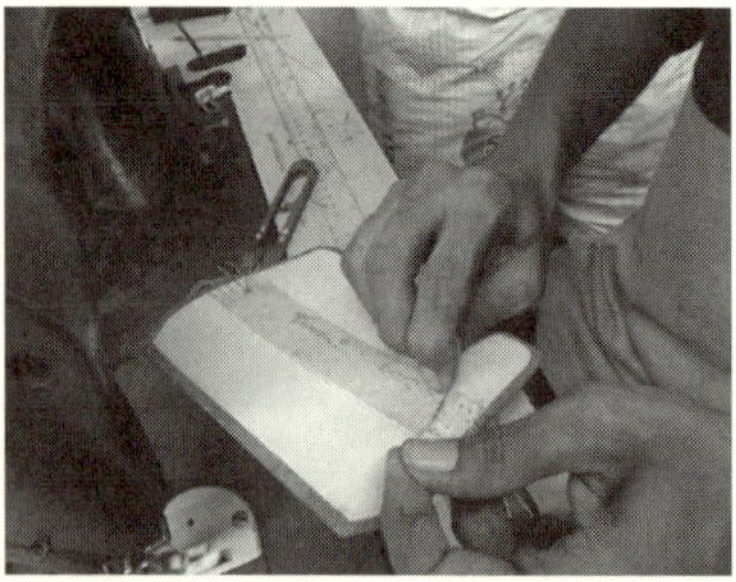

写真6-8　鞄の正面に用いる革の裏側にゴム生地とレザーボードを用いて補強しているところ（2019年10月14日、ゴーパルの工房、筆者撮影）

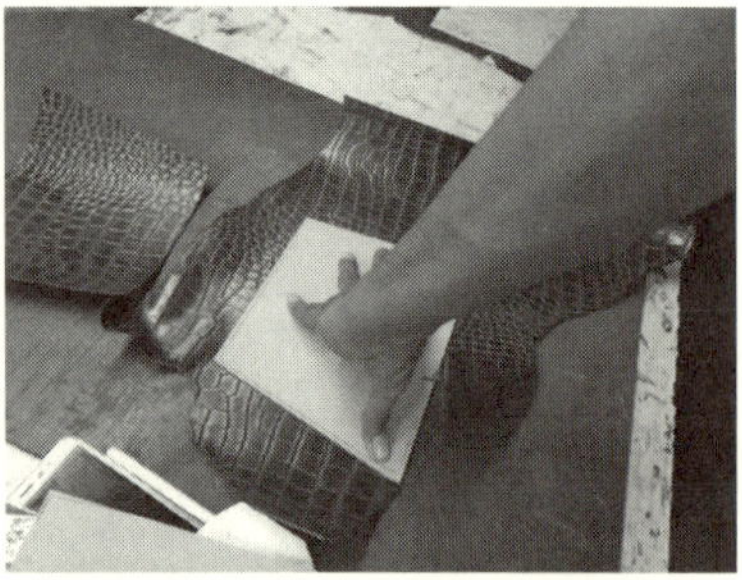

写真6-9　デザインに合わせて革を切り取るところ（2019年10月14日、ゴーパルの工房、筆者撮影）

安い革製品になると、芯材や床革をほとんど使わないために、すぐダメになってしまうものが多いという。[*19] ゴーパルはハンドル部分以外の箇所にも、レザーボード、床革、布、ゴム生地を用いていた（写真6-8）。

革を切り取る際にも細部に注意していた（写真6-9）。この際に使用されていた革はクロコ模様に加工されていた。そのために、革を切り取る際には、鞄の前面と後ろで模様のバランスが調和して切り取れるように、型紙を何度も当てなおしていた。さらに残った箇所を小さなパーツに充てるようにしていた。革をロスなく、それでいてデザインにあったように切り取る箇所を選ぶには相応の経験が必要であることがうかがい知れた。

ゴーパルが仕事を学んだ父のニールは、最高レベルの皮革知識・技術を受け継いだ職人である。彼は独立して自分の工房を持つまでに働いてきた工房はすべて輸出市場向け製品を作る工房であった。さらに働いてきた工房のオーナーはダーラーヴィーでは名の知れた腕利きの職人であった。[*20]

次にこのゴーパルの工房に注文を出す起業家・デザイナーのイラについて説明する。まず彼女の社会的出自と経歴を見ていく。[*21] 彼女はヒンドゥー教徒でマラーターのジャーティに属する三一歳の女性である。グジャラート州バローダで生まれ、マハーラーシュトラ州のサーングリーで育った。父は自営業のインテリアデザイナーであった。サーングリーのカレッジで商学学士（Bachelor of Commerce）を取得した後、プネーの専門学校でファッションデザインのディプロマ（Diploma of Fashion Design）を取得した。そののちイギリスに留学し、国際ビジネスを主に学び、修士号（Master of Science）を取得した。イギリスの企業で三年間勤務したのち、インドに帰国し、地元のサンギリでデザイナーズブランドを立ち上げたという。

彼女の弟であるテージャスもイラ同様に高い教育を受けており、イラと一緒に事業を行っている。彼は、サーングリーで生まれ育った。ロンドンのカレッジで国際ビジネスの学士号（Bachelor of International Business）を取得した後、インドに帰国し、ムンバイーの保険会社で働いていた。そののち経営会計に関するディプロマ（Diploma of Business Accounting）を取得し、サーングリーに戻り、イラと事業を始めた。彼はファッションやデザインに関する専門教育は受けていないが、イラによればファッションやデザインにとても詳しいとのことである。テージャスは実際に、ゴーパルと二人で話し合いながら、新製品のデザインを決めていく様子が見られた。

イラは叔父の知り合いからゴーパルを紹介してもらった。ゴーパルとその知り合いは、ともに高級皮革店ラッスルバーイーから革を購入していていたために知己であったようだ。彼女はゴーパルの工房を選んだ理由を次のように述べている。

筆者：ダーラーヴィーだけでなく、ナヴィ・ムンバイーにもいくつかの革製品の工場があるが、なぜダーラーヴィーを選んだのか？

イラ：私は（製品の作成に）時間をかけて私が望む努力をしてくれる人を必要としていた。しかし、あなたが言ったような工場のほとんどは大量の注文を取り、（生産）量を要求する。彼らは一〇〇ピース以下では生産してくれない。（中略）だから、例えば、製品ができて、もう少し良くすることができても、彼らはそうしたいとは思わない。（中略）彼らは一つの製品に多くの時間を費やしたくないのだ。*22

このインタビューから、彼女は手の込んだ製品を時間をかけて少量から生産することに魅力を感じダーラーヴィーの工房を訪れていることが分かる。実際、彼女らはオンラインサイトを通じて製品を海外に輸出し、かつ国内の高級ブティックに製品を卸している。つまり彼女らが求めるのは、時間をかけてでも、手仕事で高級な製品を製作することなのであろう。

では彼女らとゴーパルとの関係性はいかなるものであるのだろうか。第3章で明らかにしたように、従来の商人は職人に対して優越的な力関係を築いていた。彼女はゴーパルに最初に会ったときの印象を次のように述べている。

私が最初にゴーパルに会ったとき、私は彼といくつかのつながりがあることを感じた。我々は同じページにいる、彼は私にいい仕事をしてくれるだろうという感じだ。私たちはお互いとてもよく理解しているし、彼はクレバーだし、いい仕事をしてくれる。[*23]

このインタビューから彼女らはゴーパルを信頼し、対等な関係にあることが推測される。

彼女らの関係性をより明らかにするために、彼女らがサンプルを製作するために工房を訪れている期間中の食事の様子を取り上げる。インドにおいてチャンバールを含むダリトの人々は他のジャーティとの共食を拒否されるという差別がしばしばある。[*24] しかし、イラとテージャスは工房の作業台に注文した食事を広げ職人とともに食べていた（写真6-10）。イラとテージャスは仕事の合間の昼食と夕食にマクドナルドのハンバーガーを買ってくることがあった。また携帯電話のフードデリバリーアプリケーションを使って食事（チャパティ、ローティ、サブジなど）を注文することもあった。チャンバール職人たちと食事をともに取るということはそれほど差別意識を持たずに関係性を築いているといえる。

このような関係性は、ビンディ・バザールから製品を買い付けにきていたムスリム商人や輸出業者との間には見られなかった。ムスリム商人は、写真やサンプルを職人に渡すのみで、チャンバール革職人たちとともに食事を取ることはなかった。また、ダーラーヴィーに高級品の生産を外注している輸出業者のラッスルバーイーから下請けの注文を受ける際は、ゴーパルが自ら輸出業者の事務所に出向いていた。事務所でデザインと原材料を受け取り、その後工房でそれらをもとにサンプルと製品を製作し、完成した製品を事務所に届けていた。そのため、製作期間中に輸出業者のスタッフは一度も彼の工房を訪れてこなかった。輸出業者に限らず、ゴーパルの知り合いの職人や血縁者を除いては、商人や取引先の者で、ゴーパルと食事をともにする者はいなかった。

またテージャスはゴーパルとともにコルカタに革の仕入れに訪れた際には、彼らは同室の部屋に宿泊し、ともに食事を取り、一つのベッドに二人で眠りについていた。さらに彼らは革の仕入れの仕事が終わり、帰りの飛行機まで時間があった際には、二人でビーチに向かい、ビーチで語り歩いていたという。ゴーパルはイラとテージャスは単なるビジネスの関係ではなく、友人関係でもあり、彼らとは仕事の話だけではなく、お互いの個人的なことや家族の話もよくするという。

写真6-10　ゴーパル（右奥）と昼食を共にするテージャス（左）（2019年11月28日、ゴーパルの工房、筆者撮影）

（2）オリジナルデザインの高級品の開発過程

ここから、ゴーパルの工房におけるオリジナルデザインの高級品の開発過程を明らかにしていく。開発過程を、原材料の調達、サンプルの製作、製品の改良という三つの段階から分析していく。分析の際には、チャンバール職人のゴーパルとデザイナーのイラたちとの分業・協業関係はいかなるものか、製作・改良過程でのコミュニケーションはどのようなものであるのかに着目する。

原材料の調達

まず、原材料がどのように調達されているのかを見ていく。ダーラーヴィーで

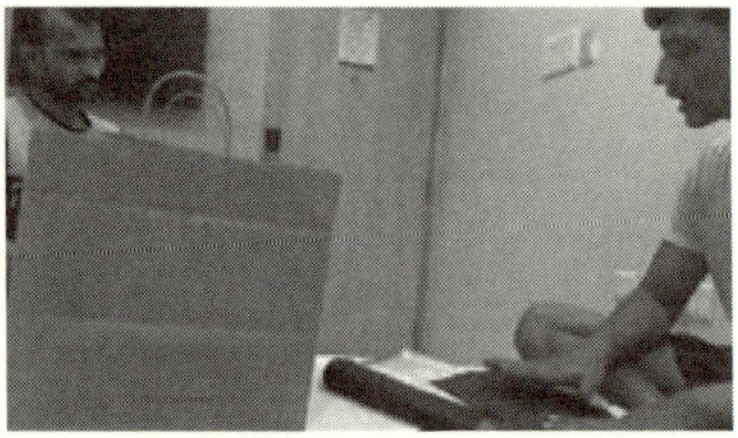
写真6-11　調達してきた革のサンプルをもとに話すゴーパルとテージャス（2020年2月12日、コルカタ市内のホテルの一室、筆者撮影）

の国内低中価格帯[25]市場向けの製品の製作では、原材料は商人が持ち込むか、職人が自身で購入するのが一般的である。しかしイラらは原材料の仕入れはゴーパルと協働して行っている。さらに彼らは原材料の仕入れをダーラーヴィーのみで行っているわけではない。原材料の仕入れのためにムンバイー市内のナグパダ、ビンディ・バザールにも赴いていた。仕入れ場所が複数あるのは、製品毎に必要な素材を彼らが相談した上で、仕入れ先を使い分けているからである。例えば、ダーラーヴィーではヴァンワルラールという店で高級な布地を購入している。ナグパダではラッスルバーイーという店で高級革を購入し、ファグニアという店から質の高い金具を購入している。ビンディ・バザールではＹＫＫのジッパーを購入していた。場合によってはムンバイー市外からも原材料を調達することがある。[26]イラ自身が中国に出向き工場から直接金具を購入してきたことがあった。さらにビアンカと名付けられた鞄のなかには四角いＭＤＦ[27]が使われているが、それは彼女の父がインテリアデザイナーであるために、父のもとで働いている職人に作ってもらったらしい。

革の調達ではコルカタにまで赴いていたケースがあった。ゴーパルとテージャスは良質の革を安く仕入れるために飛行機でコルカタを訪れ、コルカタ郊外のレザーコンプレックスにある皮なめし工場を直接訪れ革のサンプルを購入していた。彼らはコルカタ市内のホテルの同室に宿泊していた。以下はコルカタの皮なめし工場を訪れてサンプルをもらい、ホテルに引き上げてきたときの会話である（写真6-11）。

テージャス：僕はこのクロコプリントの革がとても気に入った。とても輝いている。
ゴーパル：確かにとても輝いている。しかし革の質が良くない。
テージャス：確かに質は良くないかもしれないが、この輝きは製品に使用できる。

ゴーパル：注意して聞いてくれ。もしこの輝く革を使用したら、とても製品の品質が悪く見えるだろう。私が保証する。[*28]

まずここから、革職人が革の質を見極めて、革の選択の助言を行なっていることが分かる。

ゴーパル：これ（ヘアレザー）[*29]はきれいにドライクリーンがかけられているからカビが生えることはないだろう。
テージャス：このヘアレザーはどの製品に使うと良く見えるかな？　どう思う？
ゴーパル：これといった製品はないが、どの製品でも使えるだろう。

（中略）

テージャス：ジェーンバッグに使用するのはどうかな？
ゴーパル：ジェーンバッグに使用するのは無理だろう。もし（このヘアレザーを）フラップに使用すると問題が起きる。なぜならこのヘアレザーは小さいから。だからフラップに使用することはできない。
テージャス：それなら、新しいデザインの製品を製作してくれないか。そしてその製品のフラップに（ヘアレザーを）使用してくれないか？　どうかな？
ゴーパル：ヘアレザーを使うんだな？　ならサンプルを一つ製作するよ。フラップの部分はノーマルな形のものにするよ。君は取り付けたフラップがどのようであるか見て確かめることができる。もし見栄えが良くて、問題がなければヘアレザーをフラップに使用できる。フラップの部分以外もノーマルな形状でサンプルを製作しておくよ。[*30]

この会話からは革の質をチェックした後に、入手した革をどのようにして製品に活用できるかを話し合っていることが分かる。ここでは既存の製品に留まらず新製品の製作にまで話が及んでいる。原材料の調達段階で、革職人とデザイナーは綿密なコミュニケーションを取ることで、製品に対して最良の革を選択し、さらには素材から新たな製品

写真6-12　イラが紙で作ったサンプル
(2019年3月6日、ゴーパルの工房、筆者撮影)

のデザインの構想を練るといった創造的段階にまで到達していることが分かる。

サンプルの製作過程

次に、ゴーパルの工房で、オリジナルデザインの高級品のサンプルがどのように製作されているのかを見ていこう。二〇一九年二月二一日にイラは新しい鞄のサンプルを二つ作るためにゴーパルの工房にやってきた。完成した製品はオンライン小売価格がそれぞれ七〇〇〇ルピー、八五〇〇ルピーであり、インドでは比較的高価な製品である。[*31]

鞄のデザインはイラが描き、紙のサンプルを彼女自身で作成して工房に持参してきた。しかし鞄のデザインがその時点で完成しているわけではない。写真6-12から見て分かるように、彼女が紙で作成したサンプルはかなりラフであり、完成したデザインではない。

最終的なデザインはゴーパルとイラの製作現場でのコミュニケーションを通じて形成されていくが、コミュニケーションは一度きりで完結するわけではない。サンプル作りは三日間に及んでいた。その間彼女はムンバイーに居住する親戚の家に滞在していた。毎日テージャスが車を運転してゴーパルの工房を訪れ、午前一一時ごろから夜は遅いときは午前〇時ごろまで彼女らは工房に滞在していた。

彼女らは工房でゴーパルとコミュニケーションを取りながら協働してサンプルを製作していた。彼らのコミュニケーションは前述したように、素材の選択から始まっている。

新しいデザインの鞄に使う革について、イラらは装飾のないシンプルな革を使ってほしいとだけ要望を伝えた。ゴーパルはその要望を聞いた後、サンプルのデザインを考慮してカウソフティの革を使うことを提案した。彼によると、新しいデザインの鞄の角に合わせて革を曲げるにはカウソフティの革が向いており、バッファローの革では鞄の角に合わせて革を曲げるのは難しいと考えたため、カウソフティの革を使用することを提案したという。その結果、カウソフティの革を使うことになった。ゴーパルと彼女らはカウソフティの革をダーラーヴィーから少し離れたナグパダに位置し、高級革を販売するラッスルバーイー社から購入してきた。さらに鞄に使う内袋については、ゴーパルと彼女らが話し合った結果、彼女らは柔らかい感触のするものを希望した。[*32] そのためゴーパルと彼女らは工房の近くにあり、輸出市場向け製品に用いる高級生地を取り扱うヴァンワルラールという店から布地を購入し鞄に使用することにした。

ここからデザイナーが一方的に素材を決定して、サンプルの製作に取りかかるのではないことが分かる。そこではデザイナーの要望を聞いた革職人が、自身の持つ知識とデザインをもとに、素材を提案し、その提案を基に素材が決定されていた。つまり素材はデザイナーと革職人の対等な相互的コミュニケーションのなかで決定されているのである。

彼らのコミュニケーションは素材が決定した後も続いていく。イラが紙で製作したラフなデザインのサンプルがゴーパルとの話し合いのなかで修正されていく。ルナという名前の鞄の紙サンプルでは、鞄のハンドルを固定する穴の数は一つだけであった。しかしゴーパルはイラとのサンプル製作のときに、その固定する穴の数を三つに増やすようにイラに提案した。そのとき彼女はまだハンドルの長さを決めていなかった。ハンドルを固定する穴の数を三つに増やせば、ハンドルを長くしたり、短くしたりして、鞄を使用する人がちょうどいい長さにハンドルを調整できる。彼女はこの提案を聞いて「いい考えね」と提案を受入れ、ハンドルを固定する穴の数は三つになった。

彼らのコミュニケーションは言葉の次元のみに留まらない。彼らがサンプルを作成していたとき、ゴーパルだけではなく、デザイナーのイラも自らミシンに向かうことや（写真6-13）、彼女が自ら革包丁を持って、革と型紙を裁断することが見受けられた。

しかし、かようなコミュニケーションを通じたサンプルの作成はイラが最初にゴーパルの工房を訪れたときから行

写真6-13　ゴーパルとともにミシンを動かし、サンプルの作成を行うイラ（2019年2月21日、ゴーパルの工房、筆者撮影）

われていたわけではない。彼女によれば、製作を依頼し始めたころは、彼は彼女が工房にある工具や機械に手を触れることをいっさい許可しなかったという。[*33]そのために、彼女らのコミュニケーションは言葉の次元に留まっていた。彼によれば、彼女は最初工房を訪れた際、革のことやクラフトのことを何も知っておらず、デザインのみ行うことができたという。最初彼女は紙で作った鞄のデザインを彼に渡して、彼がそれを基に製品を製作していたという。その後、紙のサンプルを渡すだけではなく、彼女と彼の間で製品に関してコミュニケーションが取られるようになり、バッグのデザインをどうしたいのか、使用する革をどうしたいのか話し合うようになったという。話合いを重ねるうちに、彼女は現場の工具や機械を使用することが許可され、サンプル作成の現場に参与するつまり両者がサンプルを作成する際にとられるコミュニケーションのあり方が徐々に深化していき、言葉の次元にとどまらない、身体とものを含んだ循環的で相互的なコミュニケーションのあり方に変化していったと考えられる。

することが認められていったという。[*34]

比較的教育レベルの高いチャンバール職人・工房主による媒介

オリジナルデザインの高級品の開発過程で重要なのは、比較的教育レベルの高いチャンバール職人・工房主が、ダーラーヴィー外部からやってきたデザイナーとチャンバール職人を結び付けて、両者が開発過程に協働して参与できるようにしていることである。写真6-14がゴーパルとイラが鞄のデザインについて会話している所に、ニールが歩み寄ってきて会話に参加したときの様子である。またゴーパル、ニール、イラの三人がサンプル製作過程で交わした会話を記した。彼らは鞄の内部に取り付けるカードホルダーの大きさについて話し合っている。カードホルダーの大きさが少し小さく、変更する必要があるのではないかと、ニールが尋ねた。

ニール：これはちょっと何とかしないといけないんじゃないか。
ゴーパル：最初だけタイトかもしれないが、あとで問題なくなる。
イラ：本当？
ゴーパル：本当だ。時間が経てば問題なくなる。
イラ：でも少し余裕を持たせてくれないかしら。カードを二枚入れたい人もいると思う。
ゴーパル：分かった。少し余裕を持たせよう。問題ない。高さと幅を大きくしよう。両方大きくしよう。
イラ：高さを大きくする必要はないわ。
ゴーパル：高さもほんの少し大きくしよう。ただ、そうすることに気が進まないなら、まず（作成したサンプルを）見てみて、どうしたいか教えてくれないか。それをもとに変更することもできる。[*35]

写真6-14　ゴーパル、ニールと話し合いながらサンプルを作成するイラ（2019年2月20日、ゴーパルの工房、筆者撮影）

この会話では、まずカードケースが小さいのではないかとニールは尋ねたが、ゴーパルは使い始めれば余裕が出てくるので大丈夫だと述べた。イラは仮にそうであっても、少し余裕を持たせて欲しいと依頼し、ゴーパルもそれを了承した。ただし、カードケースの高さと幅の両方を大きくしようと考えるゴーパルに対して、イラは幅だけで十分と考えていた。そのため、ゴーパルは一旦サンプルを作成して、それを見てからどうするか考えようと提案している。

この会話からまず、ゴーパルとイラの間だけでコミュニケーションが成り立っているのではなく、ニールを含めた三人でコミュニケーションを取ってサンプルを作成していることが分かる。次にゴーパルが一旦サンプルを作成してからどうするか意見を求めているように、ゴーパル、イラ、ニールのいずれかの意見が一方的に通るのではない。ゴーパルがダーラーヴィーの外部からきたデザイナーであるイラとチャンバールの伝統的な技術の保持者である熟練工のニールの間に立って、双方の意見を聞きながらサンプルの作成を進めているのである。

学習を伴うサンプル製作

サンプル製作過程での協働にはさらなる意味があった。そこには相互に学習するコミュニケーションが含まれていた。イラはサンプル作成の際のコミュニケーションを次のように述べている。

私はファッションデザインの専門コースを修了している。何かをデザインしたとき、それをどのようにしたら製作できるのか、布にはどのように縫製したらいいのかを考える。しかし革は布と違う。だから彼がどのように製品を製作し、どのように型紙を作るのかを理解しようと努力している。デザインを型紙に起こすために自分で考えた方法を彼に説明する努力をしている。私が製品のイメージを思いついたとき、それをデザインできるか、どのようにしたらそれが可能になるのかを考える。そして私がゴーパルに会いにくると、彼はこの方法では型紙を作れない、だからこの方法は避けるようにと話してくれる。だから私は彼がいっていることを理解しようと努めている。[*36]

(作業台の上に置いたスマートフォンに映された革のバッグの写真を見せながら) このデザインの製品が販売される以前にこのようなデザインを私は思いついていた。しかしそのとき私たちは (ゴーパルとこのデザインについて話し合っていなかったために) サンプルを製作することも製品を製造することもできなかった。私たちは遅れてしまったために、別の誰かが同じようなデザインの製品を製作して販売してしまった。[*37]

この会話からイラは以下のことを認識していることが分かる。ファッションデザインの知識は有しているが、それだけでは製品のサンプル作成には不十分であること。次にゴーパルとのコミュニケーションを取り、彼から学ぶことでサンプルの作成方法が分かり、サンプルを製作できることである。

次の会話はサンプル作成中の縫製の処理に関するゴーパルとイラの会話である。

ゴーパル：私たちはもっと軽く縫う必要がある。スティッチ（縫ったところ）を切らないように。
イラ：スティッチを切らないようにって？
ゴーパル：君は下側のスティッチを切ろうとしている。
イラ：でもそこのスティッチは燃やしちゃうんでしょ？
ゴーパル：乾かすんだ。糸は黒くはならないし、スティッチもそれほど燃えない。乾かすとスティッチはより（きれいに）見える。力を入れてもう一度乾かすんだ。細かいくずも飛んでいく。
イラ：私は学んでいる。少しずつ学んでいる。もっと教えてください。
ゴーパル：だからこそ私はあなたに教えているんだ。*38

この会話の背景を詳しく説明すると、縫製の仕上げのときは糸を炎で燃やし、息を吹きかけることで、縫製した箇所をきれいに丈夫に仕上げることができる。イラは糸を燃やすことを理解していたが、糸に息を吹きかけることで仕上げを行うということまでは理解していなかった。そのために彼女は糸を燃やさずに、ハサミで切ろうとしていた。それを見たゴーパルが、糸を燃やし息を吹きかけることで縫製をきれいに仕上げることを教えているのである。

この会話からは、サンプル製作過程のコミュニケーションではチャンバール職人が持つ鞄の製作に関する知識・技術をデザイナーが学習していることが分かる。ただし、これから明らかにするように、サンプル製作過程での学習は

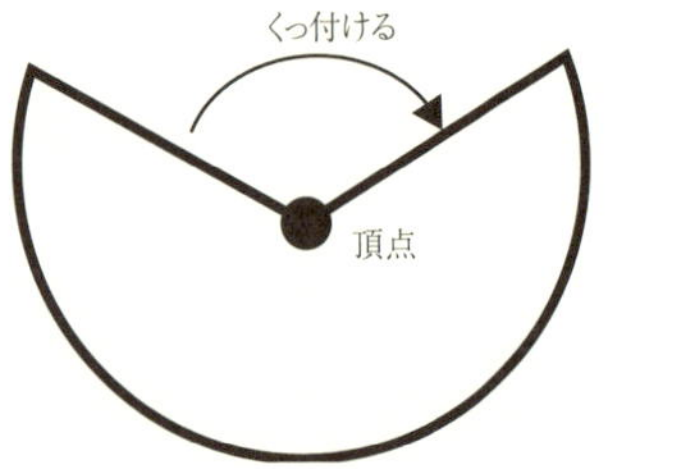

図6-1　ゴーパルが提案した製作方法

注）扇形に生地を切り取り、母線の部分をくっ付けることで円錐形にしようと提案した。

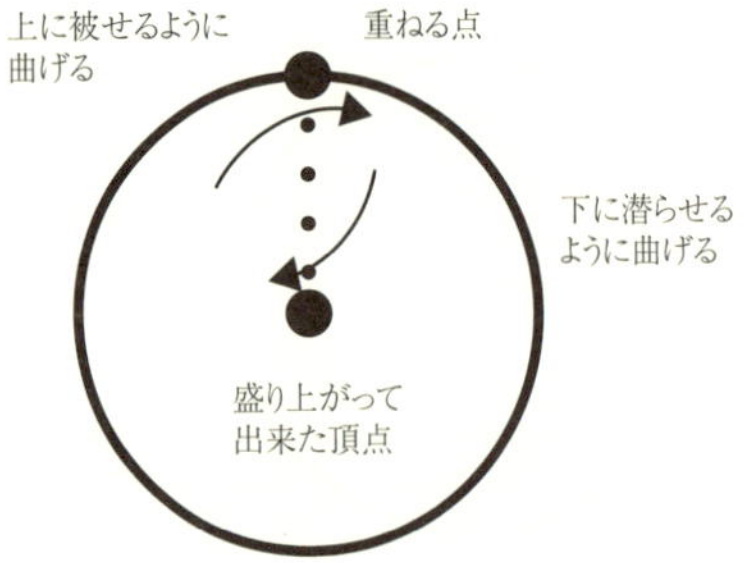

図6-2　イラが提案した製作方法

注）円形で生地を取り、点線部分で生地を重ねるように折り曲げることで、頂点部分を浮き上がらせることを提案した。

必ずしも一方的なものでなく、双方向的なものである。このことを見ていく。

二〇二〇年一月一六日にもイラが新しい鞄のサンプル作りに訪れていた。[*39] 製作しようと試みていたのは、正面がなだらかな円錐形になったデザインの鞄である。ただしこの日はサンプルを完成させるのではなく、サンプルの一部分の製作に訪れていた。その一部分とは鞄の正面のなだらかな円錐形の部分であり、彼女はそれをどう型紙に起こしていいのか分からなかった。

ゴーパルとイラは作業台にともに座り、ゴムの生地を用いて円錐部分の型紙を製作し始めた。イラがどうしたら革を立体的に円錐形にできるだろうかと尋ねると、ゴーパルは円錐形の頂点を固定して、それに革を添わせて、円錐の弧に当たる部分を縫製すれば良いと答えた（図6-1）。ただし、彼女はその方法が納得いかず、彼女が別の方法を提案していく。以下がそのときの彼らの会話である。

イラ：あなたが製作しようとしている型紙について、私もアイデアがあるの。

ゴーパル：この型紙のデザインは製作しようとしている鞄に基づいている。もしこの方法で製作したいと思うなら、君は他に何もしなくていい。これが唯一の方法だよ。

イラ：（頂点を中心にゴムの生地を重ねるように折り曲げて）見て！　今、ここに（重ねる）点を取ると自動的に円錐形の形が浮き上がってくる。（中略）ここに（重ねる）点を取ってこのようにやってくれますよね？

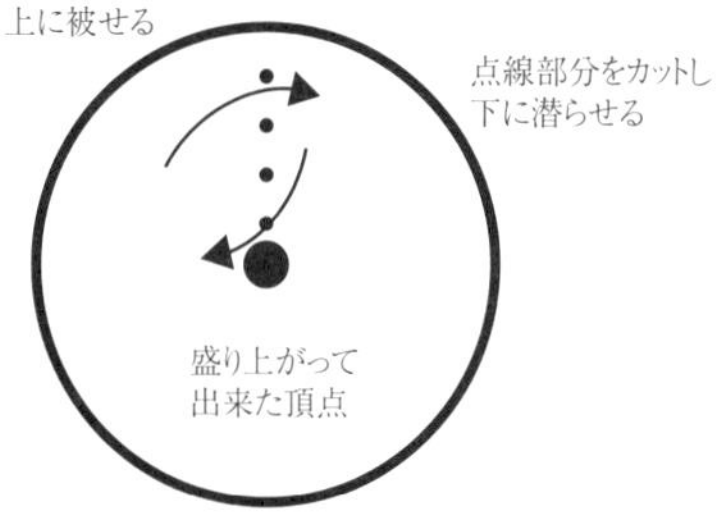

図6-3　イラが提案した製作方法

注）円形の生地を点線部分でカットして切れ目を入れ、生地を重ねた。しかしこの方法だと図6-4のようになり、きれいな円錐形の形にはならない。

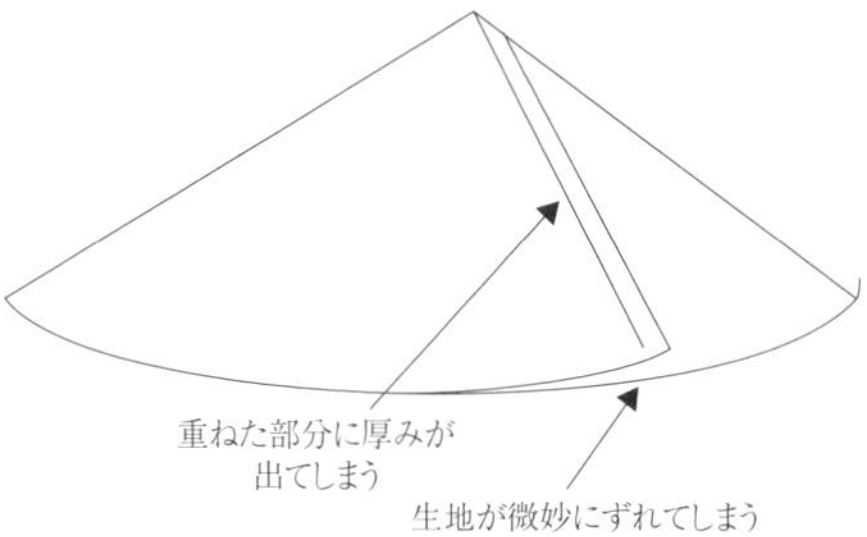

図6-4　イラが提案した製作方法で製作した場合の完成予想形

ゴーパル：そこに（重ねる）点を入れるのは分かった。（さっきは）ここには（重ねる）点を君は取っていなかった。

このようにイラが新しい製法を提案してゴーパルもそれに納得した（図6-2）。しかし、イラが提案した製法には問題があることが会話のなかで分かっていく。

イラ：そうするなら、ここをこうカットすると、ここに切れ目ができる。そしてここを重ねると頂点が浮き上がる。そしてここを縫製して後ろ側をカットすればいい。

ゴーパル：何が起きるか分かっているか？　大きな部分が（この方法だと）上手くいかない。ここに重ねる点を作って両側を合わせるのは適切ではない。そうする前に、こうしたらどうか。この部分は別に（型紙を取ることに）して、そこの部分も別に（型紙を取ることに）するようにすればいい。

イラはゴムの生地に切れ目を入れて生地を重ねることを提案したが（図6-3、6-4）、ゴーパルは生地に切れ目を入れて重ねるのは上手くいかないと指摘する（円を曲げて円錐形にしようとすると、生地を重ねた部分に厚みが出るだけでなく、生地もきれいに重ならず微妙にずれてしまう）。そこで、ゴーパルは生地に切れ目を入れて重ねるのではなく、別々に生地を切り取ってそれら

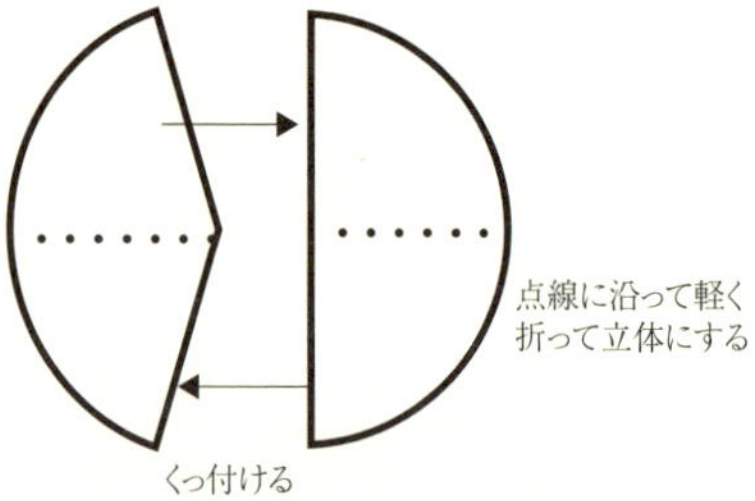
点線に沿って軽く
折って立体にする
くっ付ける

図6-5　最終的に製作された型紙

注）扇形の半径に合わせて、半円の半径を取り、それぞれ2枚の生地を中央部分で軽く折り曲げて、立体化したのち、くっつける。

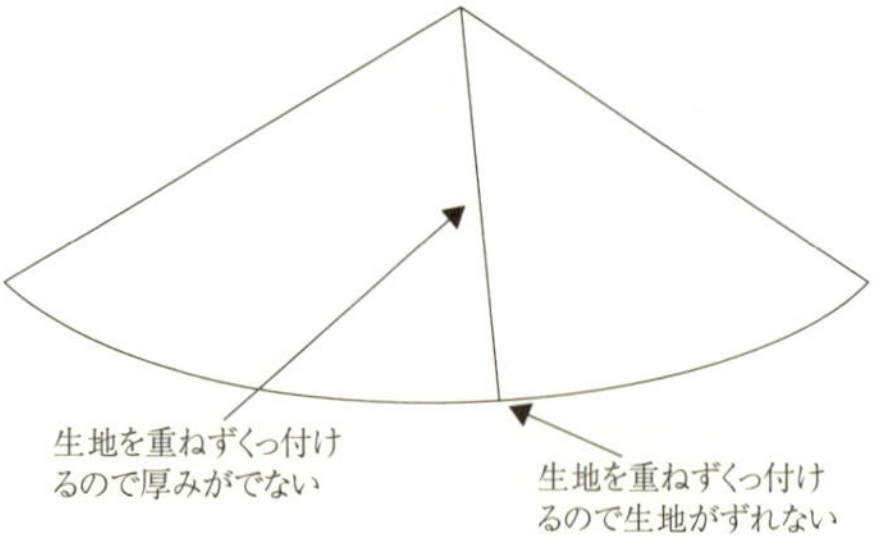
生地を重ねずくっ付け
るので厚みがでない
生地を重ねずくっ付け
るので生地がずれない

図6-6　最終的に製作された2枚の型紙をくっつけた完成形（イメージ）

を重ねることを提案している。この後イラは生地を別々に取らなくても、上手くいくのではないかと様々な方法を提案するが、ゴーパルはどれも上手くいかず、生地が円錐形の形にならないと答えた。ただし、ゴーパルは別々に生地を取った上で、生地を重ねることを提案しているが、ゴーパルの次の発言にあるように具体的にどのように別々に生地を切り取って重ねあわせるか彼もまだ分かっていない。

　ゴーパル：このバッグを製作するのに、君が示してくれた方法は合わないだろう。私たちは様々な方法を試してみる必要がある。そうして初めてどの方法が適切か分かるだろう。*40

　この後、彼らは会話を重ねながら、二枚のゴム生地からなる鞄の正面円錐形部分のサンプルを完成させていった（図6-5、6-6）。二枚のゴム生地から作成したことでがよりきれいな円錐形になっていた。

　以上のゴーパルとイラのコミュニケーションからサンプル作成を通じた学習について以下のことが分かった。一つ目に、ゴーパルがサンプル製作に関して一方的に知識・技術を伝えているわけではないことである。イラはデザインの専門知識を持っているが、それだけでは円錐形部分の型紙を作るのに不十分であることを自覚し、ゴーパルに円錐形部分の製作方法について尋ねている。ここでゴーパルはそれに応えて生地を扇型に切り取ることで円錐形部分を製作する方法を提案している。しかし、イラはその製作方法に満足できず、イラから円形に切り取った生地を折り曲げ重ねる製作方法を提案しているのである。

二つ目に、ゴーパルとイラの両者からのサンプルの製作方法の提案が出るが、どちらかの提案がそのまま採用されるのではなく、両者の提案が組み合わさり、新たな製作方法が生み出されているということである。ゴーパルはイラの提案を受け入れるが、その製作方法に問題があることに気付いた。ただし、ゴーパルは自身が最初に提案した製作方法を採用するのではなく、イラの生地を折り曲げ重ねるというアイデアは引き継いだ。その結果彼は半円形と扇型の二枚からなる生地を製作しそれを軽く折り曲げ立体化してくっ付けることで円錐形の形を製作する方法を作り上げていった。つまりゴーパルが一方的にサンプル製作に関して知識・技術を伝えているわけではなく、イラからもサンプル製作方法に関して提案があり、それをゴーパルが取り入れ発展させていったのである。

高級品の改良過程

ここまでゴーパルの工房での製品開発過程における協働のあり方を見てきた。ただし、これで鞄のデザインが決定し、この後デザインが変化しないわけではない。むしろデザインは不断に改良されている。そしてその改良においてもゴーパルとイラの協働がある。ここからゴーパルの工房において、サンプルが作成された後、鞄のデザインがどのように改良されていったのか、そこにおける協働とはどのようなものであったのかを見ていく*41。

イラはサンプルが完成した後、何度も工房に製品の改良の相談に訪れていた。およそ二カ月に一度は工房を訪れ、製品の改良や新しいデザインの製作についてゴーパルと話し合っていた。サンプルが完成した鞄は、まず四個から八個といった極めて少量の生産をゴーパルに依頼する。そして生産された鞄を彼女や彼女の家族、親戚、友人、知人らが実際に使用した後、使用した感想を基に鞄の改良をゴーパルに依頼する。

例えばリリーという名前が付けられた鞄のフラップ部分は本生産の段階で当初のデザインより大きくなったが、極

写真6-15　改良前のミランダ（2019年10月23日、ダーラーヴィーの工房、筆者撮影）

少量生産の段階ではそうではなかった。フラップの部分を大きくしたほうがいいということはゴーパルがサンプルの段階からイラに提案していた。しかしイラはこれでオッケーだといい、ゴーパルの提案は採用されず、フラップの部分は大きくならなかった。しかしリリーのサンプル完成後、極少量を生産し、イラらが使用してみた。すると、やはりイラはフラップの部分は大きいほうが良いと実感したのか、最初の本生産のオーダーのときにフラップの部分を大きくしてほしいという連絡がゴーパルにきたという。

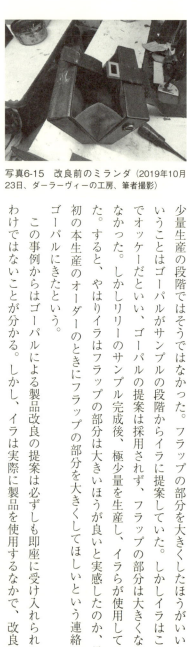

この事例からはゴーパルによる製品改良の提案は必ずしも即座に受け入れられるわけではないことが分かる。しかし、イラは実際に製品を使用するなかで、改良の必要性を感じて、本生産のときにはゴーパルの提案に沿う形で製品を改良している。つまり製品のサンプルが完成したのちも、不断にコミュニケーションを取り、試行錯誤のなかで手を加え続けることを通じて、製品の改良を行っているといえる。

製品の本生産が始まっても製品の改良が止まることはない。写真6-15は、ミランダという名前の鞄が最初に本生産されたときのものである。ミランダは製作されたサンプルに特に改良が加えられることなく最初の本生産が行われた。しかし二度目の本生産のときには、イラがデザインの変更をゴーパルに依頼した。イラはハンドルが長かったためハンドルの部分は短く太くしてほしいとゴーパルに提案した。それに加えて、イラは鞄が開く度合いを小さくしてほしいとゴーパルに依頼した。ゴーパルはイラの依頼に応えてハンドルの部分を太く短くし、かつ鞄の開く度合いを小さくすることにした。しかし鞄の開く度合いを小さくすると、ハンドルを固定する部分を腕ミシンで縫製することができなくなる。そのためにゴーパルはハンドルの部分を縫製ではなく金具で止めることをイラに提案し、ハンドル部分を金具で止めた鞄の画像をワッツアップ[*42]でイラに送った。イラは送られてきた鞄の画像を確認した上で、金具でハンドル部分を固定することを了承した。イラはその上で鞄に使用している同一の革で金具を覆うように依頼した。革でくまなく均一に金具を覆うことは技術を要するが、ゴーパルは漉いた革を用いて、きれいに革を金具に張り合わせ、革で覆った金具の画像をイラにワッツアップで送った（写真6-16）。それに対してイラは素晴らしいと返信してきた。

この改良過程では、ゴーパルはイラからのハンドルを太く短くし、鞄の開く度合いを小さくするという提案を受け入れているのだが、そのまま提案を受け入れているわけではない。そのまま提案を受け入れるとハンドルを固定する部分が縫製できなくなるからだ。そのためにゴーパルはイラの提案をもとに、自身の製法に関する技術と知識を活かして、ハンドル部分の固定方法を縫製ではなく金具に変更することを提案している。さらにイラはデザインの観点から金具を同一の革で覆うことをゴーパルに求めたが、ゴーパルは自身の技術力を活かして、そのように製作した。

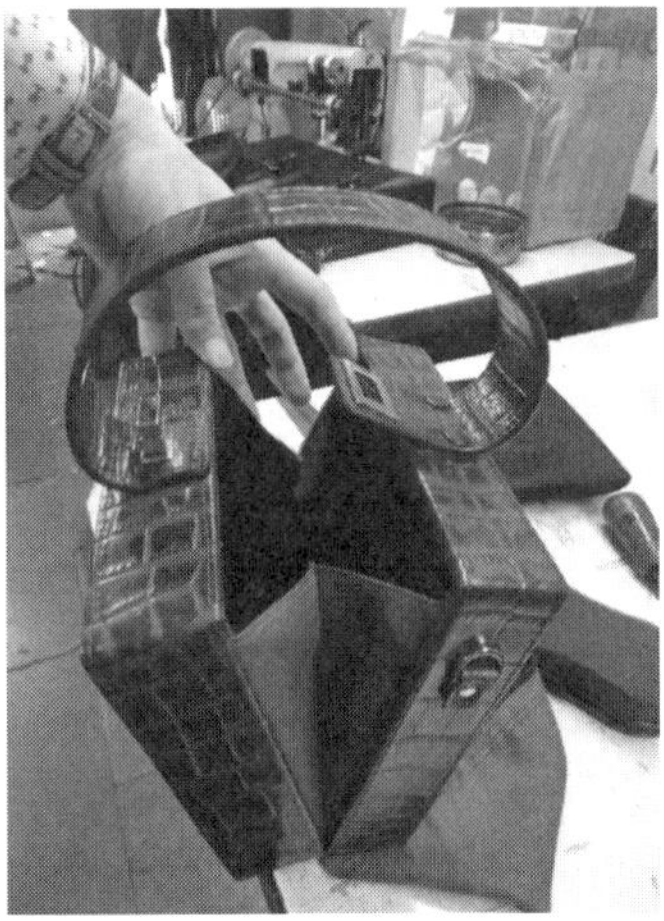

写真6-16　改良後のミランダ（2019年10月23日、ダーラーヴィーの工房、筆者撮影）

つまり製品の改良では、ゴーパルとイラの提案がそのまま受け入れられ、デザインに反映されるのではない。生産工程上の制約のなかでイラがデザインの視点から改良を求め、ゴーパルはその改良を可能にする製法を提案するという相互的なコミュニケーションを取り、試行錯誤を通じて製品を改良している。このことによって、チャンバール革職人が伝統的に受け継いできた皮革の知識・技術とデザイナーが持つデザインの知識・技術が融合した新たな改良案が生み出されている。さらにワッツアップといった最新の情報手段を用いることで、イラが工房に来ることができないときでも綿密にコミュニケーションを取り製品の改良を行っている。

ゴーパルの工房での製品開発事例からは以下のことがいえる。ダーラーヴィー外部の独立系のデザイナーは、教育レベルが高く、ファッションやデザインの専門知識を持っている。さらに独立系のデザイナーは海外・国内高級品市場へアクセスすることが可能である。独立系のデザイナーはダーラーヴィーの工房がこれら海外・国内高級品市場向けの手の込んだ高級品を少量生産することが可能なことに魅力を感じている。

比較的教育レベルの高いチャンバール職人・工房主がこれら独立系のデザイナーとチャンバール革職人を結び付けている。これら三者は協働して、製品の開発（原材料の仕入れ、サンプル製作）、改良過程に一貫して関わっている。

原材料の仕入れではムンバイー市内だけでなくコルカタといった遠隔地までともに赴いていた。彼らは相互的なコミュニケーションを取ることで、最良の革を選択するだけでなく、革をもとに新製品の構想も行っていた。

サンプル製作・製品の改良現場での協働は言葉の次元のコミュニケーションに留まらなかった。デザイナー・起業家も革包丁で素材を裁断しミシンで縫製を行い製作した部品をもとに工房主や革職人とコミュニケーションを取るといった身体的次元を含んだコミュニケーションを取っている。そしてそのコミュニケーションは相互学習的なものであり、製作方法に関してデザイナー・起業家の提案をそのまま受け入れるのでもなく、工房主・革職人の提案がそのまま通るのでもなく、両者の提案が合わさり発展していた。このプロセスを通じて、チャンバールが伝統的に蓄積・継承してきた皮革に関する知識・技術とダーラーヴィー外部のデザイナーが持つデザインに関する知識・技術が融合し、輸出市場向けのオリジナルデザインの高級品を開発することが可能になっていた。

4　おわりに

本章はダーラーヴィーにおけるオリジナルデザインの高級品開発・生産を可能にするイノベーションがどのように生じているのかを論じた。その際には皮革産業に従事する比較的教育レベルの高い職人・工房主による媒介に着目した。従来の研究では、輸出向けのオリジナルデザインの高級品がダーラーヴィーで見られるようになったと指摘されていたが、具体的な生産管理の方法が示されていなかった [Saglio-Yatzimirsky 2013: 197-199, 222]。

これに対して、本書は、輸出市場向けの高付加価値のオリジナルデザインの製品の開発を可能にしたイノベーションは、ダーラーヴィーの皮革職人の持つ知識・技術がダーラーヴィーを新たに訪れるようになった独立系のデザイナーや小規模の起業家の持つデザインやマーケティングに関する知識・技術と結び付くことによって生じていることを明らかにした。

こうした知識・技術の新たな結び付きは、ダーラーヴィーの工房内において、ダーラーヴィーの皮革職人と独立系のデザイナーや小規模の起業家が協働関係を取り結ぶことによって生じている。この協働関係は皮革産業に従事する比較的教育レベルの高い職人・工房主（特にチャンバールの人の割合が大きい）が媒介者となることで可能になっていた。

この協働関係においては、原材料の調達、サンプルとデザインの作成、製品の改良の諸段階において、工房主と依頼者が知識・技術の相互学習的なコミュニケーションを通じて、製品を生産・改良していた。ただし、具体的な協働関係のあり方は、それぞれ工房の事情ごとに異なる。原材料の調達では、依頼者が革を持ち込む、あるいは依頼者が革職人とともに調達に出向くケースが見られた。デザインやサンプルの作成においては、依頼者が自ら現場に参与するケース、工房がデザイナーを雇用するケースが見られた。製品の改良においては、年に一回工房を直接訪れるものから、週に数回工房を訪れるものまで幅があり、コミュニケーションの方法もメール、電話、チャットアプリと多岐に渡っていた。

なお、独立系のデザイナーや小規模の起業家が海外からの資金調達、輸出・国内高級品市場へのアクセスを可能にしている。彼らはビンディ・バザールのムスリムやショールームのオーナーとは、社会的出自が異なり、概して教育レベルが高く、海外留学や海外就学経験を持つものもいる。彼らは、ダーラーヴィーの工房が、輸出・国内高級品市場が求める手の込んだ高級品を、少量生産することに魅力を感じている。

注

＊1　二〇二〇年九月八日。ゴーパルへのインタビューによる。電話にて。

＊2　ランビールのより詳しいプロフィールは一七〇ページを参照のこと。

＊3　アニカが生まれ育ったムンバイーの地区とアニカの年齢は今回の調査では明らかにできなかった。ただし、リャーンと同じ高校に通っていたということから、アニカはリャーンと年齢の差はそれほどないと考えられる。

＊4　スンニ派に属するムスリムコミュニティの一つである。本書第3章＊5も参照。

＊5　二〇二三年八月一一日。サラへのインタビューによる。カールウエストにある喫茶店にて。

＊6　二〇二四年二月二日。ランビールへのインタビューによる。チェンナイ・インターナショナル・レザーフェア会場にて。

＊7　ローハンの情報はローハンへのインタビューによる。二〇一九年五月七日。ダーラーヴィーにあるローハンの革製品工房にて。

＊8　以下の情報はデザイナーファーティマへのインタビューによる。二〇一九年五月八日。ダーラーヴィーにあるローハンの工房にて)。

＊9　ローハンの祖父はホテルタージの近くで革靴工房を営み、ホテルタージに入る小売店に革靴を納入していたという。

＊10　World's Global Style Network の略称。WGSNは一九九八年にロンドンに設立された企業。ファッションなどのトレンドの予測に加えてデザイン、マーケティングなどの支援を主なサービスとする。「WGSNウェブサイト」https://www.wgsn.com/en/（二〇一九年六月一三日閲覧）。

＊11　二〇一九年五月八日。デザイナーファーティマへのインタビューによる。ダーラーヴィーにあるローハンの革製品工房にて。

＊12　なお、こうしたダーラーヴィーの工房ネットワークからのスピンオフ的な発展を見せている工房は他にも確認できた。ムンバイー郊外のビワンディにあるK社はもともとダーラーヴィーに工場を持っていたが、ドバイの会社から出資を受けて、ビワンディに工場を移転させた。ただし、工場は小規模なものであり、それほど機械化が進んでおらず、テーブル制を採用し、クラフト的な生産を行なっていた。ただし、鞄に関してはダーラーヴィーの工房に外注しているという。また、第5章と本章でも取り上げたランビール氏は二〇二二年から、共同経営という形でビワンディに工場を経営するそうである。ただし、ランビール氏はダーラーヴィーでの製品の生産も並行して行なうそうである。アディティ氏、K社、ランビール氏のように、ダーラーヴィーとのつながりを維持しながら、スピンオフしていく工房については、今回の調査では十分に明らかにすることができなかったので、今

後の課題としたい。

＊13　ムンバイーから約二五〇キロメートル南西に位置する。

＊14　「ディオールの豪華なドレスはインドの「奴隷職人」の手で作られる」https://courrier.jp/news/archives/198276/>（二〇二一年六月一一日閲覧）。

＊15　二〇二一年五月二四日。野島氏へのインタビューによる。京都の氏の工房にて。

＊16　マラーターとハルシャは答えたが、ジャーティ名は答えたくないようであった。最初に質問したときはマハーラーシュトリアン（マハーラーシュトラ出身の人の意）と答え、重ねて質問するとマラーターと答えた。マラーターはマラーターというジャーティを一般に指すが、インタビューの文脈では、マハーラーシュトラ出身の人を意味する言葉としても捉えられる。マハーラーシュトラ州ではなめし産業に関わるジャーティは一般にドールであり、マラーターが関わる例は非常に稀である。彼のジャーティはドールである可能性もあるが、ここは彼の答えを尊重して、マラーターと記した。

＊17　インドの二〇一〇年度ビッグスターエンターティメント賞の音楽部門賞を受賞した、シャンカル・エフサーン・ロイ、インドの二〇一三年度ミルチ音楽賞のインド・ポップ・ソング・オブザイヤー賞を受賞したサリーム・スラリーマンなどがB社が販売した楽器ケースを使用している。ロイやスラリーマンとは二〇年来の知り合いだという。

＊18　製造年についてはミシンのシリアル番号をもとに、下記のサイトで調べた。「シンガー社ウェブサイト」http://singer.happyjpn.com/naruhodo/when（二〇二〇年一月二四日閲覧）。

＊19　二〇一九年一〇月二二日。野島氏へのインタビューによる。スカイプを通じて。

＊20　詳細は九五ページを参照のこと。

＊21　二〇一九年二月二〇日。イラとテージャスの経歴の記述は彼らへのインタビューによる。ダーラーヴィーのゴーパルの工房にて。

＊22　二〇一九年二月二〇日。イラへのインタビューによる。ダーラーヴィーのゴーパルの工房にて。

＊23　二〇一九年二月二〇日。イラへのインタビューによる。ダーラーヴィーのゴーパルの工房にて。

＊24　インドにおいてジャーティとは食事をともにすることのできる共食集団でもある。そのために他のジャーティの一員と席を同じくしての飲食、あるいは食べものの授受は建前上規制されている。これは浄・不浄観に基づくものであり、不浄性の感染を防ぐことが目的である［小磯 二〇〇六：一四四］。チャンバールを含むダリトは最も浄性が低いとされるために、共食を拒否され

ることが多々ある。

＊25 本書では低中価格帯とは、工房への発注者への引き渡し価格が一五〇〇ルピーまでの製品を指す。

＊26 一般にダーラーヴィーの工房は国内低中価格帯市場向けの製品を生産する際には、ムンバイー市内のみで原材料を調達する。

＊27 ＭＤＦ（中質繊維板）はミディアム・デンシティ・ファイバーボード（Medium density fiberboard）の略称である。木材チップを原料とし、これを蒸煮・解繊したものに合成樹脂を加えて成形したものである。「全国木材組合連合会ウェブサイト」http://www.zenmoku.jp/ippan/faq/faq/faq6/253.html（二〇二〇年九月一日閲覧）。

＊28 二〇二〇年二月一二日。ゴーパルとテージャスの会話による。コルカタ市内のホテルの一室にて。

＊29 ヘアレザーとは毛付きの革を指す。

＊30 二〇二〇年二月一二日。ゴーパルとテージャスの会話による。コルカタ市内のホテルの一室にて。

＊31 鞄のオンライン小売価格は日本円でそれぞれ一万二〇〇〇円、一万三六〇〇円に相当。為替レートはインド中央銀行のホームページに従い一ルピーを一・六〇円（二〇一八年七月六日のレート）として計算した。

＊32 内袋とは鞄の内側に使用する布や合成皮革のことを指す。現地ではライニングと呼ばれている。

＊33 二〇一九年二月二〇日。イラへのインタビューによる。ダーラーヴィーのゴーパルの工房にて。

＊34 ゴーパルへのインタビューによる。二〇二一年五月一一日による。電話にて。

＊35 二〇一九年二月二一日。ニールルとゴーパルとイラの会話による。ダーラーヴィーのゴーパルの工房にて。

＊36 二〇二〇年一月一六日。イラへのインタビューによる。ダーラーヴィーのゴーパルの工房にて。

＊37 二〇二〇年一月一六日。イラへのインタビューによる。ダーラーヴィーのゴーパルの工房にて。

＊38 二〇一九年二月二二日。イラへのインタビューによる。ダーラーヴィーのゴーパルの工房にて。

＊39 以下の記述は二〇二〇年一月一六日に筆者が行ったフィールドワークに基づく。ダーラーヴィーのゴーパルの工房にて。

＊40 二〇二〇年一月一六日。イラとゴーパルの会話による。ダーラーヴィーのゴーパルの工房にて。

＊41 以下のサンプルと製品改良の過程に関する記述はゴーパルへのインタビューによる。二〇一九年一〇月二三日。ダーラーヴィーのゴーパルの工房にて。

＊42 ワッツアップはインドで最も広く使われているメッセージアプリケーションである。

終章　インフォーマルセクター論からスラム産業論へ

――多様な社会集団の新たな結び付き

1　世代間に渡る蓄積・投資を土台としたイノベーション

ここからダーラーヴィーの革製品産業はいかに発展してきたのかという本書の問いに答えたい。現代インドにおいて、スラムは未熟練の都市「下層」労働者が単に住む場所ではない。むしろスラム産業地帯ともいえる場所であり、熟練労働者、スラムで生まれ育った教育レベルの高い工房主、デザイナー、起業家といった多様な人々が結び付き、イノベーションを起こす場にもなっている。

ダーラーヴィーの革製品産業の発展を可能にした要因として、まず工房ネットワークの結節点であるハブ工房を中心とした緻密な分業・協業システムの発達という生産システムのイノベーションを挙げることができる。ムンバイーという大都市のスラムであるがゆえに、企業やトレーダーへのアクセスが地理的に容易であり、コーポレーションギフトやカスタムメイドの高級品といった新たな需要がダーラーヴィーに流入している。こうした新たな需要をハブ工房が取り込んでいる。多様な社会集団が運営し、多様な技術レベルを持つ諸工房をハブ工房が需要に応じて柔軟に結び付け分業・協業関係を構築することで、高級品を含む多様な製品が少量から大量に生産することが可能になった。こうしたハブ工房の工房主には、一定の教育レベルを持ったチャンバールが多く見られ、これらチャンバールは発注者に代わって、原材料や代金を負担して、諸工房に前渡しを行う役割を果たしていた。こうした工房ネットワークを通じた生産には、移動型労働者、差配師といったアクターも参加することで、製品分業だけではなく、工程間分業も行われ、さらには工房の垣根を越えた協業も見られた。こうしたきめ細かい分業・協業を取ることで、低価格帯製品を生産する工房から高級品を生産する工房まで、工房ネットワークに参加することが可能になっていた。遅くとも一九六〇年ごろから、商人が主導する下請け関係のネットワークを通じて、中級品が生産されていたのに対して、二〇〇五～一〇年ごろからは、チャンバールが主導し、高級品を含む多様な製品を少量から大量に生産する緻密な分業と協業に基づいた工房ネットワークが構築されていたのであった。ここでは分業と協業の緻密化による工房ネットワーク全体の高度化というイノベーションが生じていたといえる。

無論こうした緻密な分業・協業システムは、大規模工場におけるライン分業に比べて、生産管理の手間と費用がかかるといえるかもしれない。しかし、既存の生産システムを利用・刷新することで、工場の大規模化や機械化に必要な固定資本投資を行わずにすんでいるのも事実である。ムンバイーは地価がインドのなかで最も高い地域であり[*1]、多少の資本蓄積が見られたとはいえ、多くの革職人に取って、工場の大規模化と機械化は現実的ではなかった。むしろ革職人たち、とりわけチャンバール職人たちは、蓄積した金融資本、継承してきた皮革に関する知識・技術、ダーラーヴィーで世代間に渡って培ったチャンバール職人間のネットワーク（職人間の子弟関係、親族関係、友人関係など）を工房間分業・協業の緻密化に用いた。ハブ工房になることで、多様な技術レベルの工房および多様なアクターときめ細かい分業・協業関係を構築し、流動的でかつ多様な需要を取り込むことを選んだのである。

ただし、ダーラーヴィーの革製品産業の発展をハブ工房を中心とした緻密な分業・協業の発達による生産システムのイノベーションからのみ理解することはできない。本書で明らかにしたように、ダーラーヴィーの革製品産業の発展には、知識・技術の新たな結び付きによる高級品の開発というイノベーションの側面も見られた。比較的教育レベルの高いチャンバールが従来ダーラーヴィーを訪れていなかった社会集団に属するデザイナーや起業家と相互学習的なコミュニケーションを取りながらともに現場に参与していた。こうした協働を通じてチャンバールの革職人が伝統的に継承してきた知識・技術と、デザイナー・起業家の持つデザイン・マーケティングの知識・技術が新たに結び付くことで高級品が開発されていたのである。大都市ムンバイーに位置したスラムであるため、デザイナーや起業家が地理的に訪れやすく、かつスラムの小規模工房であるがゆえに可能な小ロット生産に彼らは魅力を感じていた。

そして重要なのは、ダーラーヴィーの革製品産業においてこうした緻密な分業・協業システムの発達というイノベーションおよび高級品の開発というイノベーションが補完関係にあったということである。工房間がネットワークとして機能し、分業・協業システムが発達することで、多様な製品を少量から生産することが可能になっている。この製品の多様化によって、技術力を擁する工房は、高級品の開発・生産に加えて低中価格帯製品のデザインやサンプル作成といった高い技術力を要する製品・工程にのみ専門特化することが可能になる。このことは、職人の熟練度を向上させ、さらなる高級品の開発・生産を促進していると考えられる。さらに、付加価値の高い工程を専門特化して担うことで、差配師を利用して他の工房に低中価格帯の製品を発注する費用が相対的に小さくなっている。費用面では、工房が小規模で、ライン分業した工場のように固定費用がさほどかからないことも、他の工房に製品を発注することを容易にしているといえる。

さらにダーラーヴィーの革製品産業において、緻密な分業・協業システムの発達というイノベーションおよび高級品の開発というイノベーションを可能にしたのが、多様な社会集団を結び付ける媒介者の存在であった。ここでいう媒介者は、比較的教育レベルの高いチャンバール工房主と差配師を指している。これら媒介者の内、比較的教育レベルの高いチャンバール工房主が、ダーラーヴィーにおいて生産に関わるアクターと製品の種類を多様化させる点で重要な役割を果たしている。比較的教育レベルの高いチャンバール工房主は、外部から新たな需要（オリジナルデザインの高級品の開発、コーポレーションギフト・業務用製品）を取り込む役割を果たした。一方で、差配師はチャンバールだけでなく、ムスリム、ヒンドゥー教徒の他のジャーティらが運営する多様な技術レベルからなる諸工房、移動型労働者を結び付ける役割を果たしている。比較的教育レベルの高いチャンバール工房主による外部の需要の取り込みと差配師によるダーラーヴィー内部の結び付きが緻密な分業システムの発達というイノベーションを可能にした。次に比較的教育レベルの高いチャンバール職人は、従来のムスリム商人とは社会的出自が異なる外部のデザイナー・小規模起業家らを他の職人たちに結び付け協働関係を築く役割も果たしている。これらデザイナーや起業家は概して教育レベルが高く、海外留学中の非居住者インド人（Non-Resident Indian: NRI）や海外留学・就業経験のあるエリート層の人々も含まれている。こうした、比較的教育レベルの高いチャンバール工房主を通じた革職人とデザイナーや小規模起業家との相互学習的な協働関係が高級品の開発というイノベーションを可能にしたのである。

なお、こうした緻密な分業・協業システムの発達と高級品の開発というイノベーションを可能にした歴史的背景には、チャンバールの間で見られた世代間に渡る資本蓄積と教育投資があった。チャンバール職人たちは、行為主体性を発揮して設立した同業組合「リグマ」を通じて革製品の自主的な流通経路を確保した。このことによってチャンバールの間で資本蓄積を行うことが可能になった。こうして蓄積された資本を背景に、ハブ工房を運営するチャンバールが輩出され、工房間の緻密な分業・協業システムが構築されていったのである。またリグマの活動に関わったチャンバール職人たちが子弟に教育投資を行うことで、これら子弟から比較的教育レベルの高いチャンバール工房主が現れ、他の社会集団との媒介者となった。この比較的教育レベルの高いチャンバールが他地域に流出せず、スラムで事業を続けた背景には大都市ムンバイーのスラムでコーポレーションギフト・業務用製品やオリジナルデザインの高級品といった新たな需要にビジネスチャンスを見出したことにもある。こうした比較的教育レベルの高いチャンバール工房主が、緻密な分業・協業システムの発達というイノベーションおよび、高級品の開発というイノベーションを生み出すことに貢献したのである。より端的にいえば、チャンバールによる流通経路の改善および世代間に渡る資本蓄積・教育投資が土台となって、ダーラーヴィーの革製品産業におけるハブ工房を中心とした緻密な分業・協業システムと新たな協働関係による知識創造を通じた高級品の開発が可能になったのである。

2　本書のインド経済発展論への貢献

ここまでのダーラーヴィーの革製品産業の議論がインド経済発展論に貢献できる点を考察したい。

まず、従来の研究で指摘されてきたフォーマルセクターとインフォーマルセクターの二重構造性がダーラーヴィーにおいて溶融しているということである。ここでいう溶融とは、フォーマルセクターとインフォーマルセクターそれぞれ固有の動きが見られるものの、両者が相互に融合しながら連続体として変化が進んでいる様子を指す［水島二〇一五：四］。ダーラーヴィーには今日においても、小規模の工房で、擬似ブランド品を含む低中価格帯製品を国内向けに製作する典型的なインフォーマルセクターに分類される工房も見られる。一方で、小規模のままで教育レベルが高いチャンバールが輸出市場向けの高級品の開発に関わる工房も見られるのである。こうした変化において、機械化や大規模化が見られたわけではない。さらに重要なのは、これらの工房間において可変的なネットワークが構築されているということである。つまり、可変的な工房ネットワークを形成することで、従来のインフォーマルセクター性（小規模、低中価格帯製品を国内向けに生産する）を土台にしつつも、フォーマルセクター性（輸出市場向けの高級品の開発・生産）と溶融しているのである。

このようにフォーマルセクターとインフォーマルセクターが溶融している原因として指摘できるのが、多品種少量生産への需要をインフォーマルセクターが取り入れることができたことである。そしてそうした需要を取り込むことを可能にしたのが、生産に関わる諸社会集団の変化であろう。本書で指摘したように、従来ダーラーヴィーを訪れていなかった社会的出自を持つ人々がダーラーヴィーの工房を訪れている。彼らはクラフト的生産によって高級品を少量から開発・生産できることに魅力を感じているのである。こうした新たにダーラーヴィーに訪れるようになった人々とダーラーヴィーの職人を結び付けるのが、比較的教育レベルの高いチャンバール工房主である。こうした生産に関わる諸社会集団の変化の背景にはインド政府の留保政策によるダリトの教育レベルの向上が関係していることが示唆される。なお、こうした生産に関わる諸社会集団の変化の背景には、新たにダーラーヴィーを訪れるようになった人々が、ダリトとともに生産現場に参加することを厭わないことも指摘できる。高級品の開発過程において、新たにダーラーヴィーを訪れるようになった人々がチャンバールの職人たちと工房で食事をともにすること、同じ部屋で仕事をすること、革の調達先に訪れたコルカタのホテルで同室に宿泊するといったことが見られた。

次にダーラーヴィーにおいてフォーマルセクターとインフォーマルセクターが溶融している原因として指摘できる

のが、インフォーマルセクターと都市中間層市場（中価格帯および高価格帯製品市場）および輸出市場との結合である。柳沢はインフォーマルセクターは、農村・都市インフォーマル市場を対象とし、フォーマルセクターは都市中間層市場および輸出市場を対象とし、両者には大きな階層性があるとしていた。柳沢は農村・都市インフォーマル市場と都市中間層市場の両市場を対象とできたのは、耐久消費財産業と情報産業くらいであり、この市場の二層性はほぼ再生産されてきたとしている［柳沢 二〇一四］。しかし、本書が明らかにしたように、ダーラーヴィーの革製品産業は農村・都市インフォーマル市場だけでなく、都市中間層市場および輸出市場をも対象にしているのである。その背景には、まず、中間層向けの中高価格帯製品の需要の増加に加えて、企業からのコーポレーションギフトや業務用製品の注文の増加による低中価格帯製品の需要の増加も関係していた。さらに、手の込んだ高級品を少量から生産できるという特徴に魅力を感じた人々が、輸出市場向けの注文をダーラーヴィーに持ってくるということも関係していた。なお、本書では十分に明らかにできなかったが、中東諸国向けに低中価格帯の製品が生産・輸出されているケースも確認できた。*2

最後にスラム産業という概念を打ち出したことも本書の貢献として記しておきたい。従来の研究ではインフォーマルセクターという概念はあくまで工場法への登録や従業員数を基準にした統計的な概念であった。つまり、地域の文脈をほとんど無視した概念である。*3 その結果、郊外の小規模工場の集積地や都市の中心部に歴史的に王が職人集団を集住させた集落とスラムの産業集積地とが区別されてこなかった。そこでは、機械化が進み工場にある程度の広さがある郊外の集積地や特定の職人カーストが営む工房が密集する地域に比べて、スラムの工房は様々な製品を生産する零細工房が無秩序に散らばっている経済的に劣った地域とみなされてしまう。それに対して本書はスラム産業という概念を打ち出し、スラムが多様な人々が出会う場になり、さらにスラムの工房が有機的に結び付き、可変的なネットワークとして機能し高級品を含む多様な製品を少量から大量に生産・開発するイノベーションの様子を活き活きと描き出した。無論こうした現象がムンバイーだけに留まるのか、デリーやコルカタといった他の大都市にも当てはまるのかは今後のインド諸都市のスラム研究の進展に委ねたい。

注

＊1　ムンバイーは高級住宅地の地価ではインドの都市では最も高く、世界のなかでも一六番目の高さであると指摘されている。「ナイトフランクウェブサイト」https://www.knightfrank.co.in/news/mumbai-is-16th-most-expensive-prime-residential-market-in-the-world-knight-frank's-prime-international-residential-index-013010.aspx（二〇二一年一一月五日閲覧）。

＊2　第4章＊26を参照。

＊3　近年はインフォーマルセクター概念を見直し、会社法やＭＳＭＥ開発法の登録の有無を見たインフォーマリティといった概念も提示されてきている［黒崎　二〇一五］。しかし、地域の文脈を無視している点では従来のインフォーマルセクターという概念と変わらない。

参考文献

日本語文献

阿部和俊　二〇一三「経済的中枢管理機能からみたインドの都市と都市システム」『地理学報告』一一五：一―一二。
粟屋利江　二〇〇三「南アジア世界とジェンダー」小谷汪之編『現代南アジア五　社会・文化・ジェンダー』東京大学出版会、一五九―一九〇頁。
石上悦郎　二〇一一「産業政策と産業発展」石上悦郎・佐藤隆広編『現代インド・南アジア経済論』ミネルヴァ書房、一四八―一八二頁。
池尻隆史・安藤正雄・布野修司・山根周・片岡巌　二〇〇六「ネイティブタウン（インド、ムンバイ）におけるチョールの類型に関する研究」『日本建築学会計画系論文集』六〇三：三七―四四。
伊藤正二　一九八八『インドの工業化――岐路に立つハイコスト経済』アジア経済研究所。
猪俣哲史　二〇一九『グローバル・バリューチェーン――新・南北問題へのまなざし』日本経済新聞出版社。
今井哲夫　二〇〇九「皮革の基礎知識」『かわとはきもの』一四八：一〇―一四。
絵所秀紀　二〇〇八『離陸したインド経済――開発の軌跡と展望』ミネルヴァ書房。
絵所秀紀　二〇二一「インドにおける牛屠殺禁止の経済的帰結と「桃色革命」」『経済志林』八九（一）：一九九―二五一。
小井川広志　二〇〇八「グローバル・バリュー・チェーン（GVC）分析の展望――世界システム、アップグレード、ガバナンスの概念をめぐって」『経済学研究』五八（三）：九九―一一四。
大野昭彦　二〇一七『市場を織る――商人と契約：ラオスの農村手織物業』京都大学学術出版会。
岡本義行　一九九四『イタリアの中小企業戦略』三田出版会。
小川秀樹　一九九八『イタリアの中小企業――独創と多様性のネットワーク』日本貿易振興会。
押川文子　一九九五「原皮流通の変化と「皮革カースト」」柳沢悠編『叢書カースト経済と被差別民　第四巻　暮らしと経済』明石書店、

二八九―三二六頁。
鍛治雅信　二〇一八「かわのはなし五　鞣し（1）鞣し機構」『かわとはきもの』一八四：二五―二六。
加藤直樹・羽室行信・矢田勝俊　二〇〇八『データマイニングとその応用』朝倉書店。
川中薫　二〇一六「現代インド・デリーにおけるアパレル産業――縫製工ネットワークと状況適応的生産」京都大学大学院アジア・アフリカ地域研究研究科博士論文（未公刊）。
木曽順子　二〇〇二「インドにおける労働者のゆくえ――都市労働市場の実態と変化」絵所秀紀編『現代南アジア二　経済自由化のゆくえ』東京大学出版会、二一五―二四五頁。
木曽順子　二〇〇三『インド　開発のなかの労働者――都市労働市場の構造と変容』日本評論社。
木村真希子　二〇一二「社会運動と集合的暴力――アッサムの反外国人運動と「ネリーの虐殺」を事例に」『現代インド研究』二：二一―三四。
久保田和之　二〇二四「現代インドにおけるダリト・インド商工会議所の活動――ダリト企業家による社会経済変容をめざして」『アジア・アフリカ地域研究』二三（二）：二二三―二五九。
黒崎卓　二〇一五「開発途上国における零細企業家の経営とインフォーマリティ――インド・デリー市の事例より」『経済研究』六六（四）：三〇一―三二〇。
小磯千尋・小磯学　二〇〇六『インド――世界の食文化八』農山漁村文化協会。
近藤則夫　二〇〇三「インドの小規模工業政策の展開――生産留保制度と経済自由化」『アジア経済』四四（一一）：二―四一。
斎藤修　二〇〇八『比較経済発展論――歴史的アプローチ』岩波書店。
篠田隆　二〇一九『インドにおける経営者集団の形成と系譜――グジャラート州の宗教・カーストと経営者』日本評論社。
杉原薫　二〇二〇『世界史の中の東アジアの奇跡』名古屋大学出版会。
鈴木真弥　二〇一五『現代インドのカーストと不可触民――都市下層民のエスノグラフィー』慶應義塾大学出版会。
竹沢泰子　二〇〇五『人種概念の普遍性を問う――西洋的パラダイムを超えて』人文書院。
竹沢泰子　二〇〇九『人種の表象と社会的リアリティ』岩波書店。
竹内常善　一九七六「都市型中小工業の問屋的再編について　Ⅲ」『政経論叢』二六（二）：六二―九一。

田辺明生　二〇一〇『カーストと平等性――インド社会の歴史人類学』東京大学出版会。
田辺明生　二〇一五a「カースト社会から多様性社会へ」田辺明生・杉原薫・脇村孝平編『現代インド一　多様性社会の挑戦』東京大学出版会、三一―三六頁。
田辺明生　二〇一五b「グローバル・インドのゆくえ」田辺明生・杉原薫・脇村孝平編『現代インド一　多様性社会の挑戦』東京大学出版会、三三三―三六〇頁。
谷本雅之　二〇〇五「分散型生産組織の「新展開」」岡崎哲二編『生産組織の経済史』東京大学出版会、二三一―二九〇頁。
陳玉雄　二〇一〇『中国のインフォーマル金融と市場化』麗澤大学出版会。
土屋純　二〇一五「インドにおけるショッピングモールの発展」岡橋秀典・友澤和夫編『現代インド四　台頭する新経済空間』東京大学出版会、二四四―二四七頁。
中倉智徳　二〇一四「イノベーション論の批判的検討にむけて――発明の社会学からイノベーション・プロセスの経済学へ」『生存をめぐる規範――オルタナティブな秩序と関係性の生成に向けて』（生存学研究センター報告）二一：二三九―二六五。
中村尚司　一九八四『共同体の経済構造――労働の蓄積と交換』新評論。
西村裕子　二〇一七『革を作る人々――被差別部落、客家、ムスリム、ユダヤ人たちとの「革の道」』解放出版社。
日本皮革技術協会編　二〇一六『皮革用語辞典』樹芸書房。
野中郁次郎・竹内弘高　一九九六『知識創造企業』東洋経済新報社。
野元美佐　二〇〇四「貨幣の意味を変える方法――カメルーン、バミレケのトンチン（頼母子講）に関する考察」『文化人類学』六九（三）：三五三―三七二。
平野美佐　二〇一五「親睦模合と相互扶助――沖縄・那覇周辺地域における模合の事例から」『生活学論叢』二六：三―一六。
藤田幸一　二〇〇五『バングラデシュ農村開発のなかの階層変動』京都大学学術出版会。
舟橋健太　二〇一四『現代インドに生きる〈改宗仏教徒〉――新たなアイデンティティを求める「不可触民」』昭和堂。
舟橋健太・鈴木真弥　二〇一五「現代ダリト運動の射程――「エリート」の台頭と意義」粟屋利江・井坂理穂・井上貴子編『現代インド五　周縁からの声』東京大学出版会、二五―四五頁。
三上敦史　一九九三『インド財閥経営史研究』同文舘出版。

水島司　二〇一五「溶解する都市・農村への視角」水島司・柳澤悠編『現代インド二　溶融する都市・農村』東京大学出版会、三―二一頁。

柳澤悠　二〇一四『現代インド経済』名古屋大学出版会。

柳澤悠　二〇一六「南インド村落の三〇年――職業と教育の変化を中心に」押川文子・南出和余編『「学校化」に向かう南アジア』昭和堂、三四八―三六八頁。

山下清海　二〇〇九「インドの華人社会とチャイナタウン――コルカタを中心に」『地理空間』二（一）：三二―五〇。

由井義通　二〇一三「都市の成長と都市構造」友澤和夫編『世界地誌シリーズ五　インド』朝倉書店、一一三―一二七頁。

シュムペーター、ヨーゼフ　一九七七『経済発展の理論――企業者利潤・資本・信用・利子および景気の回転に関する一研究（上）（下）』塩野谷祐一・東畑精一・中山伊知郎訳、岩波書店。

チェスブロウ、ヘンリー　二〇〇四『Open Innovation――ハーバード流イノベーション戦略のすべて』大前恵一郎訳、産業能率大学出版。

トーマス、ダナ　二〇〇九『堕落する高級ブランド』実川元子訳、講談社。

ピオリ、マイケル／セーブル、チャールズ　一九九三『第二の産業の分水嶺』山之内靖・永易浩一・石田あつみ訳、筑摩書房。

レイヴ、ジーン／ウェンガー、エティエンヌ　一九九三『状況に埋め込まれた学習――正統的周辺参加』佐伯胖訳、産業図書。

ロイ、ティルタンカル　二〇一九『インド経済史――古代から現代まで』水島司訳、名古屋大学出版会。

英語文献

Brahme, S. 1973. Drought in Maharashtra. *Social Scientist.* 1(12): 47-54.
Chari, S. 2004. *Fraternal Capital: Peasant-Workers, Self-Made Men and Globalization in Provincial India.* Stanford: Stanford University Press.
Chandavarkar, R. 1994. *The Origins of Industrial Capitalism in India.* Cambridge: Cambridge University Press.
Chandrachud, S. 2015. *A Comparative Study on Prospective Labour Problems in Leather Industry.* PhD thesis University of Madras.
Chenoune, F. 2005. *Carried Away: All about Bags.* New York: The Vendome Press.
Damodaran, H. 2008. *India's New Capitalists: Caste, Business, and Industry in a Modern Nation.* Basingstoke: Palgrave Macmillan.

Damodaran, S. 2003. *Export Orientation and Industrial Clustering: Organisational Structure, Growth and Performance of the Leather and Leather Products Industry in India*. Centre for Economic Studies and Planning. Ph. D Thesis.

Damodaran, S and P. Mansingh. 2008. *Leather Industry in India*. CEC Working Paper.

Deshpande, R. and S. Palshikar. 2008. Occupational Mobility: How Much Does Caste Matter? *Economic and Political Weekly*: 43(34): 61-70.

Engineer, A. A. 1989. *The Muslim Communities of Gujarat: Delhi*. Ajanta Publications.

Farid, C. 2005. *Carried Away: All about Bags*. New York: The Vendome Press.

Gereffi, G., J. Humpherey and T. Sturgeon. 2005. The Governance of Global Value Chains. *Review of International Political Economy*: 12(1): 78-104.

Harris-White, B. 2004. *India Working: Essays on Society and Economy*. Cambridge: Cambridge University Press.

Harris-White, B. 2015. *Foreword. In Prakash, A. Dalit Capital*. New Delhi: Routledge.

Ikegame, A. 2012. The Governing Guru: Hindu Mathas in Liberalising India. In J. Copeman and A. Ikegame eds., *The Guru in South Asia: New Interdisciplinary Perspectives*. Oxon: Routledge.

Iyer, L., T. Khanna. and A. Varshney. 2013. Caste and Entrepreneurship in India. *Economic and Political Weekly*: 47(6): 52-60.

Jodhka, S. 2010. Dalits in Business: Self-Employed Scheduled Castes in North-West India. *Economic and Political Weekly*: 40(11): 41-48.

Joshi, V. and I. M. D. Little. 1994. *India: Macroeconomics and Political Economy 1964-1991*. Delhi: Oxford University Press.

Kanda Y. 2013. Investigation of the Freely Available Easy-to-use Software "EZR" (Easy R) for Medical Statistics. *Bone Marrow Transplant*. 48: 452-458.

Krishna, A. 2011. Gaining Access to Public Services and the Democratic State in India: Institutions in Middle. *Studies in Comparative International Development*: 46: 98-117.

Knorringa, P. 1996. *Economics of Collaboration. Indian Shoemakers between Market and Hierarchy*. New Delhi: Sage Publications.

Lants, M. 2009. Housing Statistics. In J. H. Engqvist and M. Lants eds., *Dharavi: Documenting Informalities*. New Delhi: Academic Foundation, pp. 196-197.

Liang, J. 2007. Migration Patterns and Occupational Specializations of Kolkata Chinese: An Insider's History. *China Report*: 43(4): 397-410.

Manikandan, S. 2009. *A Study on the Leather Production and Export Performance of Leather Industry with Special Reference to Tamil Nadu*. PhD thesis University of Madras.

Martin, J. R. 1903. *A Monograph on Tanning and Working in Leather in the Bombay Presidency*. Bombay: Government Press.

Mazumdar, D. and S. Sarkar. 2008. Globalization, *Labor Markets and Inequality in India*. London: Routledge.

Morey, S. S. 2016. *Problems of Leather Industry at Dharavi: 2001-2010*. The Savitribai Phule University. Ph. D Thesis.

Mintzberg, H.1979. *The Structuring of Organizations: A Synthesis of the Research*. Englewood Cliffs: Prentice-Hall.

Munshi, K. 2011. Strenth in Numbers: Networks as a Solution to Occupational Traps. *The Review of Economic Studies* 78(3): 1069-1101.

Munshi, K. 2019. Caste and the Indian Economy. *Journal of Economic Literature*: 57(4): 781-835.

Nihila, M. 1999. Marginalisation of Women Workers: Leather Tanning Industry in Tamil Nadu. *Economic and Political Weekly*: 34(16-17): 21-27.

Pais, J. 2006a. Wages and Earnings in Leather Accessories Manufacture in India: An Analysis of the Industry in Mumbai. *The Indian Journal of Labour Economics*: 49(4): 697-714.

Pais, J. 2006b. Migration and Labour Mobility in the Leather Accessories Manufacture in India: A Study in the Light of Economic Reforms. *International Young Scholars' Seminar Papers on eSS*.

Panda, S. 1995. *Gender, Environment and Participation in Politics*. New Delhi: M D Publications.

Pettigrew, A. M. and E. M. Fenton. 2000. Complexities and Dualities in Innovative Forms of Organizing. In A. M. Pettigrew and E. M. Fenton eds., *The Innovating Organization. London: Sage Publications.*

Prakash, A. 2015. *Dalit Capital: State, Markets and Civil Society in Urban India*. New Delhi: Routledge.

Riding, T. 2018. 'Making Bombay Island': Land Reclamation and Geographical Conceptions of Bombay, 1661-1728. *Journal of Historical Geography*: 59: 27-39.

Roy, T. 1998. Development or Distortion? 'Powerlooms' in India, 1950-1997. *Economic and Political Weekly*: 33(16): 897-911.

Roy, T. 2004. *Traditional Industry in the Economy of Colonial India*. Cambridge: Cambridge University Press.

Roy, T. 2008. Knowledge and Divergence from the Perspective of Early Modern India. *Journal of Global History*: 3(3): 361-387.

Sachchidananda. 1976. *The Harijan Elite: A Study of Their Status: Networks, Mobility and Role in Social Transformation*. Faridabad: Thomson Press.

Saglio-Yatzimirsky, Marie-Caroline. 2013. *Dharavi: From Mega-Slum to Urban Paradigm*. New Delhi: Routledge.

Saxenian, A. 1994. *Regional Advantage: Culture and Competition in Silicon Valley and Route 128*. Cambridge: Harvard University Press.

Sengupta, A., K. P. Kannan. and G. Raveendran. 2008. India's Common People: Who Are They, How Many Are They and How Do They Live? *Economic and Political Weekly*: 43(11): 49-63.

Sethuraman, S. V. 1981. Summary and Conclusions: Implications for Policy and Action. In S. V. Sethuraman eds., *The Urban Informal Sector in Developing Countries: Employment, Poverty and Environment*. Geneva: ILO Publications.

Shourie, D. H. 1971. *Export Effort of India*. United Nations, Economic and Social Council.

Singh, N. and M. K. Sapra 2007. Liberalization in Trade and Finance: India's Garment Sector. In B. Hariss-White and A. Sinha eds., *Trade Liberalization and India's Informal Economy*. New Delhi: Oxford University Press.

Sinha, S and S. Sinha. 1991. Leather Exports: An Illusory Boom? *Economic and Political Weekly*: 26(35): 112-116.

Tanabe, A. 2018. Conditions of 'Developmental Democracy'. In M. Mio and A. Dasgupta eds., *Rethinking Social Exclusion in India: Castes, Communities and the State*. New York: Routledge.

Tata Institute of Social Science. n.d. Dharavi: An Economic and Social Survey of a Village in the Suburbs of Bombay.

Teece, J. 1998. Design Issues for Innovative Firms: Bureaucracy, Incentives and Industrial Structure. In Chandler, A.D., J. P. Hagstrom and O. Solvel eds., *The Dynamic Firm*: Oxford University Press.

Thorat, S., D. Kundu. and N. Sadana. 2010. Caste and Ownership of Private Enterprise: Consequences of Denial of Property Rights. In S. Thorat and K. Neuman eds., *Blocked by Caste: Economic Discrimination in Modern India*. New Delhi: Oxford University Press, pp. 311-327.

Tiwari, R. S. 2005. *Informal Sector Workers: Problems and Prospects*. New Delhi: Anmol Publications.

Tripathi, D ed. 1984. *Business communities of India: a historical perspective.* New Delhi: Manohar.
Wright, T. P. 1975. Competitive Modernization within the Daudi Bohra Sect of Muslims and Its Significance for Indian Political Development. In H. E. Ulrich ed ., *Competition and Modernization in South Asia.* New Delhi: Abhinav Publications.

政府資料等

Consulate General of India Frankfurt. 2020. Scope for Indo-German partnership in Leather Industry. https://cgifrankfurt.gov.in/public_files/assets/pdf/REPORT_ON_SCOPE_FOR_INDO-GERMAN_PARTNERSHIP_IN_LEATHER_INDUSTRY_MARCH_2020_05_01.pdf（二〇二二年一一月七日閲覧）
Council for Leather Exports. 2014. Exports of Leather and Leather Products: Facts and Figures 2012-2013.
Council for Leather Exports. 2015. Exports of Leather and Leather Products: Facts and Figures 2013-2014.
Council for Leather Exports. 2016. Exports of Leather and Leather Products: Facts and Figures 2014-2015.
Council for Leather Exports. 2017. Exports of Leather and Leather Products: Facts and Figures 2015-2016.
Council for Leather Exports. 2018. Exports of Leather and Leather Products: Facts and Figures 2016-2017.
Council for Leather Exports. 2019. Exports of Leather and Leather Products: Facts and Figures 2017-2018.
Council for Leather Exports. 2020. Exports of Leather and Leather Products: Facts and Figures 2018-2019.
Council For Leather Exports. Members Directory 2019.
Government of India. Ministry of Commerce and Industry. Department of Industrial Policy and Promotion. 2011. Leather and Leather Products Twelfth Five Year Plan Period（2012-2017）.
Government of India, Ministry of Home Affairs, Office of the Registrar General and Census Commissioner, India. 2011. Census 2011. https://censusindia.gov.in/2011census/population_enumeration.html（二〇二二年一一月六日閲覧）
Government of India. Ministry of Statistics and Programme Implementation. 2008. All India Report of Fifth Economic Census. http://mospi.nic.in/all-india-report-fifth-economic-census（二〇二二年八月一五日閲覧）

Government of India. National Sample Survey Office. Annual Survey Industry Result(2010-2017). http://www.csoisw.gov.in/cms/cms/Feedback.aspx（二〇一九年六月一五日閲覧）

Government of India, National Commission for Enterprises in the Unorganised Sector(NCEUS). 2007. *Report on Condition of Work and Promotion of Livelihoods in the Unorganised Sector.*

Government of India, Planning Commission. 2002. Tenth Five Year Plan(2002-2007) Volume II. New Delhi: Planning Commission Department of Publication.

Government of India, Planning Commission. 2008. Eleventh Five Year Plan(2007-2012) Volume Ⅲ. New Delhi: Oxford University Press.

Government of Maharashtra. 1998. Report of the Shrikrishna Commission: Appointed for Inquiry into the Riots at Mumbai during December 1992-January 1993 and the March 12, 1993 Bomb Blasts. In Javed Anand ed., *Damning Verdict*, Mumbai: Sabrang Communication & Publishing.

Government of Maharashtra. Planning Department. Directorate of Economic and Statistics. 2011. Economic Survey of Maharashtra 2010-2011. https://mahades.maharashtra.gov.in/files/publication/esm_2010-11_eng.pdf（二〇一九年六月一一日閲覧）

Government of Maharashtra. 2019. Economic Survey of Maharashtra 2018-2019. https://mahades.maharashtra.gov.in/files/publication/ESM_18_19_eng.pdf（二〇二〇年三月一八日閲覧）

Slum Rehabilitation Authority Mumbai. Existing Land Use Map of Draft Planning Proposal. https://sra.gov.in/page/innerpage/drp-notifications---notices.php（二〇一九年六月一三日閲覧）

Tata Institute of Social Science. n.d. Dharavi: An Economic and Social Survey of a Village in the Suburbs of Bombay.

Reserve Bank of India. 2016. Reserve Bank of India Annual Report 2015-2016.

地図

Authority of His Majesty's Secretary of State for India in Council 1931. https://dsal.uchicago.edu/reference/gaz_atlas_1931/pager.php?object=60（二〇二〇年六月一三日閲覧）

British Library on Flickr. https://www.flickr.com/photos/britishlibrary/11238247766（二〇二〇年六月二二日閲覧）
Slum Rehabilitation Authority Mumbai. Existing Land Use Map of Draft Planning Proposal. https://sra.gov.in/page/innerpage/drp-notifications--notices.php（二〇一九年六月一三日閲覧）

統計サイト

UN Comtrade. United Nation, Department of Economic and Social Affairs. https://comtrade.un.org/data（二〇二〇年四月一一日閲覧）
Government of India, Ministry of Commerce and Industry, Department of Commerce. Export Import Data Bank. https://tradestat.commerce.gov.in/eidb/default.asp（二〇二二年一一月七日閲覧）
Government of India, Ministry of Statistics and Programme Implementation. National Data Archive. Annual Survey of Industries. https://microdata.gov.in/nada43/index.php/catalog/ASI（二〇二四年六月二一日閲覧）
Government of India, Ministry of Statistics and Programme Implementation. Annual Survey of Industries Summary Results.
FAOSTAT. Food and Agriculture Organization of the United Nations. https://www.fao.org/faostat/en/#home（二〇二四年六月二一日閲覧）

研究発表資料

佐藤隆弘　二〇二二「インド経済と国際価値連鎖（ＧＶＣ）」国際金融開発研究会。

事典（日本語）

麻田豊　二〇一二「シンディー民族」辛島昇他編『新版南アジアを知る事典』平凡社、四一〇頁。
辛島昇　二〇一二「パライヤ」辛島昇他編『新版南アジアを知る事典』平凡社、六一九頁。

高橋明　二〇一二「ディーワーリー」辛島昇他編『新版南アジアを知る事典』平凡社、五二一―五二二頁。
藤井毅　二〇一二「チャマール」辛島昇他編『新版南アジアを知る事典』平凡社、五〇四―五〇五頁。
舟橋健太　二〇一二「ダリト」辛島昇他編『新版南アジアを知る事典』平凡社、四八一―四八二頁。
山﨑元一　二〇一二「不可触民」辛島昇他編『新版南アジアを知る事典』平凡社、四一〇頁。
山﨑元一　二〇一二「カースト」辛島昇他編『新版南アジアを知る事典』平凡社、一四九―一五四頁。

事典（英語）

Risley, H. 1915. The People of India. London and Beccles: William Clowes and Sons.
Singh, K. S. 1998a. People of India: National Series Volume V. New Delhi: Oxford University Press.
Singh, K. S. 1998b. People of India: National Series Volume VI. New Delhi: Oxford University Press.

その他

Food and Agriculture Organization of the United Nations. 2016. World Statistical Compendium for Raw Fides and Skins, Leather and Leather Footwear 1999-2005. http://www.fao.org/3/a-i5599e.pdf（二〇二〇年三月二六日閲覧）

あとがき

六月の中旬ごろからムンバイーはいつも雨だった。朝食を取ると、レインシューズを履き、傘を持って下宿前の通りでリキシャーを捕まえヒンディー語の授業に向かうのが日課だった。修士論文は納得のいくものが書けず、博士論文はなんとしても納得のいくものを書こうと二カ月間歩き回ってたどり着いたのがダーラーヴィーのスラムだった。ただ、ダーラーヴィーの若い世代には英語が話せる人がそこそこいたが、彼らの父親世代になるとヒンディー語かマラーティ語でないと会話が成り立たなかった。当時の私はヒンディー語がろくに話せず、話せるようにならない限り調査は進まない。研究者になれるかどうか、はっきりいって崖っぷちだった。雨季が終わる九月中旬までは、ヒンディー語の授業の受講に加えて、通訳をしてもらった現地の学生や若者を連れて細々とした調査を行なっていた。大したお金もなかったので、どんよりと曇ったムンバイーの空を眺めながら毎日のように屋台でワダパヴを食べていた。

一〇月に入り、雨季が明けたころにはヒンディー語がだいぶ通じるようになっていた。ヒンディー語の先生から、こんなに早く上達した学生はあなたが初めてだといわれたときは本当に嬉しかった。調査先の職人たちも、ヒンディー語で会話できるようになったことを喜んでくれた。仲良くなった職人たちと秋祭りのディワーリーを祝ったこと、年があけて仲良くなった職人とチェンナイのインターナショナル・レザーフェアに夜行列車に乗って行ったこと、春祭りのホーリーを祝ったことは良い思い出である。

最初ムンバイーにきたときは、人がやたら多く、空は常に曇ったじめじめした陰鬱な場所であった。しかし、日本に帰国するころには私の大切な居場所となっていた。それはムンバイーで過ごした時間がもたらした関係性の変化によるものだった。私はこれから何度もインドにくるだろう、この関係性を紡ぎ続けるために……。

本書は二〇二二年二月京都大学アジア・アフリカ地域研究研究科に提出した博士学位論文「現代インド・ムンバイーの革製品産業――スラム工房ネットワークを通じたイノベーション」に加筆・修正したものです。

本書を執筆するに当たって、多くの方々からご指導を賜りました。まず、京都大学アジア・アフリカ地域研究研究科でご指導いただいた先生方に御礼申し上げます。入学から二年間主指導教員であり、その後も多くのご助言をいただいた田辺明生先生には格段の感謝を申し上げます。

藤倉達郎先生には、四年間主指導教員としてご指導いただきました。藤倉先生のもとで自由に本当にやりたいことに集中することができました。

長岡慎介先生には、六年間副指導教員としてご指導いただきました。長岡先生は、種々の経済学の文献や知見をご教授くださり、博士論文の骨格やフィールドワークの調査計画を考える上で大変参考になりました。

ローハン・デスーザ先生には、一年間主指導教員として、五年間副指導教員としてご指導いただきました。デスーザ先生には、博士予備論文執筆時に、ジャワハルラール・ネルー大学のサラディンドゥ・バドゥリ先生、博士論文執筆時にアンベードカル大学のスマングラン・ダーモダラン先生を紹介していただきました。デスーザ先生のご支援のおかげで、フィールドワークをスムーズに行うことが可能になりました。

藤田幸一先生（青山学院大学）には、博士予備論文執筆の際に、二年間副指導教員としてご指導いただきました。藤田先生の妥協せずに現場のデータを突き詰める姿勢、良い研究とはどういうものかという研究に関する様々なご助言は大変参考になりました。

佐藤隆広先生（神戸大学）には、日本学術振興会特別研究員（ＰＤ）の際に、受入研究者として厚くご指導いただきました。種々の計量データの存在と取り扱いについて多くを学びました。これから研究に取り入れていきたいです。

インドでは、デリーに位置するアンベードカル大学のスマングラン・ダーモダラン先生には、フィールドワークの際に受け入れてもらい、多くの貴重なご意見を伺いました。大変感謝致します。

小野塚佳光先生（同志社大学）にはターター社会科学研究所のアーヴァッティ・ラマーイアー先生を紹介していただきました。また学部時代ゼミでご指導を仰ぎ、博士課程在学中には同志社大学での発表機会を設けていただきました。

ムンバイーでは、ターター社会科学研究所のアーヴァッティ・ラマーイアー先生には研究生として受け入れていただき、大変お世話になりました。ラマーイアー先生の丁寧なご助言のおかげで、フィールドワークをスムーズに進めることができました。

ムンバイーで語学教室を営んでいるラヴニータ・バラーイー先生には大変お世話になりました。ヒンディー文学で博士号を取得している彼女の指導のおかげで、僕のヒンディー語力が大幅に向上しました。またインタビューデータの分析、翻訳も手伝っていただきました。時折いただいた手作りのお菓子も大変おいしかったです。感謝申し上げます。

フィールドワークを進める上で、山﨑大地さん（ビー・エム・ダブリュー・ジャパン・ファイナンス株式会社）と千田聖也さん（ダオローンチ株式会社）、アヴィシェック・パテルさん（ウィプロ・テクノロジー株式会社）、シロドカル・ガルギさん（富士通ゼネラル・インド）には助手として研究を手伝っていただき大変お世話になりました。山﨑さんや千田さんが運転するバイクの後ろに乗って現場に向かったこと、よく夕食をともにしたのは大変良い思い出です。アヴィシェックさんとシロドカルさんにはムンバイーで日本語やヒンディー語を教えあい、日常生活で困ったときには大変助けてもらいました。御礼申し上げます。

革靴職人の野島孝介（吉靴房）氏には、皮革製品の製作過程、原材料や製品の良し悪しについて多大なご助言を頂きました。

姫路にある金俊製革所の金田奉文氏にはなめしの知識技術、革の良し悪しについて多くを学ばせていただきました。ダーラーヴィーの革職人、商人の方々からは、言葉では尽くせないほどのご支援と厚情を受けました。彼らの好意がなければこの研究は成立していません。とりわけ、スーダルカル・カンブレー氏、ラフール・ゴレー氏、スレッシュ・アグワネー氏、スニール・ネトケー氏、サーガル・カレー氏、ハリシャッド・カレー氏、ヴィラース・ハリー・シーテー氏、ナーナ・サヘーヴ・ラウット氏、プラカーシュ・アドスール氏、ジートゥ・カレー氏、アミン・シェイク氏、シレーマン・ダーヤンカル氏、バドゥリ・アーラム氏、サンディープ・カンブレー氏、キショール・サトプテー氏、ナゲーシュ・カンブレー氏、スニール・ソナワレー氏、アヴィシェック・ヴェルマ氏には格段お世話になりました。

京都大学アジア・アフリカ地域研究研究科の大学院生・卒業生では、飯田玲子先輩、川中薫先輩、西尾善太先輩からは研究活動について多くのことを学ばせていただきました。また石川喜堂さん、山﨑暁さん、岩倉洸さん、工藤大地さん、賀川恵理香さん、真殿琴子さん、望月葵さん、岡田龍樹さんには研究のご助言だけでなく、文献の整理など研究活動を手伝っていただきました。

大学院に進学する際には、木村剛隆氏（当時、京都大学大学院医学研究科医科学専攻在学）には大きく背中を押してもらいました。木村氏から様々な助言や励ましを受けました。大変お世話になりました。

なお本研究を行うに際して、松下幸之助記念財団・二〇一六年度松下幸之助国際スカラシップ、京都大学・総合地域研究ユニット隣地教育支援センター・二〇一五、二〇一六年度エクスプローラープログラム、日本学術振興会特別研究員（ＰＤ）のご支援を受けました。御礼申し上げます。

本書を出版する際には、日本学術振興会二〇二四年度科学研究費助成事業（研究成果公開促進費）「学術図書」（課題番号24HP5162）の補助を受けました。御礼申し上げます。

本書を担当していただいた昭和堂の土橋英美氏と松井健太氏には、心より感謝いたします。土橋氏には、本書の企画立案から出版助成の申し込みに至るまで、多岐にわたるご支援をいただきました。松井氏には、本書の編集を担当していただき、何度も細部にわたる修正にご尽力いただきました。お二人のご支援があったからこそ、本書を世に送り出すことができました。

最後に本研究を暖かく見守り、支援してくれた家族・親族に心から感謝したい。

二〇二四年一二月

久保田和之

た行

な行

は行

ま行

や行

ら行

索　引

あ行

か行

さ行

■著者紹介

久保田和之（くぼた・かずゆき）
1988年兵庫県神戸市生まれ。同志社大学経済学部卒業。京都大学大学院アジア・アフリカ地域研究研究科博士課程修了。博士（地域研究）。日本学術振興会特別研究員（PD）、神戸大学経済経営研究所特任助教を経て、現在国際ファッション専門職大学名古屋校助教。専門は、南アジア地域研究、文化人類学、インド経済。おもな著書に『図解インド経済大全』（分担執筆、白桃書房、2021年）、「現代インドにおけるダリト・インド商工会議所の活動――ダリト企業家による社会経済変容をめざして」（『アジア・アフリカ地域研究』23（2）：213-259、2024年）などがある。

スラム産業が生み出すイノベーション
――現代インド・ムンバイーの革製品工房

2025年2月28日　初版第1刷発行

著　者　久保田和之

発行者　杉田啓三

〒607-8494　京都市山科区日ノ岡堤谷町3-1
発行所　株式会社　昭和堂
TEL（075）502-7500／FAX（075）502-7501
ホームページ　http://www.showado-kyoto.jp

© 久保田和之 2025
印刷　モリモト印刷

ISBN978-4-8122-2410-6

＊乱丁・落丁本はお取り替えいたします。

Printed in Japan

本書のコピー、スキャン、デジタル化等の無断複製は著作権法上での例外を除き禁じられています。本書を代行業者等の第三者に依頼してスキャンやデジタル化することは、たとえ個人や家庭内での利用でも著作権法違反です。

上羽陽子・金谷美和 編　躍動するインド世界の布　定価2090円

石坂晋哉ほか 編　ようこそ南アジア世界へ　定価2640円

田中雅一・嶺崎寛子 編　ジェンダー暴力の文化人類学　家族・国家・ディアスポラ社会　定価6930円

牛久晴香 著　かごバッグの村　ガーナの地場産業と世界とのつながり　定価3850円

三尾稔 編　南アジアの新しい波（上）　グローバルな社会変動と南アジアのレジリエンス　定価5720円

三尾稔 編　南アジアの新しい波（下）　環流する南アジアの人と文化　定価5280円

昭和堂

（表示価格は10％税込み）